JN268902

Webを支える技術

HTTP、URI、HTML、そしてREST

Yamamoto Yohei
山本陽平
［著］

技術評論社

●初出
本書は、小社刊『WEB+DB PRESS』Vol.32の特集3「Web 2.0実践テクニック」第3章「RESTアーキテクチャスタイル入門」と、Vol.38〜Vol.49の連載「RESTレシピ」をもとに、大幅に加筆と修正を行い書籍化したものです。

本書の内容に基づく運用結果について、著者・出版社ともに一切の責任を負いません。あらかじめご了承ください。
本書に記載されている会社名・製品名は、一般に各社の登録商標または商標です。本書中では、™、©、®マークなどは表示しておりません。

はじめに

> シンプルさは究極の洗練である。
> ── Leonardo da Vinci

Leonardo da Vinci（レオナルド ダ ヴィンチ）のこの言葉を知ったとき、筆者は真っ先にWebのことを思い浮かべました。Webの特徴を一言で言い表すならば、シンプルさに尽きると常々考えていたからです。

筆者がWebを初めて知ったのは1994年の年末です。当時創刊したばかりの『インターネットマガジン』や日本語版の『WIRED』といった雑誌で、新技術としてWebが紹介されていたことがきっかけでした。年明けすぐに大学の情報処理センターに行き、ブラウザ（Mosaic）に触れました。世界中のサーバから簡単に情報が得られ、HTMLを記述すれば自分で情報を発信できることに興奮した筆者は、すぐにWebにのめり込み、今ではWebの本を書くまでになりました。

システムとしてのWebの構造や設計思想、いわゆるアーキテクチャは初期からほとんど変わっていません。最初のWebブラウザと現在のWebブラウザでは実現している機能に雲泥の差がありますが、使っているプロトコルは依然としてHTTPですし、表示しているのは昔も今もHTMLです。Webが誕生してから20年、常に新しい技術が生まれてきました。しかしその基本となるアーキテクチャは同じです。これはアーキテクチャの完成度がとても高いことを示しています。

Webのアーキテクチャの完成度が高いことは、多種多様なWebサービスのデータを自由に簡単に扱えることからもわかります。Webサービスでは、Amazonにある書影をブログで引用したり、ブックマークサービスが提供するブックマーク数をWebページに表示したり、地図をWebページに埋め込んだりといったことが簡単に実現できます。APIを使えば、それらのデータを加工することも簡単です。

しかし一方で、簡単に接続できなかったり、データを活用するのに特殊なノウハウが必要だったりするWebサービスも存在します。簡単に接続できるWebサービスと、接続するのが難しいWebサービスとの違いはどこに

あるのでしょうか。

　その答えは「Webらしい設計」にある、と筆者は考えています。サービスをWebらしく作ると、ほかのシステムと簡単に連携でき、将来の拡張も楽になるのです。良い設計のWebサービスは、Web全体のアーキテクチャと調和しています。Webらしい良い設計をするためには、Webのアーキテクチャを理解して意識することが大切です。

　本書は、WebサービスをいかにWebらしく設計するかをテーマとしています。クライアントとサーバはどのように役割分担するのか、望ましいURIとはどのようなものか、HTTPメソッドはどのように使い分けるのか。Webサービスにおけるこれらの設計課題について、現時点でのベストプラクティスを紹介します。このテーマを実現するために、本書は次の2つの目的を持って執筆しました。

　1つめの目的は、HTTPとURI、そして各種ハイパーメディアフォーマットの仕様を解説することです。仕様を知ることは良いWebサービスの設計への第一歩です。ただし、仕様を知るだけでは良い設計はできません。Webらしさは、それらの仕様が持つアーキテクチャ的裏付けに基づいているからです。本書ではHTTPやURIがなぜこのような仕様になっているのかについても、Webのアーキテクチャの観点から解説しました。

　2つめの目的は、Webサービスの具体的な設計方法を示すことです。設計とはシステム全体のバランスをとる作業です。システム全体についての深い知識が必要ですので、設計のスキルは一朝一夕に身につくものではありません。そこで、本書ではまずは良い設計とは何かについて意識してもらいたいと考え、具体的なWebサービスを題材に設計のプロセスや考え方を解説しました。

　本書の対象読者は、規模の大小にかかわらずWeb技術を使ったシステムを開発した経験のある人です。本書にはプログラミング言語のコードはほとんど登場しません。なぜなら、アーキテクチャは実装よりも1段階抽象度が高い概念だからです。その代わりに登場するのが、具体的なHTTPのやりとりです。HTTPのライブラリは、ほとんどすべてのプログラミング言語で用意されています。読者のみなさんが得意な言語でどのように実装するかを想像しながら読んでいただけると、よりわかりやすくなると思い

ます。

　本書は、技術評論社の雑誌『WEB+DB PRESS』に2006年4月（Vol.32）に掲載した「RESTアーキテクチャスタイル入門」と、2007年4月（Vol.38）から2009年2月（Vol.49）まで連載した「RESTレシピ」をベースに、大幅に加筆と修正を行って執筆しました。執筆は連載終了後の2009年初頭に開始し、約1年間をかけました。

謝辞

　本書を執筆するにあたっては多くの方にお世話になりました。レビューをお願いした髙橋征義さん、和田卓人さん、福田朋紀さん、日野原寛さん、中川勝樹さんからは的確で精緻なご指摘をいただきました。ありがとうございます。

　私のWebサービスの設計経験は、株式会社リコーでの仕事を通じて得たものばかりです。これらの経験を与えてくれた同僚のみなさんに深く感謝します。

　技術評論社の稲尾尚徳さんには、『WEB+DB PRESS』での連載時から、何かと締め切りを破る筆者を時には厳しく、時には優しくサポートしていただきました。担当編集者が稲尾さんでなければ本書は書きあげられなかったと思います。本当にありがとうございました。

　最後に、妻と娘には執筆期間中たくさん協力をしてもらいました。本当にありがとう。

　2010年代のWebサービスがよりWebらしくなることを願って。

山本陽平

Webを支える技術 —— HTTP、URI、HTML、そしてREST●目次

はじめに iii

第1部 Web概論 1

第1章 Webとは何か 2

- 1.1 すべての基盤であるWeb 2
- 1.2 さまざまなWebの用途 2
    - Webサイト 3
    - ユーザインタフェースとしてのWeb 3
    - プログラム用APIとしてのWeb 4
- 1.3 Webを支える技術 4
    - HTTP、URI、HTML 4
    - ハイパーメディア 5
    - 分散システム 6
- 1.4 本書の構成 7

第2章 Webの歴史 8

- 2.1 Web以前のインターネット 8
- 2.2 Web以前のハイパーメディア 10
    - Memex —— ハイパーメディアの起源 10
    - Xanadu —— 「ハイパーメディア」という言葉の誕生 10
    - HyperCard —— 初の実用的なハイパーメディア 11
    - Web以前のハイパーメディアの問題点 11
- 2.3 Web以前の分散システム 12
    - 集中システムと分散システム 12
    - RPC —— ほかのコンピュータの機能を利用 13
    - CORBA、DCOM —— 分散オブジェクトへの進化 13
    - Web以前の分散システムの問題点 14
- 2.4 Webの誕生 15
    - ハイパーメディアとしてのWeb 17
    - 分散システムとしてのWeb 17
- 2.5 Webの標準化 18
    - Webの仕様策定 18

	RESTの誕生	19
	さまざまなハイパーメディアフォーマットの誕生	20
2.6	Web APIをめぐる議論	20
	SOAPとWS-*	21
	SOAP対REST	22
	RESTの誤解と普及	22
	SOAPとWS-*の敗因	23
2.7	すべてがWebへ	24

第3章
REST —— Webのアーキテクチャスタイル ... 25

3.1	アーキテクチャスタイルの重要性	25
3.2	アーキテクチャスタイルとしてのREST	26
3.3	リソース	27
	リソースの名前としてのURI	28
	リソースのアドレス可能性	29
	複数のURIを持つリソース	29
	リソースの表現と状態	30
3.4	スタイルを組み合わせてRESTを構成する	31
	クライアント／サーバ	31
	ステートレスサーバ	32
	キャッシュ	33
	統一インタフェース	33
	階層化システム	34
	コードオンデマンド	35
	REST = ULCODC$SS	37
3.5	RESTの2つの側面	38
	RESTとハイパーメディア	38
	RESTと分散システム	39
3.6	RESTの意義	40

第2部
URI ... 41

第4章
URIの仕様 ... 42

| 4.1 | URIの重要性 | 42 |

4.2	URIの構文	42
	簡単なURIの例	42
	Column 例示用のドメイン名	43
	複雑なURIの例	44
4.3	絶対URIと相対URI	45
	ベースURI	46
	リソースのURIをベースURIとする方法	47
	ベースURIを明示的に指定する方法	47
4.4	URIと文字	48
	URIで使用できる文字	48
	%エンコーディング	48
	%エンコーディングの文字エンコーディング	49
4.5	URIの長さ制限	50
4.6	さまざまなスキーム	50
4.7	URIの実装で気をつけること	51
	Column URIとURLとURN	52

第5章
URIの設計 ... 53

5.1	クールなURIは変わらない	53
5.2	URIを変わりにくくするためには	54
	プログラミング言語に依存した拡張子やパスを含めない	54
	メソッド名やセッションIDを含めない	55
	URIはリソースを表現する名詞にする	56
	URIの設計指針	57
5.3	URIのユーザビリティ	57
5.4	URIを変更したいとき	58
5.5	URI設計のテクニック	59
	拡張子で表現を指定する	60
	コンテントネゴシエーション	60
	言語を指定する拡張子	61
	マトリクスURI	62
5.6	URIの不透明性	63
5.7	URIを強く意識する	64

第3部 HTTP ... 67

第6章 HTTPの基本 ... 68

- 6.1 HTTPの重要性 ... 68
- 6.2 TCP/IPとは何か ... 68
  - 階層型プロトコル ... 69
  - ネットワークインタフェース層 ... 69
  - インターネット層 ... 69
  - トランスポート層 ... 70
  - アプリケーション層 ... 70
- 6.3 HTTPのバージョン ... 71
  - HTTP 0.9 ── HTTPの誕生 ... 71
  - HTTP 1.0 ── HTTP最初の標準化 ... 71
  - HTTP 1.1 ── HTTPの完成 ... 72
  - その後のHTTP ... 72
- 6.4 クライアントとサーバ ... 73
- 6.5 リクエストとレスポンス ... 73
  - クライアントで行われること ... 75
  - サーバで行われること ... 75
- 6.6 HTTPメッセージ ... 76
  - リクエストメッセージ ... 76
    - リクエストライン ... 77
    - ヘッダ ... 78
    - ボディ ... 78
  - レスポンスメッセージ ... 78
    - ステータスライン ... 79
    - ヘッダ ... 79
    - ボディ ... 79
  - HTTPメッセージの構成要素 ... 79
- 6.7 HTTPのステートレス性 ... 80
  - ハンバーガーショップの例 ... 80
  - アプリケーション状態 ... 82
  - ステートフルの欠点 ... 83
  - ステートレスの利点 ... 83
  - ステートレスの欠点 ... 85
    - パフォーマンスの低下 ... 85
    - 通信エラーへの対処 ... 86

6.8　シンプルなプロトコルであることの強み 87

第7章
HTTPメソッド 88

7.1　8つしかないメソッド 88
7.2　HTTPメソッドとCRUD 89
7.3　GET ── リソースの取得 89
7.4　POST ── リソースの作成、追加 90
　　　子リソースの作成 90
　　　リソースへのデータの追加 91
　　　ほかのメソッドでは対応できない処理 92
7.5　PUT ── リソースの更新、作成 93
　　　リソースの更新 93
　　　リソースの作成 94
　　　POSTとPUTの使い分け 95
7.6　DELETE ── リソースの削除 96
7.7　HEAD ── リソースのヘッダの取得 96
7.8　OPTIONS ── リソースがサポートしているメソッドの取得 ... 97
7.9　POSTでPUT/DELETEを代用する方法 98
　　　_methodパラメータ 99
　　　X-HTTP-Method-Override 100
7.10　条件付きリクエスト 100
7.11　べき等性と安全性 101
　　　PUTはべき等 101

　　　Column　べき等性の例 102

　　　DELETEもべき等 103
　　　GETとHEADもべき等、そのうえ安全 104

　　　Column　GETはどこまで安全か 104

　　　安全でもべき等でもないPOST 105
7.12　メソッドの誤用 105
　　　GETが安全でなくなる例 105
　　　ほかのメソッドでできることにPOSTを誤用した例 106
　　　PUTがべき等でなくなる例 107
　　　DELETEがべき等でなくなる例 108
7.13　Webの成功理由はHTTPメソッドにあり 110

第8章
ステータスコード ... 111

- 8.1 ステータスコードの重要性 ... 111
- 8.2 ステータスラインのおさらい ... 111
- 8.3 ステータスコードの分類と意味 ... 112
- 8.4 よく使われるステータスコード ... 114
  - 200 OK ── リクエスト成功 ... 114
  - 201 Created ── リソースの作成成功 ... 115
  - 301 Moved Permanently ── リソースの恒久的な移動 ... 116
  - 303 See Other ── 別URIの参照 ... 117
  - 400 Bad Request ── リクエストの間違い ... 118
  - 401 Unauthorized ── アクセス権不正 ... 119
  - 404 Not Found ── リソースの不在 ... 119
  - 500 Internal Server Error ── サーバ内部エラー ... 119
  - 503 Service Unavailable ── サービス停止 ... 120
- 8.5 ステータスコードとエラー処理 ... 121
  - プロトコルに従ったフォーマットでエラーを返す ... 121
  - Acceptヘッダに応じたフォーマットでエラーを返す ... 122
- 8.6 ステータスコードの誤用 ... 123
- 8.7 ステータスコードを意識して設計する ... 123
  - Column ステータスコードの実装 ... 124

第9章
HTTPヘッダ ... 125

- 9.1 HTTPヘッダの重要性 ... 125
- 9.2 HTTPヘッダの生い立ち ... 125
- 9.3 日時 ... 127
- 9.4 MIMEメディアタイプ ... 128
  - Content-Type ── メディアタイプを指定する ... 128
  - charsetパラメータ ── 文字エンコーディングを指定する ... 129
- 9.5 言語タグ ... 131
- 9.6 コンテントネゴシエーション ... 132
  - Accept ── 処理できるメディアタイプを伝える ... 132
  - Accept-Charset ── 処理できる文字エンコーディングを伝える ... 133
  - Accept-Language ── 処理できる言語を伝える ... 133
- 9.7 Content-Lengthとチャンク転送 ... 134
  - Content-Length ── ボディの長さを指定する ... 134

　　　　チャンク転送 ── ボディを分割して転送する 134
9.8　認証 135
　　　　Column URI空間 136
　　　Basic認証 137
　　　Digest認証 137
　　　　Column HTTPS 138
　　　　　チャレンジ 138
　　　　　ダイジェストの生成と送信 139
　　　　　Digest認証の利点と欠点 140
　　　WSSE認証 141
　　　　Column OpenIDとOAuth 142
9.9　キャッシュ 143
　　　キャッシュ用ヘッダ 144
　　　　Pragma ── キャッシュを抑制する 144
　　　　Expires ── キャッシュの有効期限を示す 144
　　　　Cache-Control ── 詳細なキャッシュ方法を指定する 145
　　　　キャッシュ用ヘッダの使い分け 145
　　　条件付きGET 146
　　　　If-Modified-Since ── リソースの更新日時を条件にする 146
　　　　If-None-Match ── リソースのETagを条件にする 147
　　　　If-Modified-SinceとIf-None-Matchの使い分け 148
　　　　Column ETagの計算 148
9.10　持続的接続 149
9.11　そのほかのHTTPヘッダ 149
　　　Content-Disposition ── ファイル名を指定する 150
　　　Slug ── ファイル名のヒントを指定する 151
9.12　HTTPヘッダを活用するために 151

第4部
ハイパーメディアフォーマット 153

第10章
HTML 154

10.1　HTMLとは何か 154
　　　　Column HTML5 155
　　　　Column Internet ExplorerとXHTML 155

- 10.2 メディアタイプ 156
- 10.3 拡張子 156
- 10.4 XMLの基礎知識 156
  - XMLの木構造 157
  - 要素 157
    - 要素の木構造 157
    - 空要素 158
  - 属性 158
  - 実体参照と文字参照 158
  - コメント 159
  - XML宣言 159
  - 名前空間 160
    - 要素の名前空間 160
    - 属性の名前空間 161
- 10.5 HTMLの構成要素 162
  - ヘッダ 162
  - ボディ 163
    - ブロックレベル要素 163
    - インライン要素 165
  - 共通の属性 166
- 10.6 リンク 168
  - <a>要素 ── アンカー 168
  - <link>要素 168
  - オブジェクトの埋め込み 169
  - フォーム 169
    - フォームによるGET 169
    - フォームによるPOST 171
- 10.7 リンク関係 ── リンクの意味を指定する 171
  - rel属性 172
  - microformats 172
- 10.8 ハイパーメディアフォーマットとしてのHTML 173

第11章
microformats 174

- 11.1 シンプルなセマンティックWeb 174
- 11.2 セマンティクス(意味論)とは 175
  - 言語学における意味論 175
  - プログラミング言語における意味論 175
  - Webにおける意味論 176
- 11.3 RDFとmicroformats 176

　　　　RDFの場合 176
　　　　microformatsの場合 177
11.4　microformatsの標準化 178
11.5　microformatsの分類 179
　　　elemental microformats 180
　　　　rel-license ── ライセンス情報 180
　　　　rel-nofollow ── スパムリンク防止 180
　　　compound microformats 181
　　　　hCalendar ── イベント情報 181
　　　　hAtom ── 更新情報 182
11.6　microformatsとRDFa 184
　　　microformatsの問題点 184
　　　RDFaでの解決（と残る問題点） 184
11.7　microformatsの可能性 185
　　　Tim Brayの疑問 185
　　　hAtom/xFolkとLDRize/AutoPagerize 186
11.8　リソースの表現としてのmicroformats 187

第12章
Atom　　　　　　　　　　　　　　　　　　　　　　　　　　188

12.1　Atomとは何か 188
12.2　Atomのリソースモデル 188
　　　メンバリソース 189
　　　コレクションリソース 189
　　　メディアタイプ 190
　　　拡張子 190
　　　名前空間 190
12.3　エントリ ── Atomの最小単位 191
　　　メタデータ 191
　　　　ID 191
　　　　タイトルと概要 192
　　　　著者と貢献者 192
　　　　公開日時と更新日時 193
　　　　カテゴリ 193
　　　　リンク 194
　　　エントリの内容 195
　　　　組込みで定義されている内容 ── プレーンテキスト、エスケープ済みHTML、XHTML ... 195
　　　　XMLの内容 196
　　　　テキストの内容 197
　　　　テキスト以外の内容 197
12.4　フィード ── エントリの集合 198

エントリと共通のメタデータ 199
　　　フィード独自のメタデータ 199
　　　　サブタイトル 199
　　　　生成プログラム 199
　　　　アイコン 200
　　　　ロゴ 200
12.5　Atomの拡張 200
　　　Atom Threading Extensions ── スレッドを表現する 201
　　　　名前空間 202
　　　　<thr:in-reply-to>要素 202
　　　　repliesリンク関係とthr:count属性／thr:updated属性 203
　　　　<thr:total>要素 204
　　　Atom License Extension ── ライセンス情報を表現する 205
　　　　名前空間 206
　　　　複数ライセンス 206
　　　　ライセンスを指定しない場合 206
　　　　Atomの<rights>要素との関係 207
　　　Feed Paging and Archiving ── フィードを分割する 207
　　　　名前空間 208
　　　　フィードの種類 208
　　　　完全フィード 208
　　　　ページ化フィード 209
　　　　アーカイブ済みフィード 210
　　　OpenSearch ── 検索結果を表現する 211
　　　　名前空間 212
　　　　<os:totalResults>要素 212
　　　　<os:startIndex>要素 213
　　　　<os:itemsPerPage>要素 213
　　　　<os:Query>要素 213
　　　　リンク関係 213
12.6　Atomを活用する 214

第13章
Atom Publishing Protocol 215

13.1　Atom Publishing Protocolとは何か 215
　　　AtomとAtomPub 215
　　　AtomPubの意義 215
　　　AtomPubとREST 216
13.2　AtomPubのリソースモデル 217
13.3　ブログサービスを例に 217
13.4　メンバリソースの操作 219
　　　エントリ単位での操作 219
　　　　GET ── エントリの取得 219

	PUT —— エントリの更新 220
	DELETE —— エントリの削除 221
	POST —— エントリの作成 221
	メディアリソースの操作 222
	メディアリソースの作成 222
	メディアリソースの更新 224

13.5　サービス文書 224
　　　メディアタイプ 225
　　　<service>要素 226
　　　<workspace>要素 226
　　　<collection>要素 226
　　　<accept>要素 227
　　　カテゴリ 227
　　　　　カテゴリ文書 228
　　　　　カテゴリの追加 229

13.6　AtomPubに向いているWeb API 229

第14章
JSON 231

14.1　JSONとは何か 231
14.2　メディアタイプ 231
14.3　拡張子 232
14.4　データ型 232
　　　オブジェクト 233
　　　配列 233
　　　文字列 234
　　　数値 234
　　　ブーリアン 235
　　　null 235
　　　日時 235
　　　リンク 236
14.5　JSONPによるクロスドメイン通信 236
　　　クロスドメイン通信の制限 237
　　　<script>要素による解決 237
　　　コールバック関数を活用するJSONP 238
14.6　ハイパーメディアフォーマットとしてのJSON 240

第5部
Webサービスの設計 ... 241

第15章
読み取り専用のWebサービスの設計 ... 242

- 15.1 リソース設計とは何か ... 242
- 15.2 リソース指向アーキテクチャのアプローチ ... 243
- 15.3 郵便番号検索サービスの設計 ... 244
  - **Column** アドレス可能性、接続性、統一インタフェース、ステートレス性 ... 245
- 15.4 Webサービスで提供するデータを特定する ... 246
- 15.5 データをリソースに分ける ... 246
- 15.6 リソースにURIで名前を付ける ... 248
  - 郵便番号リソース ... 248
  - 検索結果リソース ... 249
  - 地域リソース ... 250
  - トップレベルリソース ... 250
- 15.7 クライアントに提供するリソースの表現を設計する ... 250
  - XML表現 ... 251
    - 今回の選択 ... 252
  - 軽量フォーマット表現 ... 254
    - 今回の選択 ... 255
  - URIで表現を指定する ... 257
- 15.8 リンクとフォームを利用してリソース同士を結び付ける ... 258
  - 検索結果リソース ... 259
  - 地域リソース ... 261
  - 郵便番号リソース ... 262
  - トップレベルリソース ... 263
    - 地域リソースの一覧 ... 264
    - 検索結果を生成するフォーム ... 264
  - リソース間のリンク関係 ... 265
- 15.9 イベントの標準的なコースを検討する ... 266
- 15.10 エラーについて検討する ... 266
  - 存在しないURIを指定した ... 267
  - 必須パラメータを指定していない ... 267
  - サポートしないメソッドを使用した ... 267
- 15.11 リソース設計のスキル ... 267

第16章
書き込み可能なWebサービスの設計 268

- 16.1 書き込み可能なWebサービスの難しさ 268
- 16.2 書き込み可能な郵便番号サービスの設計 268
- 16.3 リソースの作成 269
  - ファクトリリソースによる作成 269
  - PUTによる作成 270
- 16.4 リソースの更新 272
  - バルクアップデート 272
  - パーシャルアップデート 273
  - 更新できないプロパティを更新しようとした場合 274
- 16.5 リソースの削除 274
- 16.6 バッチ処理 274
  - バッチ処理のリクエスト 275
  - バッチ処理のレスポンス 276
    - 207 Multi-Status ── 複数の結果を表現する 276
    - 独自の複数ステータスフォーマット 277
- 16.7 トランザクション 278
  - 解決すべき問題 278
  - トランザクションリソース 279
    - トランザクションの開始 280
    - トランザクションリソースへの処理対象の追加 280
    - トランザクションの実行 281
    - トランザクションリソースの削除 282
  - トランザクションリソース以外の解決方法 282
    - バッチ処理のトランザクション化 282
    - 上位リソースに対する操作 283
- 16.8 排他制御 283
  - 解決すべき問題 283
  - 悲観的ロック 284
    - LOCK/UNLOCK 285
    - ロックリソースの導入 288
  - 楽観的ロック 290
    - 条件付きPUT 290
    - 条件付きDELETE 292
    - 412 Precondition Failed ── 条件が合わない 293
- 16.9 設計のバランス 294

第17章
リソースの設計 ... 296

- **17.1** リソース指向アーキテクチャのアプローチの落とし穴 ... 296
- **17.2** 関係モデルからの導出 ... 297
  - 郵便番号データのER図 ... 297
  - 中心となるテーブルからのリソースの導出 ... 298
  - リソースが持つデータの特定 ... 299
  - 検索結果リソースの導出 ... 299
  - 階層の検討 ... 300
  - トップレベルリソース ... 300
  - リンクによる結合 ... 301
  - まとめ ... 301
- **17.3** オブジェクト指向モデルからの導出 ... 301
  - 郵便番号データのクラス図 ... 302
  - 主要データクラスからのリソースの導出 ... 303
  - オブジェクトの操作結果リソース ... 303
  - 階層の検討 ... 303
  - トップレベルリソース ... 304
  - リンクによる結合 ... 304
  - まとめ ... 304
- **17.4** 情報アーキテクチャからの導出 ... 305
  - 日本郵便のWebサイトの情報アーキテクチャ ... 305
  - トップページ ... 306
  - 全国地図からの検索 ... 306
  - 住所での検索 ... 306
  - 郵便番号での検索 ... 308
  - パンくずリスト ... 308
  - まとめ ... 308
- **17.5** リソース設計で最も重要なこと ... 310

付録 ... 311

付録A
ステータスコード一覧 ... 312

- **A.1** 1xx（処理中） ... 312
  - 100 Continue ... 312
  - 101 Switching Protocols ... 313
- **A.2** 2xx（成功） ... 314

  200 OK ... 314
  201 Created ... 314
  202 Accepted ... 314
  203 Non-Authoritative Information ... 316
  204 No Content ... 316
  205 Reset Content ... 316
  206 Partial Content ... 317
  207 Multi-Status ... 317

A.3 3xx（リダイレクト） ... 318
  300 Multiple Choices ... 318
  301 Moved Permanently ... 319
  302 Found ... 319
  303 See Other ... 319
  304 Not Modified ... 320
  305 Use Proxy ... 320
  307 Temporary Redirected ... 320

A.4 4xx（クライアントエラー） ... 322
  400 Bad Request ... 322
  401 Unauthorized ... 322
  402 Payment Required ... 322
  403 Forbidden ... 323
  404 Not Found ... 323
  405 Method Not Allowed ... 323
  406 Not Acceptable ... 324
  407 Proxy Authentication Required ... 325
  408 Request Timeout ... 326
  409 Conflict ... 326
  410 Gone ... 327
  411 Length Required ... 327
  412 Precondition Failed ... 328
  413 Request Entity Too Large ... 328
  414 Request-URI Too Long ... 329
  415 Unsupported Media Type ... 329
  416 Requested Range Not Satisfiable ... 330
  417 Expectation Failed ... 331
  422 Unprocessable Entity ... 331
  423 Locked ... 332
  424 Failed Dependency ... 332

A.5 5xx（サーバエラー） ... 332
  500 Internal Server Error ... 332
  501 Not Implemented ... 333

502 Bad Gateway 333
　503 Service Unavailable 333
　504 Gateway Timeout 334
　505 HTTP Version Not Supported 334

付録B
HTTPヘッダー一覧 335

- **B.1** サーバ情報 335
  - Date 335
  - Retry-After 335
  - Server 336
  - Set-Cookie 336
- **B.2** クライアント情報 337
  - Cookie 337
  - Expect 337
  - From 337
  - Referer 338
  - User-Agent 338
- **B.3** リソース情報 338
  - Content-Encoding 338
  - Content-Language 339
  - Content-Length 339
  - Content-MD5 339
  - Content-Type 339
  - Content-Location 340
  - Last-Modified 340
  - Location 341
  - Host 341
- **B.4** コンテントネゴシエーション 341
  - Accept 341
  - Accept-Charset 342
  - Accept-Encoding 342
  - Accept-Language 342
  - Vary 343
- **B.5** 条件付きリクエスト 344
  - ETag 344
  - If-None-Match 344
  - If-Modified-Since 344
  - If-Match 345
  - If-Unmodified-Since 345

- B.6 部分的GET ... 345
  - Range ... 345
  - If-Range ... 346
  - Accept-Range ... 347
  - Content-Range ... 347
- B.7 キャッシュ ... 348
  - Pragma ... 348
  - Cache-Control ... 348
  - Expires ... 348
  - Age ... 349
- B.8 認証 ... 349
  - WWW-Authenticate ... 349
  - Authorization ... 349
  - Proxy-Authenticate ... 350
  - Proxy-Authorization ... 350
  - X-WSSE ... 350
- B.9 チャンク転送 ... 351
  - Transfer-Encoding ... 351
  - Trailer ... 351
  - TE ... 352
- B.10 そのほか ... 352
  - Allow ... 352
  - Connection ... 353
  - Max-Forwards ... 353
  - Upgrade ... 353
  - Via ... 353
  - Warning ... 354
  - Content-Disposition ... 354
  - Slug ... 355
  - X-HTTP-Override ... 355

付録C 解説付き参考文献 ... 356

あとがき ... 358

索引 ... 360

第1部

Web概論

　現在の私たちの生活になくてはならないインフラとなったWeb（*World Wide Web, WWW*）は、1990年に誕生し20年の歴史を持っています。Webがここまで巨大なインフラになるまでには、多くの技術的課題とそれに対するブレークスルーがありました。第1部では、Webの概要を解説したあと、歴史を振り返りながら現在のWebを支えているアーキテクチャについて解説します。

第1章
Webとは何か

第2章
Webの歴史

第3章
REST
Webのアーキテクチャスタイル

第1部　Web概論

第1章
Webとは何か

本章ではまず、私たちの生活の大切なインフラとなったWebが、どのような場面でどのように利用されているのかを概観します。次にWebを特徴づける2つの技術的側面を紹介し、それらがなぜWebにとって重要なのかを解説します。最後に本書の構成を紹介します。

1.1 すべての基盤であるWeb

現在のコンピュータにとって、最も大切なソフトウェアは何でしょうか。10年前であれば、それはワードプロセッサや基幹業務のソフトウェアだったでしょう。しかし現在の私たちにとって最も重要なソフトウェアは、Webを閲覧するソフトウェア、ブラウザ（*Browser*）です。

私たちはブラウザを通してさまざまな用途にコンピュータを使います。天気予報やニュースを読んだり、生活に必要な商品を購入したり、写真を管理したり、地図や乗り換え情報を調べたり、動画を閲覧したり、ブログやソーシャルネットワークサービスで情報を交換したり。これらすべては、ブラウザを通してインターネットの向こう側にあるWebサーバとやりとりしながら実現されています。

このように、Webは現在の私たちの生活に深く根付いています。

1.2 さまざまなWebの用途

では、Webは具体的にはどのように使われているのでしょうか。同じWeb

の技術を使っていても、その用途は多岐にわたっています。ここではWeb
の用途を3つに分けて解説します。

Webサイト

　Webサイトは最も身近な例です。Yahoo!のようなポータルサイトから
Amazonのようなショッピングサイト、Googleに代表される検索サイト、
企業のPRサイトのほか、ブログ、写真管理、ブックマーク、ソーシャルネ
ットワーク、Wiki、動画投稿など、さまざまなサービスを提供するWebサ
イトがあります。

　Webサイトのシステム構成は、PCベースのUNIXサーバ1台のケースか
ら数千・数万のサーバを組み合せた大規模なケースまで、多くのバリエー
ションがあります。しかし、Webサイトの裏がどのような構成になってい
るかをクライアントが意識しないで済むことは、Webの大きな特徴です。
Webは多様な種類のPC向けブラウザに加え、携帯電話、ゲーム機、テレ
ビ、そのほかのデバイスなど、多くのソフトウェアとハードウェアから利
用されています。

ユーザインタフェースとしてのWeb

　次に、これは意外に思う人も多いかもしれませんが、Web技術はユーザ
インタフェース(*User Interface, UI*)の分野でも使われています。

　たとえば各種デバイスの設定画面です。ルータやテレビ、ハードディス
クレコーダ、プリンタなど、ネットワークに接続するデバイスの設定はブ
ラウザで行うものが少なくありません。リモコンやハードウェアの限定さ
れたボタンで設定するよりも、PCのキーボードで操作したほうが効率的だ
からです。

　別の例としてはHTML(*Hypertext Markup Language*)によるヘルプの記述が
あります。Windowsには「HTMLヘルプ」と呼ばれる機構があり、HTMLを
ベースにソフトウェアやハードウェアのヘルプを作成できます。また、写
真管理ソフトが配布用に各写真にリンクしたHTMLを生成するのも、Web

技術をユーザインタフェース面で応用した例です。このような応用がされているのは、HTMLが記述しやすい（編集ソフトがそろっている）ことと、多様な環境でブラウザが利用できることが理由でしょう。

プログラム用APIとしてのWeb

最後に、API（*Application Programming Interface*）としてのWebがあります。ユーザインタフェースとしてのWebは人間向けのインタフェースでしたが、APIとしてのWebはプログラム向けのインタフェースです。

APIはプログラム用のインタフェースですので、データフォーマットにはXML（*Extensible Markup Language*）やJSON（*JavaScript Object Notation*）など、プログラムで解釈・処理しやすいものを用います。

APIとしてのWebは「Webサービス」（*Web Service*）とも呼ばれますが、この言葉はWebで提供するサービスやサイトを指すときにも使われます。たとえばブログサービスやソーシャルブックマークサービスを「Webサービス」と呼ぶことがあります。紛らわしいので以降本書では、特に断りのない限りプログラム向けのインタフェースを指すときは「Web API」という言葉を使います。「Webサービス」という言葉は、Webで提供するサービスやサイトを示すときに使います。

1.3 Webを支える技術

このように幅広い領域で使われているWebとはいったい何なのでしょうか。本質的にWebを支えているのはどのような技術なのでしょうか。

HTTP、URI、HTML

Webを支える最も基本的な技術は、HTTP（*Hypertext Transfer Protocol*）とURI（*Uniform Resource Identifier*）、そしてHTMLです（図1.1）。これらは本書の中心テーマとなる技術です。URIを使えば、ショッピングサイトの商品

でも学術論文でも動画サイトに投稿された映像でも、世界中のあらゆる情報を指し示せます。HTMLは、それらの情報を表現する文書フォーマットです。そしてHTTPというプロトコルを使って、それらの情報を取得したり発注したりします。

HTTP、URI、HTMLはシンプルな技術です。たとえばHTTP 1.1が定義しているメソッドは8つだけです。URIは紙の広告に記載できるくらい短い文字列です(たとえば技術評論社のWebサイトはhttp://gihyo.jpです)。HTMLはXMLをもとにした汎用の文書フォーマットです。このシンプルさによって、Webはいろいろな応用が可能になっています。

HTTP、URI、HTMLに支えられたWebは、情報システムとして見ると*ハイパーメディアシステム*(*Hypermedia System*)と*分散システム*(*Distributed System*)の2つの側面を持っています。

ハイパーメディア

ハイパーメディアとは、テキストや画像、音声、映像などさまざまなメディアをハイパーリンク(*Hyper Link*)で結び付けて構成したシステムです。ハイパーメディア以前のメディア、たとえば書籍や映画は線形的に先頭から順に読んだり視聴したりするのに対し、ハイパーメディアは非線形的にユーザが自分でリンクを選択して情報を取得します。

図1.1 HTTP、URI、HTMLの関係

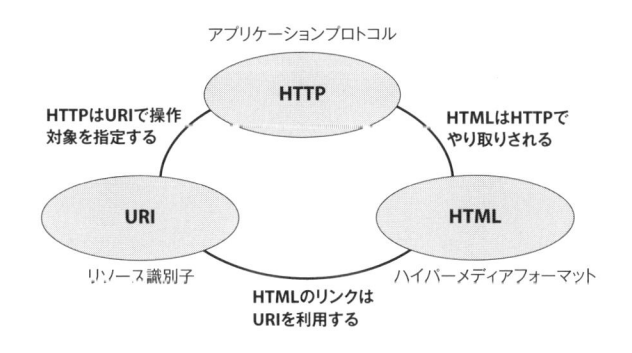

ハイパーリンクあるいは単にリンクとは、ハイパーメディアにおいて情報同士を結び付ける機構のことです。リンクによって、ユーザはある情報から別の情報へと自由に参照できるようになります。

Webはハイパーメディアの一例です。HTMLで記述したWebページには、ほかのWebページや埋め込まれた画像・映像へのリンクが含まれます。ユーザはブラウザを使って自由にそれらをたどれます。HTTPとHTMLの名前に「ハイパーテキスト」(*Hypertext*)[注1]と入っていることからも、ハイパーメディアがWebにとっていかに重要かがわかるでしょう。

分散システム

1つの中央コンピュータがすべてを処理する形式を「集中システム」(*Centralized System*)と呼びます。これに対して、複数のコンピュータを組み合わせて処理を分散させる形式を「分散システム」と呼びます。

分散システムは複数のコンピュータやプログラムをネットワーク上に分散して配置し、1台のコンピュータで実行するよりも効率的に処理できるようにしたシステムです。分散システムでは、複数のコンピュータ上に存在するデータを一元的に扱ったり、1台のコンピュータでは扱いきれない膨大な情報を操作したりできます。分散システムを用いると、単一のコンピュータからなる集中システムでは難しい機能や性能を実現できます。

Webは、世界中に配置されたサーバに世界中のブラウザがアクセスする分散システムです。Web全体に存在する情報はもちろん1つのコンピュータには収まりきりません。過去にWebほど大規模な分散システムは存在しませんでした。分散システムとしてのWebが特徴的なのは、プロトコルがシンプルな点です。プロトコルがシンプルだからこそ、これだけの規模のシステムが実現できているのです。

注1　ここで言うハイパーテキストとハイパーメディアはほぼ同じ意味です。両者の微妙な違いは次章で解説します。

1.4 本書の構成

本書では、Webを支える基本技術であるHTTPとURI、そしてHTMLなどのハイパーメディアフォーマットを解説します。また、それらの技術を用いてWebサービスやWeb APIをどのように設計するかを解説します。

第1部のテーマはWebの技術的なバックグラウンドとアーキテクチャです。Webの歴史を振り返りながら、Webが持つ技術的特徴を解説します。同時に、HTTPやURI、HTMLがどのようなアーキテクチャの原則に従って設計されているかを解説します。

第2部のテーマはURIです。URIはWeb上に存在する情報を特定するための技術です。URIがなければWebは存在しないでしょう。第2部では、URIの構文とその意味や、WebサービスやWeb APIにおいてどのようにURIを設計すべきかを解説します。

第3部のテーマはHTTPです。HTTPはWebサービスの実装になくてはならない知識です。なぜなら、すべてのブラウザはHTTPでサーバと通信するからです。第3部では、HTTPのプロトコル仕様と、WebサービスやWeb APIを開発する際にどのようにHTTPを利用するべきかについて説明します。第3部と付録A「ステータスコード一覧」、付録B「HTTPヘッダ一覧」は、HTTPのリファレンスとしても利用できます。

第4部のテーマはハイパーメディアフォーマットです。ここで解説するフォーマットはHTML、microformats、Atom、JSONです。これらのフォーマットはWeb上に存在する具体的なコンテンツを表現するために欠かせません。興味があるフォーマットについてそれぞれご覧ください。

第5部のテーマはWebサービスやWeb APIの設計です。WebサービスやWeb APIを開発するときに、Webアプリケーションフレームワークのデフォルトの動作をただ使うだけでは不十分です。HTTPやURIを状況に応じて適切に設計するためにはどうすればよいのかを、具体的な事例や困りごとに基づいて解説します。

なお、本書ではWebサービスを実装するための情報、個別のプログラミング言語やサーバの設定については基本的に触れません。

第2章
Webの歴史

　現在のWebは、一言では言い表せない巨大なシステムです。世界規模の情報システムであるWebがなぜこのようなアーキテクチャになっているのかについては、個別技術をいきなり見ていくよりもそれらが成立してきた過程を眺めたほうが理解しやすいでしょう。本章ではWebが持つ歴史的背景を、ハイパーメディアシステムと分散システムの2つの側面から解説します。

2.1 Web以前のインターネット

　Webが当たり前の世代にとっては信じられないかもしれませんが、初期のインターネットにはWebがありませんでした。

　インターネットの詳しい歴史は専門書に譲りますが、簡単にその歴史を述べると、インターネットの起源は1969年に構築されたARPANET[注1]までさかのぼります。ARPANETは米国内の大学や研究機関の間を当時としては高速な回線で接続し、全米をつなぐネットワークとして徐々に成長していきました。

　Web以前のインターネットの環境は、C言語のバイブル『プログラミング言語C』の序文にある、著者のBrian Kernighanから訳者の石田晴久氏[注2]宛の1988年の電子メールで垣間見ることができます。

注1　アメリカ国防総省国防高等研究計画局（*Advanced Research Project Agency, ARPA*）が構築したコンピュータネットワークなので「ARPANET」と呼ばれています。
注2　東京大学名誉教授で、日本におけるUNIXやインターネットの基礎を築いた人物です。

```
Received: by ccut.cc.u-tokyo.junet (5.51/6.3Junet-1.0/CSNET-JUNET)
        id AA21701; Thu, 29 Dec 88 03:38:29 JST
Return-Path: <@RELAY.CS.NET:bwk@att.arpa>
Message-Id: <8812281838.AA21701@ccut.cc.u-tokyo.junet>
Received: from relay.cs.net by RELAY.CS.NET id ab12679;28 Dec 88 11:31 EST
Received: from att.arpa by RELAY.CS.NET id aa00341; 28 Dec 88 11:33 EST
From:
Date: Wed, 28 Dec 88 11:29:03 EST
To: z30050%tansei.cc.u-tokyo.junet%utokyo-relay.csnet@RELAY.CS.NET
Received: from CSNet-Relay by utokyo-relay; 29 Dec 88 2:29:56-JST (Thu)
Status: R

ishida san --

o tegami wo domou arigatou gozaimasu.
hisashiburi desu ne.  o genki desu ka.
Beru Ken de Ishida san ome ni kakatta no toki kara
nihongo wo benkyou shite imasu.  chotto muzukashii
desu ga, taihen omoshiroi desu.  Ishida san
yakushita hon wa mada yomemasen gomen nasai.
```

―― B.W. カーニハン、D.M. リッチー 著／石田晴久 訳

『プログラミング言語C 第2版（訳書訂正版）』共立出版、1989、p.vii

　メールの書式こそ現在と同じですが、内容は日本語であるにもかかわらず、すべての文字が英数字です。また、当時のネットワークには、リアルタイムに相手と通信するTCP/IP（*Transmission Control Protocol/Internet Protocol*）だけではなくバケツリレー式のUUCP（*Unix to Unix Copy Protocol*）による転送も存在したため、メールが到達するまでには遅延がありました。現在のようにメールを送信したらすぐに相手が受信できるわけではなかったのです。

　インターネットのアプリケーションは、電子メール以外にもたくさん生まれました。複数人が参加できるフォーラム形式のネットニュース、ファイル交換のためのFTP（*File Transfer Protocol*）、UNIXホストにリモート接続するためのtelnet、コンテンツを簡単に公開するためのGopher（ゴーファー）などです。

2.2 Web以前のハイパーメディア

ハイパーメディアは50年以上の歴史を持つ古い技術です。Webの登場前のハイパーメディアにはどのような歴史があったのか、そしてその問題点は何だったのかを見ていきましょう。

Memex —— ハイパーメディアの起源

ハイパーメディアの起源は、ARPANETの誕生からさらにさかのぼった1945年に米国の研究者Vannevar Bushが発表したMemexという情報検索システムについての論文だと言われています[注3]。Memexは実在するシステムではなく構想ですが、電気的に接続した本やフィルムを相互にリンクし、リンクをたどって次々と表示する、現在のWebを予感させるシステムでした。

このMemex構想にはハイパーメディアという言葉こそ登場しませんが、多くの研究者に影響を与えました。

Xanadu ——「ハイパーメディア」という言葉の誕生

BushのMemex構想に影響を受けた研究者の中に、Ted Nelsonがいました。

Nelsonは1965年に「ハイパーテキスト」と「ハイパーメディア」という言葉を立て続けに考案しました。ハイパーテキストが文字情報中心の文書を相互にリンクさせた概念であるのに対し、ハイパーメディアはその考え方を拡張し、音声や動画など多様なメディアを相互にリンクさせた概念です。

Nelsonはこれらの言葉と同時に、現在のWebをさらに進化させた機能を持つ理想的なハイパーメディアXanaduを構想し、開発を始めます。しかし、Xanaduの開発は高機能ゆえの複雑さから頓挫し、失敗に終わりまし

注3　この論文はhttp://www.w3.org/History/1945/vbush/で読めます。

た。

HyperCard —— 初の実用的なハイパーメディア

　Web以前に成功を収めたハイパーメディアとして、Bill Atkinson が1987年にAppleで開発したHyperCardがあります（図2.1）。HyperCardにはネットワークを通じてデータをやりとりする機能こそありませんでしたが、「カード」と呼ばれる文書を単位に相互にリンクを張り、スクリプト言語HyperTalkによるプログラムを実行できる、いわばスタンドアロンのWebサービスでした。HyperCardは成功を収め、たくさんのゲームやアプリケーションが開発されました。

Web以前のハイパーメディアの問題点

　これまでに最も普及したハイパーメディアの実装はWebです。Web上の文書（リソース）は、すべてがリンクによって相互に結び付いています。リ

図2.1　HyperCardによるアプリケーション
※Ward Cunningham, http://c2.com/cgi/wiki?BezelMenu

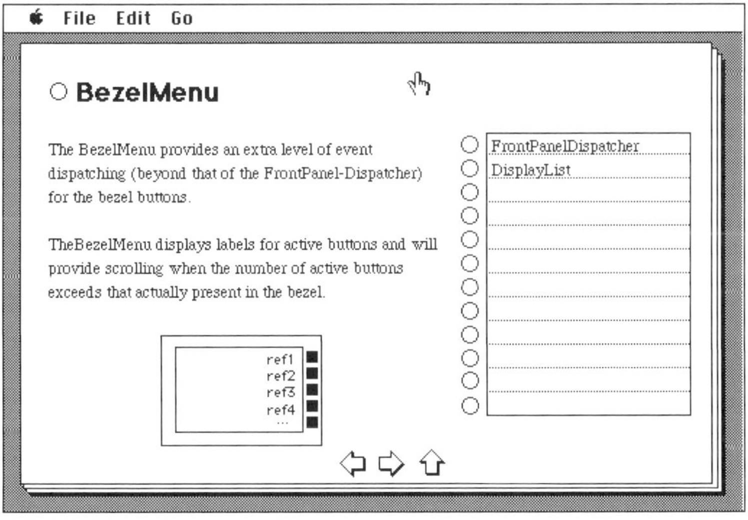

ンクがWebに欠かせない基本技術であることは、Googleのページランク(*Page Rank*)やトラックバック(*Trackback*)といった技術がリンクを前提に設計されていることからも明らかでしょう。

ただ、Nelsonなどの旧来のハイパーメディア推進者の目からすると、Webは不完全なハイパーメディアだと映るようです。その理由は、Webが単方向リンクしかサポートしていない、リンクが切れる可能性がある、バージョン管理やトランスクルージョン(*Transclusion*)[注4]の機能がない、などです。

しかし、現実にはその普及度からWebが最も成功したハイパーメディアであることは疑いようがありません。Webの成功の一因は、必要最低限のリンク機能だけを備えていたことです。逆にWeb以前のハイパーメディアの最大の問題点は、その複雑さにあったと言えるでしょう。

2.3 Web以前の分散システム

分散システムもWebの登場以前からある技術です。その歴史と問題点はWebの設計に影響を与えています。ここでは分散システムの歴史を振り返り、技術的な問題点を見てみましょう。

集中システムと分散システム

最も初期のコンピュータは、科学技術計算などの専用目的で作られていました。

1960年代にメインフレームが開発され、1つのコンピュータが複数の目的に利用できるようになりました。このころのコンピュータの利用形態は、端末をホストコンピュータに接続し、ホストコンピュータで集中して処理するというものでした。

1970年代以降、コンピュータのダウンサイジングが進んで一つ一つのコ

注4 ある文書中にほかの文書断片への参照を埋め込み、あたかも1つの文書のように見せる技術のことです。これにより文書のモジュール化が可能になります。HTMLでの実装例としては、<img>要素による画像埋め込みや<iframe>要素による文書全体の埋め込みがありますが、いずれもNelsonが当初想定していた機能には及びません。

ンピュータが小型になり、なおかつ性能が向上すると、複数のコンピュータを組み合わせて処理を分散させ、全体としての性能を向上させる手法が登場します。

RPC —— ほかのコンピュータの機能を利用

　分散システムを実現するためには、各サーバが提供する機能をほかのサーバやクライアントから呼び出せる必要があります。RPC（*Remote Procedure Call*）は分散システムを実現するための技術の一つです。RPCを用いると、リモートのサーバで実行しているプログラムをクライアント側から呼び出せます。

　有名なRPCシステムとしては、Sun MicrosystemsのSunRPC（ONC RPC）やアポロ、IBMとDECが共同開発したDCE（*Distributed Computing Environment*）があります。これらのRPCシステムが開発されていた1980年代後半は「UNIX戦争」[注5]と呼ばれるUNIXベンダーによる標準化競争が激化していた時代で、各社とも自社の分散システム技術を標準にしようとやっきになっていました。実に20年以上前の話です。

CORBA、DCOM —— 分散オブジェクトへの進化

　RPCはその名のとおりリモートの手続き（*Procedure*）、つまり関数を呼び出すしくみです。ただ、現代的なプログラミング言語はほとんどすべてがオブジェクト指向機能を備えています。そこで、単なる関数呼び出しではなくオブジェクト自体をリモート側に配置する「分散オブジェクト」（*Distributed Object*）と呼ばれる技術が考案されました。分散オブジェクトの代表例はCORBA（コルバ）（*Common Object Request Broker Architecture*）です。MicrosoftはCORBAに対抗してDCOM（ディーコム）（*Distributed Component Object Model*）を開発しました。

　CORBAもDCOMも、IDL（*Interface Definition Language*）でオブジェクトの

注5　http://ja.wikipedia.org/wiki/UNIX戦争

メソッドを定義し、実装ではネットワーク越しにシリアライズしたメッセージを交換するという点ではRPCと同じです。ただ、汎用的なオブジェクト機能を実現しようとしたため、非常に複雑な仕様となってしまいました。また、CORBAとDCOMには互換性がないため、双方のシステムが接続できない問題もありました。

Web以前の分散システムの問題点

　RPCは現在でもNFS（*Network File System*）などの分散システムの実装に使われています。しかし、RPCが現実的に動作するのは通信相手がある程度決まっているイントラネット環境までで、より大規模な異種分散環境ではスケールしません。これは、次の問題がそれぞれのRPCシステムに共通であるからです。

- 性能劣化の問題
　　ネットワーク越しの関数呼び出しは、同一プロセス内で関数を呼び出すのに比べると何倍もの時間がかかる。また、一般に関数の粒度が小さいので目的を達成するために何回も関数を呼び出さなければならず、ネットワークのオーバーヘッドが呼び出し回数分かかる
- データ型変換の問題
　　プログラミング言語ごとにサポートするデータ型が異なるため、複数の言語が混在する環境ではデータ型の変換時に問題が発生する
- インタフェースバージョンアップ時の互換性の問題
　　機能追加に伴ってサーバのインタフェースを更新した場合、古いクライアントに対して下位互換性を保てない
- 負荷分散の問題
　　一般にRPCベースのシステムは、サーバ上にクライアントのアプリケーション状態（*Application State*）[注6]を保存する。そのためサーバ間でアプリケーション状態を共有しなければならず、多数のサーバで負荷を分散することが難しくなる

注6　アプリケーション状態については次章と第6章で解説します。

このようにWeb以前の分散システムは、ハードウェアにしろソフトウェアにしろ、数を限定した均一なクライアントが前提でした。これでは世界規模で動作するシステムにはなりません。大規模な分散システムには何が必要なのか、その答えはWebによって明らかになります。

2.4 Webの誕生

ここまで見てきたように1980年代までに、ハイパーメディア構想が生まれ、インターネットが登場し、複数のコンピュータを接続した分散システムが構築されました。Webはこのような時代環境に生まれました。

1990年11月12日、スイスのCERN（セルン）(*European Organization for Nuclear Research*、欧州原子核研究機構）という国際的な研究所で働いていたTim Berners-Lee（バーナーズ=リー）が、ハイパーメディアを用いたインターネットベースの分散情報管理システムとしてWebの提案書[注7]を書きました[注8]。Berners-Leeは翌日から実装を開始し、その年のクリスマス休暇に最初のバージョンのブラウザとサーバを完成させました（図2.2）。

Berners-Leeが発表して以来、Webは世界中で徐々に普及し始めます。当時のインターネットは主に企業や大学の研究者が利用していましたが、彼らは無償で公開されたサーバやブラウザをどんどん試用し、コンテンツを公開し始めたのです。

Webの普及を一気に推し進めたのが、1993年にイリノイ大学のNCSA（*National Center for Supercomputing Application*、米国立スーパーコンピュータ応用研究所）が公開したブラウザMosaicです（図2.3）。それまでのブラウザがブラウザ単体では文字情報だけしか扱えなかったのに対し、Mosaicは本文にインラインで画像を混在させることができました。Mosaicは、Internet ExplorerやFirefoxといった現在のブラウザの源流になっています。

注7　http://www.w3.org/Proposal
注8　1989年3月には、この論文の原案となる文書がBerners-Leeによって書かれています。
　　　http://www.w3.org/History/1989/proposal.html

第1部　Web概論

図2.2　世界初のブラウザの画面
※http://commons.wikimedia.org/wiki/File:WorldWideWeb.gif

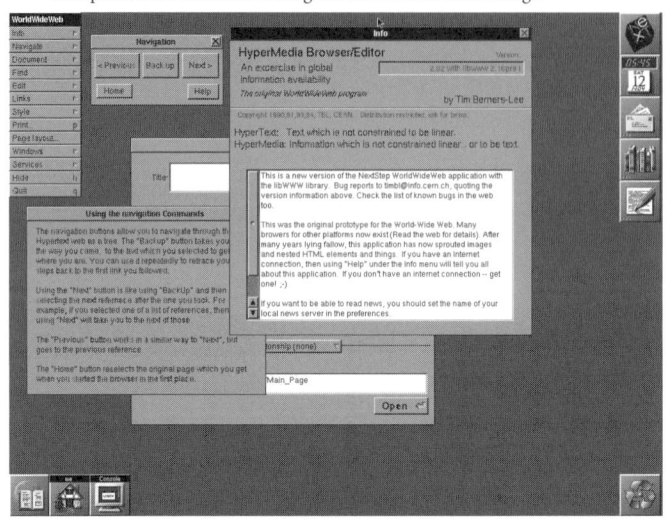

図2.3　Mosaicの画面（バージョン0.6 beta）
※NCSA/University of Illinois, http://www.ncsa.uiuc.edu/News/Images/

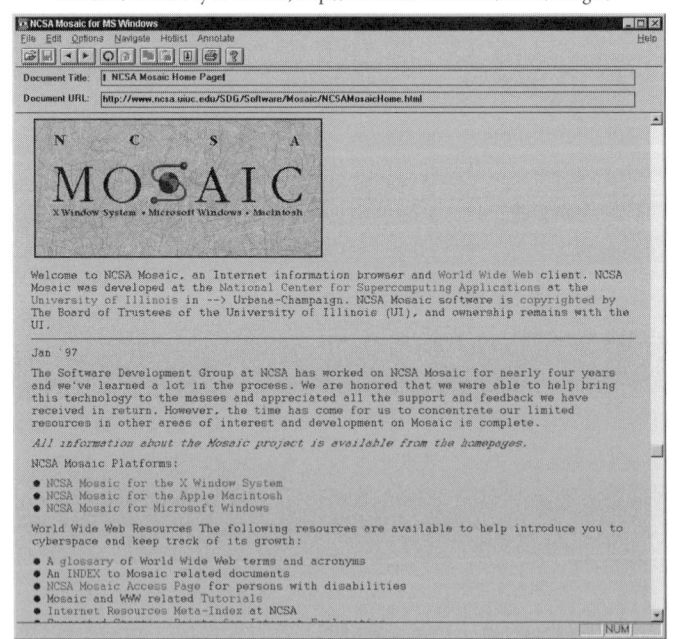

ハイパーメディアとしてのWeb

　Webはインターネットを使ったハイパーメディアとして設計されました。Web以前のハイパーメディアとの一番の違いはここです。インターネットを用いているため不特定多数の情報をリンクさせ合うことができ、システムを大規模化しやすいという重要な利点を持っています。その反面、情報の集中的な管理は難しくなり、リンク切れを起こしやすいという欠点も持っています。

　Webが実現しているリンクは、シンプルな単方向リンクだけであることも特徴です。WebではブラウザにReferされたリンクをクリックすると新しいWebページに移動します。しかしもともとのリンクの概念では、外部からリンクを指定するといった拡張リンクの考え方も存在しました。Webに複雑なリンク機構を取り込もうとした動きもありましたが、結局はシンプルな単方向リンクだけが使われています。ユーザにとってわかりやすく、かつ実装が簡単なリンクだからこそ、Webはここまで普及したと言えるでしょう。

分散システムとしてのWeb

　RPCは閉じたネットワーク環境で、あらかじめ想定した数と種類のクライアントを相手にサービスを提供するシステムとしては優れています。逆に言うと、オープンなネットワーク環境で、不特定多数のクライアントに対してサービスを提供するシステムには向いていません。

　オープンで不特定多数を相手にするシステムがWebです。Webでは世界中のユーザが世界中のWebサービスを利用できます。各ユーザのコンピュータ環境は特定のOSやハードウェアには統一されておらず、さまざまなブラウザやデバイスから1つのWebサービスにアクセスできます。これは、クライアントとサーバの間のインタフェースをHTTPというシンプルなプロトコルで固定したことで実現できています。

2.5 Webの標準化

Mosaicによって爆発的な普及を果たしたWebには、さまざまなプレーヤーが参加してきます。学術的なコンテンツだけでなく、ニュースや娯楽メディアの参入、ショッピングサイトの登場、MicrosoftやIBM、Sun Microsystemsなどの大手ベンダーの参画などが、1990年代半ばから後半にかけて同時多発的に起こりました。

Webの仕様策定

このような状況の中、Webを構成する技術、特にHTTPとURIとHTMLの標準化が求められました。これらは各社のサーバ、クライアント間で利用され、相互運用性が求められたからです。

Web以前のインターネット標準はすべてIETF(*Internet Engineering Task Force*)のRFC(*Request for Comments*)注9として定められてきました。実際にHTTPとURI、そしてバージョン2までのHTMLはRFCとして定義されています。

しかし、Webがあまりにも急速に普及してしまったため、IETFでの仕様策定が追いつかず、各社の実装がバラバラで相互運用性に欠ける状態が発生してしまいました。このような問題を解決するため、Web技術を実装している各社が集まって標準化を行う団体として、1994年にBerners-Leeが中心となってW3C(*World Wide Web Consortium*)を設立します。

W3Cでは、HTML、XML、HTTP、URI、CSS(*Cascading Style Sheets*)などの標準化作業が行われました注10。特にHTMLとCSSの標準化は重要でした。当時の状況を「ブラウザ戦争」と呼ぶこともありますが、Netscape NavigatorとInternet Explorerが独自拡張を繰り返した結果、両者でのHTMLとCSS

注9　一つ一つのRFCには仕様が確定した順に番号が振られています。たとえばHTTP 1.1のRFC番号は2616なので「RFC 2616」と記述し、番号で参照できます。

注10　HTTPとURIは、W3CとIETFの両方にワーキンググループが結成され、その作業結果はRFCとしてまとめられました。

のレンダリング結果が大きく異なり、開発者がブラウザごとの対応を迫られる事態になっていたのです。この状況は長い年月をかけて徐々に解消されてきていますが、現在でも問題は残っています。「ブラウザ対応」という言葉はこの時代の名残です。

Berners-LeeはWebのコンセプトを発明し、最初のブラウザとサーバを実装しました。これは私見ですが、Berners-Leeが今日のWebの礎をすべて築いたとするのは間違っていると思います。Webがここまでスケールして動作しているのは、実際には各種サーバとブラウザの実装経験と、HTTPやURIの仕様策定の過程で徐々に設計的に正しい選択が続けられてきたからであると考えます。

RESTの誕生

ここで一人、Webのアーキテクチャを決定する重要な人物が現れます。当時、カリフォルニア大学アーバイン校の大学院生だったRoy Fielding（ロイ フィールディング）です。

彼は、Webの創成期から各種ソフトウェアの実装に関わってきました。たとえばApache httpdやlibwww-perl（Perl 4向けHTTPクライアントライブラリ）、www-stat（HTTPサーバアクセスログ解析ツール）などです。

Fieldingはこの実装経験をもとに、Berners-LeeらとともにHTTP 1.0とHTTP 1.1の仕様策定に関わりました。HTTPの仕様を策定している時期、Fieldingは大学院生でもあったので、自身の研究としてWebがなぜこんなにも成功したのか、なぜこれほど大規模なシステムが成立したのかについてソフトウェアアーキテクチャの観点から分析を行い、1つのアーキテクチャスタイルとしてまとめました。2000年、彼はこのアーキテクチャスタイルを「REST」（*Representational State Transfer*）と名付け、博士論文[注11]として提出します。

RESTという名前はコンピュータ関係でよくあるこじつけ気味の命名ですが、これはHTTPがHypertext Transfer Protocolの略であることからの発想

注11 「Architectural Styles and the Design of Network-based Software Architectures」
（http://www.ics.uci.edu/%7Efielding/pubs/dissertation/top.htm）

でしょう。すなわち、HTTPはもともとハイパーテキストを「転送」(Transfer)するためのプロトコルでしたが、実際にはハイパーテキスト以外のさまざまなものを運んでいます。それが何なのかと言えば「リソースの状態」(Resource State)の「表現」(Representation)だというのがFieldingの主張です。そのため、Representational State Transferと名付けたのです[注12]。

さまざまなハイパーメディアフォーマットの誕生

初期のWebではHTMLが唯一のハイパーメディアフォーマットでした。しかしWebの普及に伴ってHTMLでは対応できないさまざまな要望が生まれ、新しいハイパーメディアフォーマットが誕生していきました。

たとえば、HTMLの構造はそのままに、HTMLにさまざまな意味を持たせることのできる技術としてmicroformatsが登場しました[注13]。

また、Webページの新着情報をサーバで配信し、専用のプログラムでそれをチェックするための用途にはRSS (*RDF Site Summary, Rich Site Summary, Really Simple Syndication*) が提案されました。しかしRSSは複数のバージョンが乱立し混乱したため、最終的にはIETFでAtomが標準化されます[注14]。

HTMLやAtomはXMLをベースにした構造化文書のためのマークアップ言語ですので、データを記述するためには表記が冗長過ぎます。そこでより単純なデータフォーマットがいくつか提案されました。その中でデファクトスタンダードとなったのがJSONです[注15]。

2.6
Web APIをめぐる議論

初期のWebは学術論文の交換に利用されていたため、主に人が文書を読むためのシステムでした。しかし、Webの用途が多様化すると、プログラ

注12 RESTとリソースについて詳しくは次章で解説します。
注13 microformatsについては第11章で解説します。
注14 Atomについては第12章で解説します。
注15 JSONについては第14章で解説します。

ムから自動処理を行いたいという要求が出始めます。1990年代後半から2000年代前半にかけて、プログラムから操作可能なWeb APIの議論が巻き起こりました。

SOAPとWS-*

1990年代後半、Webは商業的な成功を収めバブルを迎えます。とにかく何にでもWebの技術を使うことがトレンドになりました。FieldingらHTTP 1.1を策定するグループとは別に、さまざまなバックグラウンドを持つグループも、Webをプログラムから利用できるように拡張しようと試みます。

その中で大きな勢力を持っていたのがRPC／分散オブジェクトのグループです。彼らは過去にもCORBAやDCOMといった分散オブジェクトで自社技術をデファクトスタンダードにしようと標準化を争ったことがありました。それらはほとんどが成功しませんでしたが、同じ方法論でWeb上の分散オブジェクトを実現しようとします。

RPC／分散オブジェクトグループの動きの中で最も基本的なプロトコルはSOAP注16です。SOAPは、HTTPをアプリケーションプロトコルではなくトランスポートプロトコルとして扱い、HTTPの上で独自のメッセージを転送します。SOAPはMicrosoftがW3Cに提案し、IBMやそのほかのベンダーを巻き込んで標準化が始まりました。

SOAPはメッセージ転送の方法だけを定めた仕様なので、実際にシステムを構築する際にはSOAPの上にサービスごとのプロトコルを定義しなければなりません。これらを各社ばらばらに定義するのでは以前の分散システムの失敗を繰り返してしまうため、WS-Security（セキュリティ）、WS-Transaction（トランザクション）、WS-ReliableMessaging（信頼性メッセージング）など、「WS-*」と呼ばれる周辺仕様群がW3CやOASIS（*Organization for the Advancement of Structured Information Standards*）に次々と提案されました。しかし同じような仕様が複数乱立してしまったため、各社は自社の標準を通そうと以前と同じような標準化競争を引き起こしてしまいます。ま

注16 SOAPはもともとSimple Object Access Protocolの略でしたが、目的がオブジェクトにアクセスするだけではなくなってしまったので、何の略でもなく単にSOAPであると改定されました。

た、WS-*の仕様書群のページ数が膨れ上がったため、実装が困難だという批判も起こりました。

SOAP対REST

こうしたSOAPとWS-*を巡る混乱の中、当時のW3Cのメーリングリストではプログラムからも利用可能なWebのアーキテクチャについての議論が活発に行われました。この論争にはFieldingも積極的に関わります。彼は自身が作ったRESTの理論をもとに大ベンダーが推進するSOAPベースの技術を否定し、WebがWebらしくあるためのアーキテクチャスタイルとしてRESTを推奨しました。

もちろん、一人の研究者と大手ベンダーでは政治的な力の差が歴然としています。FieldingがSOAPの間違いをいかに指摘しても、SOAPの仕様策定はW3Cで続けられました。しかし、Fieldingの意見に賛同する人たちも現れました。その代表格がMark BakerとPaul Prescodです。

Bakerは、彼のハンドルネームdistobj（Distributed Objectの略）からもわかるように分散オブジェクトの技術者です。Web以前から分散オブジェクト技術に関わっていました。PrescodはSGML（*Standard Generalized Markup Language*）の流れをくむXML／構造化文書技術者です。技術的バックグランドの異なる両者がWebを通じてRESTに出会い、さまざまなメディアを通じて共にRESTを宣伝しました。

RESTの誤解と普及

SOAPとRESTに関する論争は2000年前後から始まり、2003年くらいがピークだったようです。2000年当時はGoogleが検索エンジンとしてやっと一定の地位を持ち始めたころで、現在のようなプログラムから操作可能な各種Web APIは存在しませんでした。

RESTの普及に弾みを付けたのは2002年に登場したAmazon Webサービスです。Amazonは、自社が扱う書籍やそのほかの商品の情報をWebを通じてプログラムから取得できるようにしました。その際にAmazonは、SOAP

を用いた形式と、ある定められたURIをHTTPでGETする形式の2つを用意しました。技術的には正確でないのですが、後者は便宜的に「REST形式」と呼ばれました。

AmazonのWeb APIは、その情報の有用性と扱いの簡単さから、瞬く間に普及します。そしてSOAP形式と（いわゆる）REST形式の利用比率が20対80であるという報告[注17]がなされたとき、SOAP対RESTの論争に火が付きました。

RESTを否定する人々の主張は、「Amazonのようにセキュリティが必要ない簡単なWeb APIでは、URIをGETするだけのシンプルな方式のほうが利用される。しかし、基幹システムなどでトランザクションや信頼性が必要なときは、RESTでは機能が不十分である」といったものでした。

REST対SOAPの議論は熱を増し、最終的には意地の張り合いになりました。筆者が聞いたREST否定派の一番ひどい言説は「RESTはおもちゃ」です。この言葉の陰にはWeb APIを作っているWebベンチャーなどの技術者に対する、旧来のエンジニアからの侮蔑の意味が込められていたのではないでしょうか。「HTTPやURIだけで基幹システムが作れるのか？」「そんなものおもちゃでしかないじゃないか」と。

しかし最終的にはREST側に軍配が上がります。2004年から始まったWeb 2.0の流れの中で、GoogleやAmazonといった企業はREST形式のWeb APIを提供し始めます。Web 2.0で重要だったのはマッシュアップ（*Mashup*）です。マッシュアップとはいろいろなWeb APIが提供する情報を組み合わせて1つのアプリケーションを実現する手法のことです。マッシュアップでは手軽さが求められたため、Web APIが提供するリソースをHTTPやURIで簡単に操作できるRESTスタイルのほうが受け入れられたのでした。

SOAPとWS-*の敗因

SOAPとWS-*が失敗した理由は2つあったと筆者は考えています。

1つめは技術的な理由です。SOAPとWS-*はRPC／分散オブジェクトが

注17 http://www.yamdas.org/column/technique/ow_restj.html

持っていた技術的な問題点をそのまま継承して、さらに複雑にした仕様群となりました。たとえばベンダー間でのインタフェース互換性の欠如、複雑なプロトコルスタック、ネットワーク越しのインタフェース呼び出しによるオーバーヘッドなどです。

2つめは政治的な理由です。SOAPとWS-*の標準化作業はW3CやOASISで行われました。ここでの標準化作業は、各ベンダーがドラフトを持ち寄って差異を調整する形で行われました。しかし多くのベンダーがSOAP自体も標準として確定していないうちに実装を進めたため、同じSOAPやWS-*でも解釈に違いが生じ、相互運用性に欠けてしまいました。

2.7 すべてがWebへ

RESTが普及していくのと並行して、Webはインターネット全体を飲み込み始めます。それまでは別々のプロトコルを用いていたメールやネットニュースは、バックエンドで動作しているプロトコルこそ変化していませんが、少なくともユーザインタフェースはすべてWebで統一され始め、エンドユーザはWebだけを意識するようになりました。

この背景には、Ajax（*Asynchronous JavaScript and XML*）やCometなどの技術的ブレークスルーがあります。これらの技術により、それまではあり得なかったユーザインタフェースと使い勝手が、Webの良さと相まって実現されつつあります。たとえば以前の地図ソフトは、地図データをローカルのハードディスクにインストールして利用していました。しかしこの方式では、1台のPCにインストールできるだけのデータしか扱えません。それに対して現在の地図サービスは、全世界の衛星写真と地図をいつでも最新の状態で利用できます。これは、サーバ側で地図データをまとめて保管し、必要に応じてWebを通じて画像をダウンロードしているからこそ実現できています。

このように、現在私たちが利用しているソフトウェアの多くはWebを前提にしています。すべてのソフトウェアやデータがWebに置かれるようになりつつあり、Webの重要性は増すばかりです。

第3章
REST
Webのアーキテクチャスタイル

　Webは世界規模のハイパーメディアであり、分散システムです。どちらも数十年の歴史を持っていて、Webはその中で最も成功したシステムです。この巨大なシステムがなぜ動作しているのでしょうか。それを知るために、本章ではWebの設計思想であるRESTについて解説します。

3.1 アーキテクチャスタイルの重要性

　RESTはWebのアーキテクチャスタイルです。

　アーキテクチャスタイルは別名「(マクロ)アーキテクチャパターン」とも言い、複数のアーキテクチャに共通する性質、様式、作法あるいは流儀を指す言葉です。アーキテクチャスタイルには、たとえばMVC(*Model-View-Controller*)やパイプ＆フィルタ(*Pipe and Filter*)、イベントシステム(*Event System*)などがあります。

　パターンという言葉からデザインパターンを想像するかもしれませんが、いわゆるデザインパターンは別名「マイクロアーキテクチャパターン」とも言い、アーキテクチャスタイルよりも粒度(*Granularity*)の小さいクラスなどの設計様式を指します[注1]。

　デザイン(設計)とデザインパターンが違うように、アーキテクチャとアーキテクチャスタイルは別物です。

　デザインパターンの本にはソフトウェアの設計そのものは書いていません。われわれは本に書いてあるパターンを学習して、そのパターンを自分

注1　ここでのアーキテクチャスタイルの定義は『ソフトウェアエンジニアリング基礎知識体系——SWEBOK 2004』(松本吉弘 監訳、オーム社、2005年)に従っています。

自身のソフトウェアの設計に適用します。設計は実際に作るソフトウェアにおいて初めて具現化するものです。

アーキテクチャスタイルも同様です。実際のシステムは具体的なアーキテクチャを持っています。そのアーキテクチャを設計するときに、ただ闇雲に作っていくのではなく、アーキテクチャ設計の指針、作法、流儀、つまりアーキテクチャスタイルを適用します。システムのアーキテクチャを決定する際の羅針盤となるのがアーキテクチャスタイルです。

3.2 アーキテクチャスタイルとしてのREST

RESTは数あるアーキテクチャスタイルの中でも、特にネットワークシステムのアーキテクチャスタイルです。ネットワークシステムのアーキテクチャスタイルとして最も有名なのはクライアント／サーバ(Client Server)です。そしてWebはクライアント／サーバでもあります。

Webのアーキテクチャスタイルは RESTでもあり、クライアント／サーバでもあります。これはいったいどういうことでしょうか。

実はRESTは、クライアント／サーバから派生したアーキテクチャスタイルなのです。素のクライアント／サーバアーキテクチャスタイルにいくつかの制約を加えていくと、RESTというアーキテクチャスタイルになります。

制約はアーキテクチャスタイルにおいて重要な概念です。一般にソフトウェアアーキテクチャは複数のコンポーネントを組み合わせて実現しますが、それぞれのコンポーネントがバラバラに動いているのでは動作しません。そこで、各コンポーネントに制約を課していきます。その結果、全体として各コンポーネントが協調して動作するようになります。

アーキテクチャスタイルは、特定の実装やアーキテクチャではないことに注意してください。Webのアーキテクチャや実装はRESTアーキテクチャスタイルに従っていますが、Web以外のアーキテクチャや実装も考えられます。実装から抽象度を1つ上げたのがアーキテクチャで、アーキテクチャから抽象度を1つ上げたのがアーキテクチャスタイルです(表3.1)。た

だし、現実にはRESTと言えばWebのアーキテクチャスタイルを指す場合が多いので、以降ではRESTの実装例としてWebを用います。

RESTはWeb全体のアーキテクチャスタイルでもあり、個別のWebサービスやWeb APIのアーキテクチャスタイルでもあります。一人一人が作る個別のWebサービスやWeb APIでも、RESTの約束を守ることが重要です。個別のWebサービスが全体の調和を乱しては、全体が統一したアーキテクチャスタイルを守れないからです。

3.3 リソース

RESTにおける重要な概念の一つにリソース（*Resource*）があります。RESTを理解するためにはリソースについての理解が不可欠です。そこでRESTの解説に入る前にリソースについて説明します。

まずはWebにおけるリソースの例を見てみましょう。

- 東京の天気予報
- 技術評論社の『Webを支える技術』のページ
- 新花巻駅の写真
- Dijkstra著の論文「Go To Statement Considered Harmful」
- 筆者の最近のブックマーク

上記はいずれもリソースです。Web上にはほかにも多様なリソースが存在します。リソースを一言で説明すると、「Web上に存在する、名前を持ったありとあらゆる情報」となります。では、リソースが名前を持つとはどういうことでしょうか。

表3.1 Webのアーキテクチャスタイルとアーキテクチャと実装

抽象化レベル	Webでの例
アーキテクチャスタイル	REST
アーキテクチャ	ブラウザ、サーバ、プロキシ、HTTP、URI、HTML
実装	Apache、Firefox、Internet Explorer

そもそも、ものの名前・名詞には、ものをほかのものと区別して指し示す役割があります。筆者の名前「山本陽平」は、筆者自身をほかの人と区別します。もちろん同姓同名の山本陽平さんはほかにも存在するのですが、人間の場合はこれくらいあいまいでも区別できます。しかしプログラムの場合は同姓同名を見分けてくれないので、名前で必ずほかのものと区別できなければなりません。リソースの名前は、あるリソースをほかのリソースと区別して指し示すためのものです。

リソースの名前としてのURI

ここまでくればピンとくる人もいると思いますが、リソースの名前とはURIのことです[注2]。

先ほどの例で考えてみましょう。先ほどのリソースは、それぞれ次のようなURIで識別します。

- 東京の天気予報
  http://weather.yahoo.co.jp/weather/jp/13/4410.html
- 技術評論社の『Webを支える技術』のページ
  http://wdpress.gihyo.jp/plus/978-4-7741-4204-3
- 新花巻駅の写真
  http://www.flickr.com/photos/60043209@N00/6337155/
- Dijkstra著の論文「Go To Statement Considered Harmful」
  http://www.ecn.purdue.edu/ParaMount/papers/dijkstra68goto.pdf
- 筆者の最近のブックマーク
  http://b.hatena.ne.jp/yohei/

ここまでをまとめます。

- リソースとは、Web上の情報である
- 世界中の無数のリソースは、それぞれURIで一意の名前を持つ
- URIを用いることで、プログラムはリソースが表現する情報にアクセスできる

注2　URIについて詳しくは第2部で解説します。

リソースのアドレス可能性

さて、今でこそ当たり前となったWebのURIですが、これは画期的な発明だったと言われています。WebとURIの発明以前は、大きなファイルをどこかのサーバに置いて、その場所を友人にメールで教える場合、次のような文面を書かなければなりませんでした。

```
From: yohei@example.jp
To: inao@example.jp
Subject: Sample File

お疲れさまです。
先日聞かれた例のファイルをftp.example.jpに置きました。
ディレクトリは/public/dataで、ファイル名はsample_file.gzです。
このサーバはanonymous FTPなので、匿名ユーザでログインしてください。
```

現在では考えられない文面のメールですね。URIがある現在では、特定のファイルの取得方法を詳しく自然言語で説明する必要はありません。ftp://example.jp/public/data/sample_file.gzというURIを1行書いてアクセスしてもらうだけで十分です。

また、上記のメールを人間が解釈するのは簡単ですが、プログラムで解釈してファイルをダウンロードするのは至難の業です。自然言語で書かれたメールから、FTPサーバとログイン情報、さらにサーバ内のディレクトリ構造を取り出さなければならないからです。URIはこの問題を一気に解決しました。URIは構造を持っているため、プログラムで簡単に処理できます。

URIが備える、リソースを簡単に指し示せる性質のことを「アドレス可能性」(*Addressability*)と呼びます。リソースをアドレス可能な状態、すなわちきちんと名前が付いており適切な手段でアクセスできる状態にすると、プログラムをとても作りやすくなります。

複数のURIを持つリソース

1つのリソースは複数のURIを持てます。たとえば、もし今日が2010年

1月1日だとすると、次の2つのURIは同じリソースを指します。

- http://weather.example.jp/tokyo/today
- http://weather.example.jp/tokyo/2010-01-01

2010年1月1日の時点では、この2つのURIは同じリソースを指しますが、それぞれのURIの意味は異なります。最初の例は「今日の東京の天気」を示すURIであり、2番めの例は「2010年1月1日の東京の天気」を示すURIだからです。http://weather.example.jp/tokyo/todayは、日付が変われば指し示すリソースが変化します。

リソースに別名のURIをいくつも付けると、クライアントがリソースにアクセスしやすくなります。その反面、どれが正式なURIなのかがわかりにくくなってしまうという欠点も併せ持ちます。

リソースの表現と状態

リソースは「Web上に存在する情報」という抽象的な概念です。サーバとクライアントの間で実際にリソースをやりとりするときには、何らかの具体的なデータを送信し合います。サーバとクライアントの間でやりとりするデータのことを「リソースの表現」(*Resource Representation*)と呼びます。

1つのリソースは複数の表現を持てます。たとえば天気予報リソースは、HTML形式はもちろん、テキスト形式でもPDFでも画像でも表現できます。リソースの複数の表現に個別のURIを与えてもよいですし、HTTPのしくみを使えば1つのURIで複数の表現を返すこともできます。

また、リソースには状態があります。時間の経過に従ってリソースの状態が変化すると、その表現も変化します。天気予報の例で言えば、現在の予報が「晴れ」であったとしても、数時間後には「曇り」に状態が変化しているかもしれません。

3.4 スタイルを組み合わせてRESTを構成する

さて、RESTにおいて重要な概念であるリソースの解説が終わりました。ここからはRESTアーキテクチャスタイルがどのような構成になっているのかを見ていきましょう。

RESTは複数のアーキテクチャスタイルを組み合わせて構築した複合アーキテクチャスタイルです。以降では、クライアント／サーバにほかのアーキテクチャスタイルを追加して制約を課していくことで、RESTを構成していきます。

クライアント／サーバ

Webは、HTTPというプロトコルでクライアントとサーバが通信するクライアント／サーバのアーキテクチャスタイルを採用しています。すなわち、クライアントはサーバにリクエストを送り、サーバはそれに対してレスポンスを返します（図3.1）。

クライアント／サーバの利点は、単一のコンピュータ上ですべてを処理するのではなく、クライアントとサーバに分離して処理できることです。

これによりクライアントをマルチプラットフォームにできます。たとえば現在のWebは、PCだけでなく携帯電話やゲーム機からもアクセスできます。

また、ユーザインタフェースはクライアントが担当するため、サーバはデータストレージとしての機能だけを提供すればよくなります。さらに、複数のサーバを組み合わせて冗長化することで、可用性を上げられます。

図3.1 クライアント／サーバ

ステートレスサーバ

クライアント/サーバに最初に追加するアーキテクチャスタイルはステートレスサーバ(Stateless Server)です。ここでのステートレスとは、クライアントのアプリケーション状態をサーバで管理しないことを意味します[注3]。

サーバがアプリケーション状態を持たないことの利点は、サーバ側の実装を簡略化できることです。簡略な実装のサーバは、クライアントからのリクエストに応えたあとすぐにサーバの計算機リソースを解放できます。

しかし、現実にはステートレスでないWebサービスやWeb APIが多々あります。HTTPをステートフルにする代表格はCookieを使ったセッション管理です。RESTの視点から見ると、Cookieを使ったセッション管理は間違ったHTTPの拡張です。ただ、REST的に間違えているからといって、Cookieを使ったフォーム認証をやめるわけにはいかないことも事実です。Cookieは、ステートレスサーバの利点をあえて捨てることを理解したうえで、必要最低限に利用しましょう。

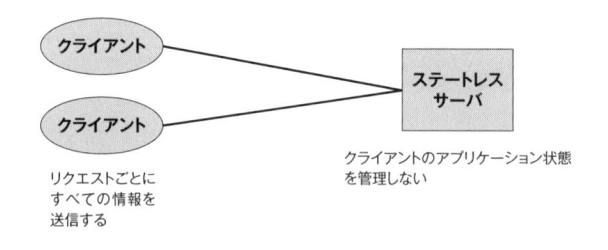

クライアント/サーバにステートレス性を導入すると、アーキテクチャスタイルは「クライアント/ステートレスサーバ」(Client Stateless Server, CSS)になります(図3.2)。

図3.2 クライアント/ステートレスサーバ

クライアント
クライアント
ステートレスサーバ

リクエストごとにすべての情報を送信する

クライアントのアプリケーション状態を管理しない

注3 ステートレスとアプリケーション状態について詳しくは第6章で解説します。

キャッシュ

次のアーキテクチャスタイルはキャッシュ(*Cache*)です。キャッシュとは、リソースの鮮度に基づいて、一度取得したリソースをクライアント側で使いまわす方式です[注4]。

キャッシュの利点は、サーバとクライアントの間の通信を減らすことでネットワーク帯域の利用や処理時間を縮小し、より効率的に処理できることです。ただし、古いキャッシュを利用してしまい、情報の信頼性が下がる可能性もあります。

キャッシュを追加したアーキテクチャスタイルは、「クライアント／キャッシュ／ステートレスサーバ」(*Client Cache Stateless Server, C$SS*[注5]) と呼びます(図3.3)。

統一インタフェース

次のアーキテクチャスタイルは統一インタフェース(*Uniform Interface*)です。統一インタフェースとは、URIで指し示したリソースに対する操作を、統一した限定的なインタフェースで行うアーキテクチャスタイルのことです。

図3.3 クライアント／キャッシュ／ステートレスサーバ

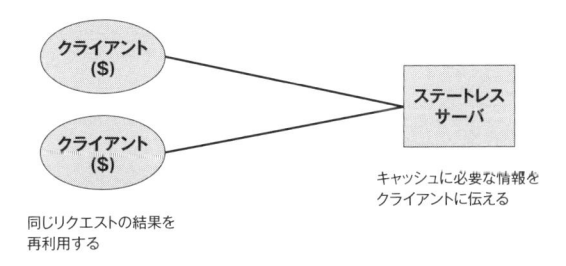

注4 HTTPにおけるキャッシュについて詳しくは第9章で解説します。
注5 キャッシュのつづりは「cache」ですが、同じ発音で「cash」(お金)という単語もあるため、キャッシュのことを「$」記号で表現します。

たとえばHTTP 1.1ではGETやPOSTなど8個のメソッドだけが定義されており、通常はこれ以上メソッドが増えません。メソッドが8個に限定されていて拡張できないのは、一般的なプログラミング言語の感覚から考えるととても厳しい制約のように感じますが、インタフェースの柔軟性に制限を加えることで全体のアーキテクチャがシンプルになります。また、インタフェースを統一することでクライアントとサーバの実装の独立性が向上します。

現在のWebが多様なクライアントやサーバの実装で構成されていることには、統一インタフェースが一役買っています。統一インタフェースはRESTを最も特徴づけるアーキテクチャスタイルです。

統一インタフェースを追加したアーキテクチャスタイルを「統一／クライアント／キャッシュ／ステートレスサーバ」(*Uniform Client Cache Stateless Server, UC$SS*)と呼びます(**図3.4**)。

階層化システム

統一インタフェースの利点の一つに、システム全体が階層化しやすいことがあります。たとえばWebサービスでは、サーバとクライアントの間にロードバランサ(*Load Balancer*)を設置して負荷分散をしたり、プロキシ(*Proxy*)を設置してアクセスを制限したりします。クライアントからするとサーバもプロキシも同じインタフェースで接続できるので、接続先がサー

図3.4 統一／クライアント／キャッシュ／ステートレスサーバ

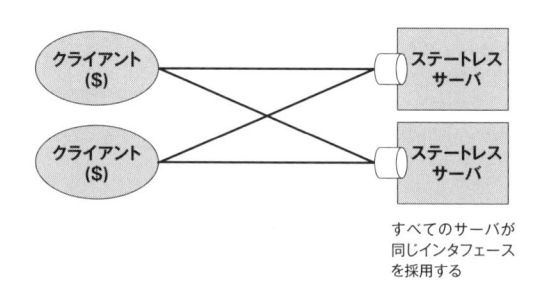

バからプロキシに変わったことを意識する必要はありません。これは、サーバやプロキシなどの各コンポーネント間のインタフェースをHTTPで統一しているから実現できています。

また、基幹系のレガシーシステムなどHTTPのインタフェースを実装していないシステムでも、レガシーシステムの前にWebアプリケーションサーバを挟んでHTTPのインタフェースを持たせることで、ブラウザなどのクライアントと接続できるようになります。

このようにシステムをいくつかの階層に分離するアーキテクチャスタイルのことを階層化システム(*Layered System*)と言います。

階層化システムを追加したアーキテクチャスタイルを「統一／階層化／クライアント／キャッシュ／ステートレスサーバ」(*Uniform Layered Client Cache Stateless Server, ULC$SS*)と呼びます(図3.5)。

コードオンデマンド

コードオンデマンド(*Code on Demand*)は、プログラムコードをサーバからダウンロードし、クライアント側でそれを実行するアーキテクチャスタイルです。たとえばJavaScriptやFlash、Javaアプレットなどがこれに該当します。

図3.5 統一／階層化／クライアント／キャッシュ／ステートレスサーバ

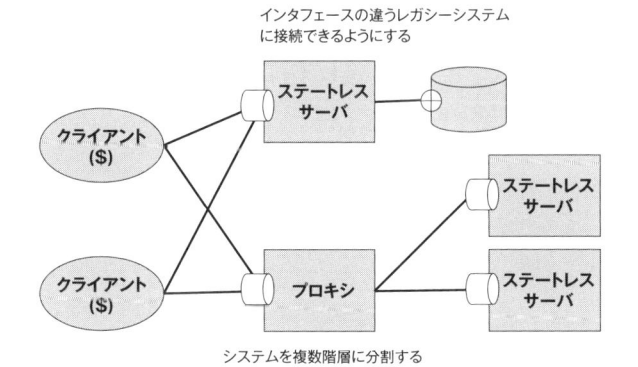

コードオンデマンドの利点は、クライアントをあとから拡張できることです。クライアントプログラムにあらかじめ用意した機能だけではなく、新しい機能を追加していけます。JavaScriptやFlashをふんだんに使った派手なWebサービスはコードオンデマンドの恩恵を受けています。

ただし、コードオンデマンドには欠点もあります。それは、ネットワーク通信におけるプロトコルの可視性が低下することです。HTTPというアプリケーションプロトコルに従って通信している間は、通信の意味やアクセスするリソースが明白です。しかしコードオンデマンドでプログラムをダウンロードし、クライアント側で実行してしまうと、アプリケーションプロトコルの可視性は低下します。

実はコードオンデマンドは、Fieldingの博士論文ではオプション扱いでした。しかし近年のWebではJavaScriptやFlashの重要度は増すばかりです。

コードオンデマンドを追加したアーキテクチャスタイルを「統一／階層化／コードオンデマンド／クライアント／キャッシュ／ステートレスサーバ」（*Uniform Layered Code on Demand Client Cache Stateless Server, ULCODC$SS*）と呼びます（図3.6）。

図3.6 統一／階層化／コードオンデマンド／クライアント／キャッシュ／ステートレスサーバ

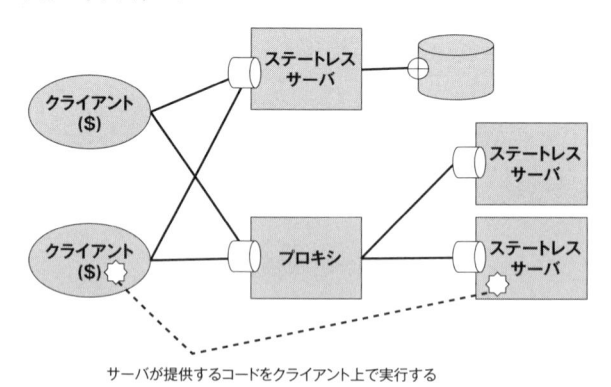

サーバが提供するコードをクライアント上で実行する

REST = ULCODC$SS

　クライアント／サーバにコードオンデマンドまでを追加した複合アーキテクチャスタイルは「ULCODC$SS」という覚えにくい名前です。このアーキテクチャスタイルにFieldingはRESTと名前を付けました。RESTとはつまり、次の6つを組み合わせたアーキテクチャスタイルのことなのです。

- クライアント／サーバ　：ユーザインタフェースと処理を分離する
- ステートレスサーバ　　：サーバ側でアプリケーション状態を持たない
- キャッシュ　　　　　　：クライアントとサーバの通信回数と量を減らす
- 統一インタフェース　　：インタフェースを固定する
- 階層化システム　　　　：システムを階層に分離する
- コードオンデマンド　　：プログラムをクライアントにダウンロードして実行する

　RESTはアーキテクチャスタイルなので、実際にシステム（Webサービスもそれ以外も含む）を設計する際はそのシステムのアーキテクチャを作らなければなりません。RESTに基づいたアーキテクチャを構築する場合でも、RESTを構成するスタイルのうち、いくつかを除外してもかまいません。たとえば、ステートフルではあるけれど、そのほかはRESTの制約に従っているアーキテクチャも考えられます。

　これはまさに設計作業です。ソフトウェアやシステムの設計ではアーキテクチャスタイルの理想から妥協しなければならないところも出てくるでしょう。理想を念頭に置きながら、実際に動作して価値を提供できるシステムを作ることが重要です。

　もっとも、ほとんどのRESTのスタイルを除外しなければならない場合などは、無理矢理RESTを採用する必要はありません。そのようなシステムには、より適した別のアーキテクチャスタイルがあるはずだからです。たとえばP2P（*Peer to Peer*）は代表的なREST以外のアーキテクチャスタイルです。サーバを介さずにピア（*Peer*）[注6]間での通信が必要な場合は、RESTよ

注6　分散ネットワーク上のそれぞれのノード（コンピュータ）のことです。

り P2P のほうがよいでしょう。

3.5 RESTの2つの側面

　さて、ここまで REST の特徴を一つずつ紹介してきました。本節では REST とハイパーメディア、REST と分散システムとの関係を見ていくことで、ハイパーメディアが REST にどのように影響を与えているのか、Web がなぜ世界規模の分散システムとして成功したのかをひもときます。

RESTとハイパーメディア

　通常私たちが Web を使うときは、リンクをたどりながらさまざまなリソースへとアクセスしていきます。たとえばソーシャルブックマークサービスであれば、自分のブックマークを閲覧し、お気に入りのユーザのブックマークに飛び、気に入ったブックマークを自分のブックマークへコピーする、といった作業を行うでしょう。

　これら一連の作業の最小単位は、「Web 上のリソース同士が持つリンクをたどる」ことです。ハイパーメディアの基本機能であるリンクをたどる作業をいくつか経ることで、全体としてはソーシャルブックマークという1つのアプリケーションを実現します。

　Web が持つこの特徴を、REST では「アプリケーション状態エンジンとしてのハイパーメディア」(*Hypermedia as the engine of application state*) と呼びます。アプリケーション状態とは、たとえばソーシャルブックマークアプリケーションの利用者が持つ状態のことです。「ブックマーク一覧を表示している」「新しいブックマークを追加しようとしている」などが状態の具体例です。アプリケーション状態は、ハイパーメディアのリンクをたどる作業によって遷移します。これが、ハイパーメディアがアプリケーション状態エンジンと言われる理由です。

　このようなハイパーメディアを用いたアプリケーションには、リソースの URI さえわかれば、あるアプリケーションが提供しているリソースをほ

かのアプリケーションでも簡単に再利用できるという利点があります。ソーシャルブックマークの例で言えば、ニュースサイトや開発者用ドキュメントといった別目的のアプリケーションのリソースをブックマークすることによって、リソースのURIを通してソーシャルブックマークで再利用している、と考えられます。

リソースをリンクで接続することで1つのアプリケーションを構成するという考え方は、RESTの基幹をなす思想です。この考え方は「接続性」（*Connectedness*）とも呼ばれます。

RESTと分散システム

RPCやCORBA、DCOMなどの分散オブジェクトでは、関数やメソッド単位でサーバ側の処理を呼び出します。ネットワーク越しの関数呼び出しには同一プロセス内の関数呼び出しとは比べものにならないオーバーヘッドがあるので、呼び出し回数が多いとシステム全体の性能劣化を引き起こします。性能劣化の問題はインタフェースの粒度を大きくして[注7]呼び出し回数を減らすことで回避できると言われていますが、実際はあまりうまくいきません。なぜなら、RPCや分散オブジェクトはサーバごとに別のインタフェースを持ち、個々のインタフェースはプログラムライブラリのインタフェースをベースに開発することが多いからです。通常のライブラリで良いとされるインタフェース（API）は、ネットワーク越しに呼び出すには細か過ぎる粒度なのです。

それに対してRESTに基づいたWebサービスでは、リンクをたどることでアプリケーションを実現します。リソースはそれ自体で意味を持つひとかたまりのデータであり、RPCの関数でやりとりされるデータよりも粒度が大きいものです。したがって、リンクをたどってアプリケーション状態を遷移するほうが全体として性能劣化が抑えられます。

また、RPCや分散オブジェクトでは、機能を追加してバージョンアップするたびに、メソッドが増えたりメソッドの引数や戻り値が変わったりし

注7 粒度が大きいことを「粗粒度」（*Coarse-Grained*）と呼びます。

てAPIの互換性が失われます。そのため既存のクライアントをすべて同時に更新しなければならなくなります。これはWebのような大規模なシステムでは非現実的です。

それに対してRESTに基づいたWebでは、統一インタフェースによってインタフェースが固定されているため互換性の問題は発生しません。リソースに適用できるHTTPメソッドは常に固定であり、HTTPを実装したクライアントであれば同じように接続できます。さらにHTTPでは、マイナーバージョンアップ（HTTP 1.0がHTTP 1.1に上がった場合など）はインタフェースの下位互換性を保証しています。

3.6
RESTの意義

RESTはWeb全体のアーキテクチャスタイルです。WebはRESTという分散ネットワークシステムのための理論があったからこそ、ここまで成功したと言えるでしょう。私たちが作るWebサービスやWeb APIはWebを構成する一部です。個別のWebサービスやWeb APIがRESTful[注8]（レストフル）になると、Webは全体としてより良くなります。

本書の以降では、HTTP、URI、そしてHTMLなどのハイパーメディアフォーマットをどのようにRESTfulに使うか、そしてWebサービスやWeb APIをRESTfulに設計するにはどうするべきなのかについて解説していきます。

注8　RESTの制約に従っていてRESTらしいことをRESTfulと呼びます。

第2部

URI

　Web上に存在するリソースは、すべてURIで指し示すことができ、かつHTTPで操作できます。HTTPとURIのシンプルさはWebを成功に導いた一因です。第2部では、URIの仕様と、より良いURIを設計するための作法について解説します。

第4章
URIの仕様

第5章
URIの設計

第4章 URIの仕様

本章では、Webの中核を成す技術であるURIの仕様について解説します。普段、URIの設計や実装をWebアプリケーションフレームワークに任せっきりの人も多いかもしれませんが、URIの仕様を正しく理解することは、使いやすいWebサービスとWeb APIへの第一歩です。

4.1 URIの重要性

URIはUniform Resource Identifierの略で、直訳すると「統一リソース識別子」です。つまりURIとは「リソースを統一的に識別するID」のことです。統一的とはすべてが同じルールに従っているということで、識別子とはあるものをほかのものと区別して指し示すための名前／IDのことです。

URIを使うとWeb上に存在するすべてのリソースを一意に示せます。つまりURIさえあれば、すべてのリソースに簡単にアクセスできるのです。この重要な特長を実現するための秘密は、URIの構文にあります。

4.2 URIの構文

それではURIの構文を見ていきましょう。URIの仕様はRFC 3986です。

簡単なURIの例

まずは一般的なURIの例を見てみましょう。

```
http://blog.example.jp/entries/1
```

このURIを構成するパーツは次のようになります。

- URIスキーム：http
- ホスト名　　：blog.example.jp
- パス　　　　：/entries/1

URIはURIスキーム（*URI Scheme*）で始まります。URIスキームは、そのURIが利用するプロトコルを示すのが一般的です[注1]。この例の場合はリソースにHTTPでアクセスできることを示します。URIスキームとその後ろに続く部分は「://」で区切られます[注2]。

次にホスト名が出現します。ホスト名はDNS（*Domain Name System*）で名前が解決できるドメイン名かIPアドレスで、インターネット上で必ず一意になります。

ホスト名のあとには階層を表すパスが続きます。パスは、そのホストの中でリソースを一意に指し示します。

このように、インターネット上で必ず一意になるホスト名のしくみと、ホスト内で必ず一意になる階層的なパスを組み合わせることで、あるリソースのURIが世界中のほかのリソースのURIと絶対に重複しないようになっています。

> **Column**
>
> ### 例示用のドメイン名
>
> 本書でたびたび登場するドメイン名example.jpは、筆者が勝手に使っているのではなく、JPドメインを管理している日本レジストリサービス（JPRS）が例示用に予約しているドメインです。
>
> JPドメインと同様に、example.com、example.net、example.orgも例示用に予約されています。これらはテスト用のドメインなどとともに、RFC 2606で例示用として定義されています。

[注1] 後述するURNなど、正確にはプロトコルを示さないURIスキームも存在します。
[注2] 厳密には「://」は、「:」と「//」に分けられます。「:」はスキームとその後ろの区切りであり、「//」はユーザ情報とホスト名の開始を告げる文字列です。

複雑なURIの例

今度はもう少し複雑なわざとらしいURIの例を見てみます。

```
http://yohei:pass@blog.example.jp:8000/search?q=test&debug=true#n10
```

このURIは次のように分けられます。

- URIスキーム　　　：http
- ユーザ情報　　　：yohei:pass
- ホスト名　　　　：blog.example.jp
- ポート番号　　　：8000
- パス　　　　　　：/search
- クエリパラメータ：q=test&debug=true
- URIフラグメント ：#n10

先ほどの例になかったパーツを順に見ていきましょう。

まず、URIスキームの次にユーザ情報が入っています。ユーザ情報は、このリソースにアクセスする際に利用するユーザ名とパスワードから成ります。ユーザ名とパスワードは「:」で区切ります。

ユーザ情報の次に区切り文字である「@」があり、その後ろにホスト情報が続きます。ホスト情報はホスト名とポート番号から成り、両者は「:」で区切られます。ポート番号は、このホストにアクセスするときのプロトコルで用いるTCPのポート番号を示します。ポート番号を省略した場合は各プロトコルのデフォルト値が使われます。HTTPのデフォルト値は80番です。

パスの後ろに区切り文字である「?」が付き、名前＝値形式のクエリが続きます。この例ではq=testとdebug=trueがそれぞれクエリです。クエリが複数あるときは「&」で連結します。この1つ以上のクエリの集合を「クエリパラメータ」(*Query Parameter*)または「クエリ文字列」(*Query String*)と呼びます。クエリパラメータは、たとえば検索サービスに検索キーワードを渡すときなど、クライアントから動的にURIを生成するときに利用します。

最後の「#」で始まる文字列は「URIフラグメント」(*URI Fragment*)と言います。URIフラグメントは、その前までの文字列で表現するURIが指し示す

リソース内部の、さらに細かい部分を特定するときに利用します。たとえば、このリソースがHTML文書だった場合は、id属性の値が「n10」である要素を示すことになります。

4.3 絶対URIと相対URI

URIのパスは、UNIXのファイルシステムと同じような階層構造を持っています。すなわち、「/」をルートとして、ディレクトリ名を「/」で区切り、必要であれば最後にファイル名を接続する記法です。

OSのファイルシステムでは、ルートから記述したパスのことを「絶対パス」(*Absolute Path*)と呼びます。

```
/foo/bar/baz
```

OSのファイルシステムの場合、毎回絶対パスを書くのは冗長なので、コマンドラインからディレクトリやファイルの位置を指定する場合は、カレントディレクトリ(現在のディレクトリ)からの相対パス(*Relative Path*)で表すのが一般的です。ファイルシステムでは、カレントディレクトリは「.」、親ディレクトリは「..」で表現します。たとえば上記のbarディレクトリに現在いるとすると、表4.1の左側の相対パスは、それぞれ右側に示す絶対パスに対応します。

OSのファイルシステムと同様に、URIにも絶対URIと相対URIがあります。相対URIは、URIスキームやホスト名を省いて、パスだけで表現しま

表4.1 相対パスから絶対パスへの変換(起点は/foo/bar/)

相対パス	絶対パス
hoge	/foo/bar/hoge
hoge/fuga	/foo/bar/hoge/fuga
./hoge	/foo/bar/hoge
../hoge	/foo/hoge
../hoge/fuga	/foo/hoge/fuga
../../hoge	/hoge

す。以下に、絶対URIと相対URIの例を示します。

絶対URI
```
http://example.jp/foo/bar
```

相対URI
```
/foo/bar
```

ベースURI

相対URIは、そのままではクライアントが解釈できません。その相対URIの起点となるURIがどこなのかがわからないからです。

この起点となるURIを指定するのがベースURI（*Base URI*、基底URI）です。たとえばベースURIが http://example.jp/foo/bar/ だとしましょう。**表4.2**の左側の相対URIは、それぞれ右側の絶対URIに対応します。相対パスと同様に「.」と「..」が使えるほか、クエリパラメータやURIフラグメントも相対URIとして使えます。また、「/」から始まる相対URIは、ホスト名からのパスとして解釈します（表4.2の「/hoge/fuga」の例）。

このように、相対URIを絶対URIに変換する（「相対URIを解決する」と言います）ためにはベースURIが必要です。以降では代表的な2つのベースURIの与え方を紹介します。

表4.2 相対URIから絶対URIへの変換（ベースURIはhttp://example.jp/foo/bar/）

相対URI	絶対URI
hoge	http://example.jp/foo/bar/hoge
hoge/fuga	http://example.jp/foo/bar/hoge/fuga
./hoge	http://example.jp/foo/bar/hoge
../hoge	http://example.jp/foo/hoge
../hoge/fuga	http://example.jp/foo/hoge/fuga
/hoge/fuga	http://example.jp/hoge/fuga
../../hoge	http://example.jp/hoge
?q=hoge	http://example.jp/foo/bar?q=hoge
#hoge	http://example.jp/foo/bar#hoge

リソースのURIをベースURIとする方法

相対URIが出現するリソースのURIをベースURIにするのは直感的な方法です。あるリソースを取得したときに相対URIが登場したら、そのリソースのURIをベースURIとして相対URIを解決します。

この方法は直感的でわかりやすいのですが、ベースURIとなるリソースのURIをクライアント側で保存しておかなければならないという問題があります。たとえばWebページをHTMLとして保存したときに、そのHTMLファイルがもともとどのURIだったのかは通常わかりません。元のURIがわからないということは、そのHTMLファイルに含まれている相対URIを解決できないことを意味します。

ベースURIを明示的に指定する方法

先の問題を解決する方法の一つが、HTMLやXMLの中で明示的にベースURIを指定する方法です。

HTMLの場合は\<head\>要素の中に\<base\>要素を入れます。

```
<html xmlns="http://www.w3.org/1999/xhtml">
  <head>
    <title>test web page</title>
    <!-- このHTML文書内のベースURIはhttp://example.jp/になる -->
    <base href="http://example.jp/"/>
    ...
  </head>
  ...
</html>
```

XMLの場合はxml:base属性を利用すれば、どの要素でもベースURIを指定できます。

```
<foo xml:base="http://example.jp/foo">
  <!-- ここのベースURIはhttp://example.jp/fooになる -->
  <bar xml:base="http://example.jp/foo/bar">
    <!-- ここのベースURIはhttp://example.jp/foo/barになる -->
```

```
    </bar>
</foo>
```

4.4 URIと文字

URIで使用できる文字

URI仕様では、次の文字がURIのパスに使えると定められています。

- アルファベット：A-Za-z
- 数字　　　　　：0-9
- 記号　　　　　：-.~:@!$&'()

この文字列はいわゆるASCII（*American Standard Code for Information Interchange*）文字[注3]です。つまり、URIには日本語の文字を直接入れられません。

日本語などのASCII以外の文字をURIに入れるときは、%エンコーディング（*%-Encoding*）[注4]という方式を用います。

%エンコーディング

URI仕様が許可している文字以外をURIに入れるには、%エンコーディングでその文字をエンコードします。

例としてWikipediaのURIを見てみましょう。ひらがなの「あ」を解説する記事をモダンなブラウザで閲覧すると、アドレス欄には次のURIが表示されるでしょう。

```
http://ja.wikipedia.org/wiki/あ
```

注3　7ビットで表現できるコードに割り当てられたアルファベットと記号のことです。現在使われている多くの文字コードの基本となっています。
注4　URIエンコーディングまたはURLエンコーディングとも呼ばれます。

この見た目上のURIは、実際には次の文字列に展開されブラウザとサーバの間で転送されます。

```
http://ja.wikipedia.org/wiki/%E3%81%82
```

たった1文字の「あ」が「%E3%81%82」という9文字になりました。これは「あ」がUTF-8では`0xE3 0x81 0x82`の3バイトからなることに起因します。%エンコーディングではUTF-8の文字を構成するバイトそれぞれを「%*xx*」(*xx*は16進数)で記述して、URIに使用できない文字を表現します。

一般的にURIではアルファベットの大文字と小文字を区別して扱いますが、%エンコーディングで使用する文字は大文字でも小文字でも同じ意味を持つことになっています。ただし、URIの仕様では大文字の使用を推奨しています。

なお、「%」という文字は%エンコーディングで用いるので、URIに直接入れることはできません。URIに「%」を入れるときは、UTF-8やShift_JISなどASCIIを基本とした文字エンコーディング方式の場合「%25」と表記します。

%エンコーディングの文字エンコーディング

先ほどのWikipediaのURIでは、文字列をUTF-8でエンコードしていることを前提にしていました。しかし、実際のWebサービスではUTF-8以外の文字エンコーディングを使ったURIも利用されています。たとえば同じ「あ」でも、文字エンコーディングによってバイト列は表4.3のように変化します。

サーバが提供するURIをそのまま扱う場合は、そのURIはサーバが%エンコードしているので問題ないのですが、クライアント側でフォームを使

表4.3　「あ」の%エンコード結果

文字エンコーディング	%エンコード結果
UTF-8	%E3%81%82
Shift_JIS	%82%A0
EUC-JP	%A4%A2

ってURIを生成する場合は問題が生じます。ユーザが入力した文字をどの文字エンコーディングを使って%エンコードするかをブラウザなどのクライアントが判断できないからです。

この問題は、一般的には元となるフォームを提供しているWebページの文字エンコーディングを使うことで解決します。すなわち、UTF-8で記述したフォームならUTF-8で、Shift_JISで記述したフォームならShift_JISでURIを作ります。ただし、この方式はプロキシで文字エンコーディングを変換する場合や、元となるWebページの文字エンコーディングの範囲外の文字が与えられた場合などに不具合を起こします。

もっとも、現代的なWebサイトの多くは文字エンコーディングとしてUTF-8を採用しているため、URIをUTF-8で%エンコードする場合がほとんどです。これからWebサイトを構築する場合は、よほどの理由がない限りUTF-8を使うのが無難でしょう。

4.5 URIの長さ制限

仕様上はURIの長さに制限はありません。しかし、実装上は制限が存在します。特にInternet Explorerはバージョンを問わず2,038バイトまでという制限があり、事実上この長さに合わせて実装することが多くなります。

4.6 さまざまなスキーム

URIスキームの公式な一覧はIANA(*Internet Assigned Numbers Authority*)にあり、2010年現在70弱が登録されています[注5]。非公式も含めたURIスキームの一覧がWikipediaにあり、100以上のURIスキームが存在します[注6]。

歴史的には、HTTPに対応したhttpスキームがまず誕生し、その後さまざまなプロトコルに対応したスキームが登録されていきました。その中に

注5 http://www.iana.org/assignments/uri-schemes.html
注6 http://en.wikipedia.org/wiki/URI_scheme

はWebDAVの名前空間専用のURIスキーム「dav」など、非常に限定的な用途のスキームも含まれています。しかし、特定の名前空間専用にURIスキームを新たに発明するのはばかげています。名前空間にはhttpスキームなど既存のスキームを指定すればよいからです。たとえばXHTMLの名前空間はhttp://www.w3.org/1999/xhtmlです。URIスキームを新たに登録しなければならないのは、従来にないプロトコルを発明したときくらい、と考えておくとよいでしょう。

4.7 URIの実装で気をつけること

　WebサービスやWeb APIを実装するにあたってURIの仕様上気を付けるべきなのは、相対URIの解決と％エンコーディングの扱いの2点です。

　クライアントで相対URIを解決するには面倒な処理が必要になるので、WebサービスやWeb APIを実装する場合はなるべく絶対URIを使ったほうがクライアントにとって親切でしょう。

　また、URIにASCII文字以外を入れる場合には、文字エンコーディングの混乱を避けるために、％エンコーディングの文字エンコーディングとしてなるべくUTF-8を用いるのが望ましいでしょう。

URIとURLとURN

Column

URIと似た名前としてURL（*Uniform Resource Locator*）があります。本書ではここまで一貫してURIという名前を使ってきましたが、これをURLと読み替えても問題ありません。しかし正確には、URIはURLとURN（*Uniform Resource Name*）を総称する名前です。

URLには、ドメインを更新しなかったり、サーバが何らかの障害で変更になったりするとアクセスできなくなるという問題があります[注a]。この問題に対応するため、ドメイン名とは独立してリソースに恒久的なIDを振るための仕様が検討されました。その成果がURNです。

URNを用いると、リソースにドメイン名とは独立した名前が付けられます。たとえば書籍はISBNという世界的に統一したIDを持っています。ISBNを利用したURNの例を次に示します。

```
urn:isbn:9784774142043
```

このようにURNはドメイン名には依存しません。この特性を持つURLとURNを合わせて、URIと呼ぶことになりました。すなわち、URIはURLとURNの2つのID体系を合わせた総称です。

ただし、URNはWeb上で普及しているとは言えません。その理由としては次のことが考えられます。

- **URNは取得できない**
    URLのようにサーバ名やプロトコル名が入っていないので、URIとしてリソースを取得できない

- **URLが十分永続的になっている**
    Webの価値が向上し、リソースとURLはなるべく永続的にアクセスできるようにすべきという考え方が普及したため、URNを使うまでもないことが多くなってきた

なお、URI、URL、URNは、名前がそれぞれの特徴を表現しています。すなわち、URLはLocator（リソースの場所を示すもの）であり、URNはName（リソースの名前を示すもの）であり、URIはIdentifier（リソースを識別するもの）である、ということです。

注a　サーバの実装の都合でURLが変更になるのは技術者の設計努力で避けられます。詳しくは次章で説明します。

第5章
URIの設計

前章ではURIの仕様について解説しました。しかし仕様だけでは、WebサービスやWeb APIを作る際にURIをどのように設計すればよいのかはわかりません。本章では、良いURIとは何かと、良いURIを設計するための作法やヒントを紹介します。

5.1 クールなURIは変わらない

URIの良し悪しについての議論をWeb上で見かけることがあるかと思います。いわく、「はてなの各サービスのURIはきれいだ」「××サービスのURIは最悪」などなど。なぜURIはこのように良し悪しを議論されるのでしょうか。

良いURIやきれいなURIのことを「クールURI」(Cool URI)と呼ぶのですが、この言葉の起源ははっきりしています。Webの発明者Tim Berners-Leeが1998年に発表した「Cool URIs don't change」(クールなURIは変わらない)というWebページ[注1]が発祥です。著名なセマンティックWeb研究家の神崎正英氏による日本語訳[注2]もあります。

このWebページが発表された当時、URIが変更になることは日常茶飯事でした。ブックマークに登録してあったお気に入りのWebサイトがある日突然見えなくなる、苦労して作成したリンク集が1年後には半分以上リンク切れ、検索エンジンの検索結果に出てくるページが見つからないなど、サーバが発行する404 Not Foundというページを見てがっかりした人も多

注1 http://www.w3.org/Provider/Style/URI.html
注2 http://www.kanzaki.com/docs/Style/URI.html

かったと思います。

　これはWebの根幹を揺るがす問題でした。Webはそれぞれのリソースにほかのリソースへのリンクが埋め込まれたハイパーメディアシステムです。リンクが切れてしまうことは、ハイパーメディアシステムが機能しないことを意味します。Berners-Leeはこの状況を憂慮し、「URIは変わらないべきである。変わらないURIこそが最上のURIである」という主張をクールURIという言葉に込めたのです。

5.2 URIを変わりにくくするためには

　しかし、そうは言ってもURIは変わってしまいます。システムを変更したり、ドメインが変更になったり、はたまた会社が倒産してWebサービスが休止になったり……。

　会社の倒産をWebサービスの設計で防ぐことは難しいですが、変わりにくいURIでWebサービスを構築することはできます。以降では「変わりにくい」をキーワードに、URIの設計について考えていきます。

プログラミング言語に依存した拡張子やパスを含めない

　URIを変えにくくするためにまずするべきことは、プログラミング言語に依存した部分の排除です。

　たとえば次のURIを見てください。次のURIはこのWebサイト（example.jp）共通のログインページという設定です。

```
http://example.jp/cgi-bin/login.pl
```

　このURIには2つの実装依存個所があります。「cgi-bin」というパスと、「.pl」という拡張子です。

　このようなURIは前世紀によく見かけましたが、2つの理由から21世紀には見つからないWebページとなっていきました。1つめの理由はCGI（*Common Gateway Interface*）が廃れてしまったことです。リクエストのたび

にプロセスを起動するCGI方式は性能面で難点があったため、そのほかの手法に取って代わられました。2つめの理由は実装言語の選択肢が増加したことです。CGIの時代はほとんどのWebサービスがPerlで書かれていましたが、現在はRubyやPHPなど選択肢がたくさんあります。拡張子「.pl」でRubyスクリプトを動かすこともできますが、メンテナンス性や可読性を考えると積極的に使いたいとは思わないでしょう。

もう一つ例を見てみましょう。

```
http://example.jp/servlet/LoginServlet
```

こちらはJavaの例です。拡張子「.java」「.class」がない分良く見えますが、問題の構造は先ほどとまったく同じです。パスの「servlet」は特定のサーブレットコンテナのデフォルトパスであって、システムをサーブレットからPHPに変えたとたんに変更になります。また、「LoginServlet」のLやSが大文字であることにも注意してください。ファイル名の先頭を大文字にするのはJavaの文化ですが、PerlやRubyは小文字にする文化です。

このように、ある特定の実装言語に依存した文字列をURIに含めると、その言語を変更したとたんにそのURIは使えなくなってしまいます。

メソッド名やセッションIDを含めない

先の例は主にファイル名に由来する実装依存でしたが、より深刻な実装依存もあります。

次のURIを見てください。

```
http://example.jp/Login.do?action=showPage
```

Webアプリケーションフレームワークとして古いStrutsを採用すると、このようなURIになるでしょう。Struts特有の拡張子である「.do」も問題ですが、もっと問題なのはshowPageというメソッド名がURIに入っていることです。なぜこれが問題かと言うと、たとえ同じStrutsフレームワークを使っていても、システムをリファクタリングしてメソッド名を変更したとたんにURIが変更になってしまうからです。

次はセッションIDを含んだURIの例です。

```
http://example.jp/home.jsp?jsessionid=12345678
```

JavaでセッションIDをCookieではなくURIに埋め込むと、このように「jsessionid」というパラメータを含んだURIを生成します。しかしセッションIDはログインのたびに変わりますので、このURIはシステムにログインしなおすと変更になります。

URIはリソースを表現する名詞にする

URIはリソースの名前です。すなわちURIは名詞であるべきです。しかし、この作法は守られないことが往々にしてあります。

たとえば初期のRuby on Railsでは、次のようなURIが一般的でした。

```
http://example.jp/sample/people/show/123
```

これはIDが123である人物のリソースのURIです。パスの部分はsampleアプリケーションのPeopleコントローラのshowメソッドに由来しています。最後の「123」はデータベースのIDです。

一見するとシンプルで良いURIに見えますが、「show」が問題です。HTTPではリソースに対して特定のHTTPメソッドだけを適用します。あるリソースを取得するのか更新するのかは、URIで指定するのではなく、URIに適用するHTTPメソッドで決定します。つまり、URIとHTTPメソッドの関係は、名詞と動詞の関係にあります。したがってURIは、全体として名詞となるように設計するべきです。

ちなみにRuby on Rails 2.0以降では、次のようにメソッド名をURIに含めなくなりました。

```
http://example.jp/sample/people/123
```

Ruby on Rails 2.0以降のような最近のフレームワークであれば、実装に依存したURIはデフォルトで作られないようになっています。実装依存のURIを生成するフレームワークの場合は、Apacheモジュールのmod_rewriteな

どを使って、ユーザに見せるURIと内部的に利用するURIを分ける必要があります。

URIの設計指針

ここまでで得られた教訓をまとめます。

- URIにプログラミング言語依存の拡張子を利用しない（.pl、.rb、.do、.jspなど）
- URIに実装依存のパス名を利用しない（cgi-bin、servletなど）
- URIにプログラミング言語のメソッド名を利用しない
- URIにセッションIDを含めない
- URIはそのリソースを表現する名詞である

これらの教訓を適用して、本節で例示したログインページのURIを設計しなおしてみましょう。

まず、このリソースが何を示しているかを考えます。このURIはこのサイト（example.jp）共通のログインページでした。もう少し抽象的に言うと、「ログインフォームリソースのURI」です。したがって、このリソースを表す名詞は「login form」あるいは「login page」ですが、formやpageは冗長なので省いてしまって問題ないでしょう。また、このサイト共通のログインページであれば、http://example.jp/foo/loginのようにパスを入れる必要もなさそうです。

最終的には次のシンプルなURIになりました。

```
http://example.jp/login
```

クールURIとは、シンプルなURIでもあるのです。

5.3 URIのユーザビリティ

前節では実装依存を排除しシンプルにすればURIを変更しにくくなるこ

とを強調してきましたが、シンプルなURIにはもう一つ利点があります。それは、ユーザビリティが高まる点です。

たとえば、次の2つのURIを比べてみましょう。

複雑なURI
http://example.jp/servlet/LoginServlet

シンプルなURI
http://example.jp/login

まず、文字数が違います。文字数は、Web以外のメディアにURIを記載する際には重要です。URIがシンプルであれば、覚えるのも簡単だからです。

もう一つは「servlet」です。これは実装依存の文字列であるがゆえに、開発者ではない一般の人には馴染みの薄い単語です。しかも「server」と「-let」という接尾辞の合成語であるため、「server」などと勘違いしてしまうケースもあるでしょう。

覚えやすく、開発者ではない普通の人にも使いやすい。それがクールURIの良い点です。

5.4 URIを変更したいとき

ここまでは、いかにURIを変更しないように設計するかについてまとめてきました。結果として、変更されにくいURIはシンプルできれいなURIであり、そのようなURIを利用するとユーザビリティも高まることがわかりました。

ただし、現在運用しているシステムのURIを安易に変更してはならないことに気をつけましょう。もう一度クールURIの定義を思い出しましょう。変わらないURIこそが、クールなURIなのです。

しかし、いつまでもCGIでシステムを運用し続けるわけにもいきません。ハードウェアの老朽化、システム全体の機能変更・追加などでシステムを入れ替えなければならないことはよくあります。

どうしても URI を変更したいときは、できる限りリダイレクト（*Redirect*）するようにしましょう。リダイレクトとは、古い URI を新しい URI に転送する HTTP のしくみのことです[注3]。

たとえば URI が次のように変更になったとしましょう。

変更前
http://example.jp/old

変更後
http://example.jp/new

リダイレクトされている古い URI をクライアントが取得すると、次のレスポンスが返ります。

```
HTTP/1.1 301 Moved Permanently
Location: http://example.jp/new
```

クライアントは 301 Moved Permanently がリダイレクトであることを知っていますので、Location ヘッダで明示された新しい URI を自動的に取得しにいきます[注4]。

リダイレクトを実現するしくみは HTTP サーバが用意しています。たとえば Apache であれば、mod_rewrite などのモジュールを使うと古い URI を新しい URI にリダイレクトできます。

5.5
URI設計のテクニック

本節では、URI を設計するときに使えるテクニックとして、拡張子で表現を指定する方法とマトリクス URI を紹介します。

[注3] リダイレクトについて詳しくは第8章で解説します。
[注4] レスポンスやヘッダについて詳しくは第3部で解説します。

拡張子で表現を指定する

ここまで、拡張子はURIの設計にとって悪であると述べてきました。しかし、悪いのは「.cgi」や「.pl」など実装に依存した拡張子です。実装に依存しない拡張子は良い側面を持つ場合もあります。拡張子の良い側面として、リソースの表現を特定する拡張子の使い方について説明します。

例としてプレスリリースをWebで公開するケースを考えてみましょう。グローバルに活動する企業では、プレスリリースを複数の言語で記述することが一般的です。ここでは同じ内容のプレスリリースが日本語と英語で書かれているとします。

▶コンテントネゴシエーション

このケースでは、プレスリリースリソースは1つで、その表現が英語であったり日本語であったりする、ととらえることができます。2010年5月1日に発表したプレスリリースの場合、URIはたとえば次のようになります。

```
http://example.jp/2010/05/01/press
```

HTTPにはコンテントネゴシエーション (Content Negotiation) という便利な機能があり、日本語版のOSを使っているユーザには日本語を、英語版のOSを使っているユーザには英語を返せます。たとえば日本語OSのユーザからは次のようなリクエストがやってきます。

```
GET /2010/05/01/press HTTP/1.1
Host: example.jp
Accept-Language: ja,en_us;q=0.7,en;q=0.3
```

Accept-Languageヘッダでは、クライアントが所望する言語を指定します。この例の場合は、日本語 (ja)、アメリカ英語 (en_us)、そのほかの英語 (en) の順の優先度になります[注5]。サーバ側ではリクエストの条件に従って、

注5　q=0.7やq=0.3は優先度の設定です。この優先度やコンテントネゴシエーションについて詳しくは第9章で解説します。

日本語のプレスリリースをレスポンスとして返せばよいわけです（図5.1）。

このようにコンテントネゴシエーションによって、クライアントの言語設定に従って自動的に適した表現を返すことができます。同様にAcceptヘッダを使ってメディアタイプを指定したり、Accept-Charsetヘッダを使って文字エンコーディングを指定したりできます。

▶言語を指定する拡張子

コンテントネゴシエーションの場合、日本語OSの利用者は、英語版のプレスリリースを取得するためにブラウザの設定をわざわざ変更しなければなりません。

日本語OSの利用者でも英語版のプレスリリースに簡単にアクセスできるようにするには、リソースの言語を明示的に指定した次のURIを使います。

プレスリリース（日本語版）
```
http://example.jp/2010/05/01/press.ja
```

プレスリリース（英語版）
```
http://example.jp/2010/05/01/press.en
```

図5.1 1つのリソースが複数の表現を持つ

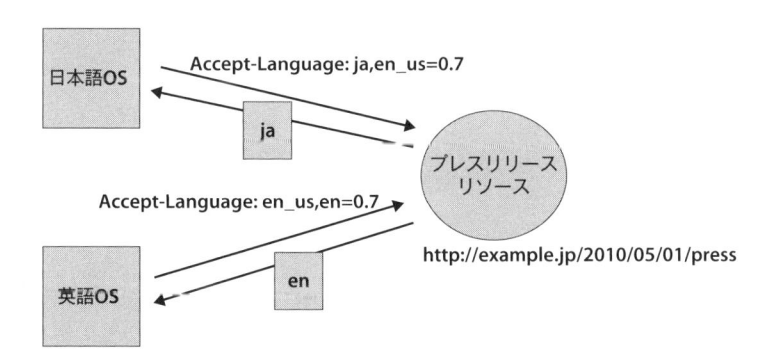

```
日本語OS  ──Accept-Language: ja,en_us=0.7──▶  プレスリリース
          ◀────────── ja ──────────              リソース

英語OS   ──Accept-Language: en_us,en=0.7─▶  http://example.jp/2010/05/01/press
         ◀────────── en ──────────
```

1つのリソースが複数の表現を持つとき、個々のリソース表現を示すURIに「.ja」のような拡張子を使うことは悪いことではありません。これはW3Cのサイト[注6]でも実践しているテクニックです。

表現の種類には、言語だけでなくフォーマットも含まれます。たとえば1つのリソースをHTMLとテキストとJSONで表現できる場合には、それぞれ「.html」「.txt」「.json」という拡張子を付けて個々の表現を分けると良いでしょう。

マトリクスURI

URIはスラッシュ(/)を使って階層を表現できます。たとえば2010年5月1日の日記のURIは、

```
http://example.jp/diary/2010/05/01
```

などのように表現できます。これは日付情報が年→月→日という階層構造を持っているからです。

しかし、すべての情報が階層で管理できるとは限りません。複数次元を持つ情報、たとえば地図などは階層で表現できません。

Google Mapsなどの地図サービスを想像してください。地図中のある特定の場所を表現するURIには、どのような情報が必要でしょうか。緯度と経度のほかにも表示スケールや地図か航空写真かのフラグなど、複数のパラメータが必要になります。しかもこれらのパラメータはそれぞれ独立した軸を持つため、個々のリソースを階層構造で表現できません。

複数パラメータの組み合わせで表現するリソースにはマトリクスURI (*Matrix URI*) を使います。マトリクスURIでは、階層構造を表現するスラッシュの代わりに、複数の軸のパラメータをそれぞれセミコロン(;)で区切ってリソースを表現します。

たとえば、緯度(*Lat*)と経度(*Lng*)を使うと次のURIができあがります。

```
http://example.jp/map/lat=35.705471;lng=139.751898
```

注6 http://www.w3.org

Tim Berners-Leeが1996年に書いたマトリクスURIのオリジナル文書[注7]では、セミコロンでパラメータを区切ることで相対URIまで定義できるように提案していましたが、結局この方式は標準化されませんでした。しかし、この記法自体は便利なのでよく利用します。

現在一般的にマトリクスURIを表現する際には、セミコロン(;)かカンマ(,)が使われています。セミコロンはパラメータの順序が意味を持たない場合に、カンマはパラメータの順序が意味を持つ場合に使います。

たとえば上述のURIにおいて「lat=」と「lng=」を省略し、パラメータの順序で緯度・経度を指定する場合は次のようになります。

```
http://example.jp/map/35.705471,139.751898
```

5.6 URIの不透明性

ここまでは、サーバ側のURIをどのように設計するかについて述べてきました。本節では、クライアントを作る際に重要なURIの性質を解説します。

シンプルなURIは可読性が高いため、ユーザがURIの構造を推測しやすくなります。たとえば先のプレスリリースのURIを思い出してください。

プレスリリース（日本語版）
```
http://example.jp/2010/05/01/press.ja
```

プレスリリース（英語版）
```
http://example.jp/2010/05/01/press.en
```

このURIはどちらも末尾に言語コードを付ける構造をしているため、たとえばフランス語版(fr)のURIを次のように推測できます。

プレスリリース（フランス語版）
```
http://example.jp/2010/05/01/press.fr
```

注7　http://www.w3.org/DesignIssues/MatrixURIs.html

しかしこのURIにアクセスしても、リソースがあるとは限りません。

Webにおけるリソース操作は、HTMLなどのリソース中に出現するリンクをたどって行います。つまりクライアントは、あくまでもサーバが提供するURIをそのまま扱うだけです。URIの内部構造を想像して操作したり、クライアント側でURIを構築したりしてはいけません。なぜなら、サーバ側の実装でURIの構造を変更したとたんにシステムが動かなくなってしまう、いわゆる密結合状態になるからです。

このように、URIをクライアント側で組み立てたり、拡張子からリソースの内容を推測したりできないことを、「URIはクライアントにとって不透明（Opaque）である」と言います。

クライアントを作る際は、URIが不透明であることを心がけなければいけません。WebサービスやWeb APIをハックして情報を勝手に取り出したいときは不透明性を無視する必要がありますが、きちんと設計したクライアントアプリケーションを書くときは不透明性を意識して実装しましょう。

URIの不透明性については、W3Cが発行している文書「Architecture of the World Wide Web, Volume One」[注8]の2.5節が参考になります。これはWebのアーキテクチャを、原則・慣習・制約の観点からわかりやすくまとめた文書です。

5.7 URIを強く意識する

URIは、ともするとWebアプリケーションフレームワークが隠蔽し、通常のプログラマはあまり意識をしなくてもよい存在になってしまいがちです。しかし、URIは次の点でとても重要です。

- URIはリソースの名前である
- URIは寿命が長い
- URIはブラウザがアドレス欄に表示する

注8　http://www.w3.org/TR/2004/REC-webarch-20041215/

これらの観点から、URIはWebサービスやWeb APIの設計において最も重視するべきパーツであると言えるでしょう。具体的なWebサービスやWeb APIでどのようにURI設計をしていくかについては、第5部でさらに詳しく解説します。

第3部

HTTP

HTTPはWeb上でやりとりするリソースの表現を、クライアントとサーバの間でやりとりするためのプロトコルです。クライアントはHTTPに従ってサーバにリクエストを送り、レスポンスを得ます。第3部ではHTTPの仕様と、より良いWebサービスやWeb APIを設計するために知っておくべきHTTPの特性について解説します。

第6章
HTTPの基本

第7章
HTTPメソッド

第8章
ステータスコード

第9章
HTTPヘッダ

第6章 HTTPの基本

HTTPはTCP/IPをベースとしたプロトコルです。本章ではまずTCP/IPの基礎知識とHTTPの簡単な歴史を紹介します。そしてHTTPのメッセージ構造や、プロトコルとしてのHTTPを特徴づけるステートレス性などについて解説します。

6.1 HTTPの重要性

HTTPはRFC 2616で規定されたプロトコルです。RFC 2616で規定しているバージョンは1.1で、これが現時点での最新バージョンです。現在のWebではこのバージョンのHTTPが最も使われています。

HTTPは名前こそハイパーテキストの転送用プロトコルですが、実際にはHTMLやXMLなどのハイパーテキストだけではなく、静止画、音声、動画、JavaScriptプログラム、PDFや各種オフィスドキュメントファイルなど、コンピュータで扱えるデータであれば何でも転送できます。

HTTPはRESTの重要な特徴である統一インタフェース、ステートレスサーバ、キャッシュなどを実現している、Webの基盤となるプロトコルです。

6.2 TCP/IPとは何か

HTTPはTCP/IPをベースにしています。TCP（*Transmission Control Protocol*）とIP（*Internet Protocol*）は、インターネットの基盤を構成する重要なネットワークプロトコルです。

ここでは、HTTPを知るうえで最低限必要となるTCP/IPの知識について解説します。

階層型プロトコル

インターネットのネットワークプロトコルは階層型になっています（図6.1）。層ごとに抽象化して実装すれば、物理的なケーブルがメタルなのか光なのかといった下位層の具体的なことに左右されることなく、上位層を実装できます。

ネットワークインタフェース層

一番下のネットワークインタフェース層は、物理的なケーブルやネットワークアダプタに相当する部分です。

インターネット層

ネットワークインタフェース層の上にはインターネット層があります。この層が担当するのは、ネットワークでデータを実際にやりとりする部分です。TCP/IPではIPが相当します。

IPではデータの基本的な通信単位を「パケット」（*Packet*）と呼びます。指定したIPアドレスを送り先として、パケット単位でデータをやりとりして

図6.1 階層型プロトコル

アプリケーション層
HTTP、NTP、SSH、SMTP、DNS
トランスポート層
UDP、TCP
インターネット層
IP
ネットワークインタフェース層
イーサネット

通信します。

IPでは、自分のネットワークインタフェースでデータを送りだすことだけを保証しています。送り出したデータが、多数のルータを経由して最終的な送り先まで届くかどうかは保証しません。

トランスポート層

インターネット層の上にはトランスポート層があります。IPが保証しなかったデータの転送を保証するのがトランスポート層の役割です。TCP/IPではTCPが相当します。

TCPでは接続先の相手に対してコネクションを張ります。このコネクションを使ってデータの抜け漏れをチェックし、データの到達を保証します。

TCPで接続したコネクションで転送するデータが、どのアプリケーションに渡るかを決定するのがポート番号です。ポート番号は1〜65535の数値です。サーバ側のよく使われるポート番号にはデフォルトの番号が割り当てられており、HTTPはデフォルトで80番ポートを使用します。

アプリケーション層

トランスポート層の上にはアプリケーション層があります。アプリケーション層は具体的なインターネットアプリケーション、たとえばメールやDNS、そしてHTTPを実現する層です。

TCPでプログラムを作るときは、ソケット(*Socket*)と呼ばれるライブラリを使うのが一般的です。ソケットはネットワークでのデータのやりとりを抽象化したAPIで、接続、送信、受信、切断などの基本的な機能を備えています。HTTPサーバやブラウザはソケットを用いて実装します。

ほとんどのプログラミング言語にはHTTPを実装したライブラリが標準で付いているため、ソケットを使ってHTTPを独自に実装することはほとんどありません。しかしWebサービスやWeb APIを開発するにあたっては、フレームワークの細かな挙動や設定、パラメータなどがプロトコルレベルでどのように動作するかを把握しておく必要があるでしょう。

6.3 HTTPのバージョン

TCP/IPの基本がわかったところで、HTTPのバージョンについて整理しましょう。

先述したように、現在最も広く利用されているHTTPのバージョンは最新の1.1です。1.1になる前には0.9と1.0の2つのバージョンが存在しました。また、1.1の後継バージョンも議論されています。

HTTP 0.9 —— HTTPの誕生

最初からこんなことを言うのもなんですが、実はHTTP 0.9というバージョンの仕様書は存在しません。Berners-Leeが1990年にWebを発明したときに使っていたプロトコルのことをHTTP 0.9と呼びます。

この最初のHTTPはとても単純でした。例を見てください。

リクエスト
```
GET /index.html
```

レスポンス
```
<html>
...
</html>
```

HTTP 0.9には、現在のHTTPとは異なりヘッダがありませんでした。また、HTTPメソッド(*HTTP Method*)はGETのみでした。HTTP 0.9は現在ではほとんど使われることがありません。

HTTP 1.0 —— HTTP最初の標準化

HTTP 1.0は、IETFで標準化が行われた最初のバージョンです。HTTP 1.0の最初のドラフトは1993年に公開され、3年後の1996年に最終バージョン(RFC 1945)が公開されました。この時期を見てわかるとおり、Netscape

NavigatorやInternet Explorerのブラウザ戦争が一番激しかった時期に仕様策定作業が行われています。仕様策定作業が完了する前に各社が次々と機能を実装し、仕様と実装の乖離（かいり）が生じてしまったため、RFC 1945はInternet Standard（インターネット標準）ではなくInformational（インターネット全体に周知が必要な情報）として公開されました。

HTTP 1.0では、ヘッダの導入、GET以外のメソッドの追加など、HTTP 1.1につながる基本的な要素が盛り込まれました。既存の実装をベースにした仕様のため相互運用性が確保されているとは言い難い状況でしたが、HTTP 1.1への確実な足掛かりになった仕様だと言えるでしょう。

HTTP 1.1 —— HTTPの完成

HTTP 1.1が本書で解説する仕様です。HTTP 1.1の最初のバージョンはRFC 2068として1997年に策定されました。その後改定が行われ、1999年にRFC 2616が発行されています。RFC 2616が現在のHTTP 1.1仕様です。

HTTP 1.1では、HTTP 1.0の機能に加え、チャンク転送、Acceptヘッダによるコンテントネゴシエーション、複雑なキャッシュコントロール、持続的接続などの機能を追加しています[注1]。

HTTP 1.1が策定されてから10年以上経っているため、ほとんどのHTTPクライアントライブラリやWebサーバはHTTP 1.1をサポートしています。

その後のHTTP

HTTP 1.1の策定が完了したあとも、HTTPの議論は続けられました。新しいバージョンのHTTPを定義しようとした活動がいくつかありましたが、結局HTTP自身のバージョンアップは行われていません。

ただし、WebDAVなどのHTTP拡張仕様はいくつか公開されています。さらにこの流れの中でSOAPに代表されるWS-*規格が乱立するに至ります。しかし最終的にはHTTPそのものの価値をRESTアーキテクチャスタ

注1　これらの機能については第9章で解説します。

イルに見いだした結果、HTTP 1.1を有効に活用していこう、というのが現代的な開発スタイルになっています。

2008年ごろからHTTP 1.1仕様の完成度をさらに上げようとする作業も始まっています。この活動は「HTTP Bis」[注2]と呼ばれており、10年経過したHTTP 1.1仕様について、誤りの修正、参考文献の改定、あいまいさの排除、実装経験からのアドバイスの追加、などが予定されています。

6.4 クライアントとサーバ

さて、ここからはHTTPの具体的なしくみを見ていきましょう。

Webはアーキテクチャスタイルにクライアント/サーバを採用しています。すなわち、クライアント(Webブラウザ)が情報を提供するサーバ(Webサーバ)に接続し、各種のリクエスト(*Request*、要求)を出してレスポンス(*Response*、返答)を受け取ります。

RFC 2616には、クライアントと似た用語としてユーザエージェント(*User Agent*)も登場します。RFCの定義では、リクエストを送信する目的でサーバとのコネクションを確立するプログラムがクライアントで、サーバに対して具体的にリクエストを発行するのはユーザエージェントと区別していますが、ほとんどの場合は大差がないため、本書ではユーザエージェントとクライアントを同じ意味で使います。

6.5 リクエストとレスポンス

先述したように、HTTPではクライアントが出したリクエストをサーバで処理してレスポンスを返します。このようなプロトコルのことをリクエスト/レスポンス型(*Request-Response Style*)のプロトコルと呼びます。

サーバでの処理に時間がかかる場合でも、リクエストを出したクライア

注2 http://www.ietf.org/html.charters/httpbis-charter.html

ントはレスポンスが返るまで待機します。これはHTTPが同期型
(*Synchronous*)のプロトコルであるためです。

　具体的なリクエストとレスポンスの例を見てみましょう。技術評論社の
Webサイトであるgihyo.jp[注3]にFirefoxでアクセスしてみます[注4]。

　クライアントは、まずDNSを使ってgihyo.jpのホスト名を名前解決し、
その結果得られるIPアドレスのTCP 80番ポートに接続して、次のテキス
トをリクエストとして送信します。

```
GET / HTTP/1.1
Host: gihyo.jp
User-Agent: Mozilla/5.0 (Windows; U; Windows NT 6.0; ja; rv:1.9.2)
Gecko/20100115 Firefox/3.6 (.NET CLR 3.5.30729)
Accept: text/html,application/xhtml+xml,application/xml;q=0.9,*/*;q=0.8
Accept-Language: ja,en-us;q=0.7,en;q=0.3
Accept-Encoding: gzip,deflate
Accept-Charset: Shift_JIS,utf-8;q=0.7,*;q=0.7
Keep-Alive: 300
Connection: keep-alive
```

　サーバはこのリクエストを読み取って解析し、レスポンスを返します。
gihyo.jpのサーバからは即座に次のレスポンスが返ってきました。

```
HTTP/1.1 200 OK
Date: Sun, 3 Jan 2010 18:58:12 GMT
Server: Apache
P3P: CP="NOI NID ADMa OUR IND UNI COM NAV"
Cache-Control: private, must-revalidate
Content-Encoding: gzip
Vary: Accept-Encoding
Connection: close
Transfer-Encoding: chunked
Content-Type: text/html; charset=UTF-8

<!DOCTYPE html PUBLIC "-//W3C//DTD XHTML 1.0 Transitional//EN"
  "http://www.w3.org/TR/xhtml1/DTD/xhtml1-transitional.dtd">
```

注3　http://gihyo.jp
注4　FirefoxではLive HTTP Headersというアドオンを使うと、ヘッダを簡単に見ることができます。
　　　http://livehttpheaders.mozdev.org

```
<html xmlns="http://www.w3.org/1999/xhtml">
<head>
 (...以下省略)
```

これらのやりとりの際に、クライアントやサーバで行われていることを見てみましょう。

クライアントで行われること

クライアントでは、1つのリクエストを送信しレスポンスを受信する際に、次のことを行います。

- ❶リクエストメッセージの構築
- ❷リクエストメッセージの送信
- ❸(レスポンスが返るまで待機)
- ❹レスポンスメッセージの受信
- ❺レスポンスメッセージの解析
- ❻クライアントの目的を達成するために必要な処理

サーバから返ってきたレスポンスを解析した結果、再度リクエストが必要になる場合もあります。たとえば、gihyo.jpでは画像やスタイルシートへのリンクがいくつも含まれているため、正しくHTMLをレンダリングするためには50回以上のリクエストを発行しなければなりません。

最後にクライアントは、自身の目的を達成するための処理を行います。ブラウザであればHTMLをレンダリングしてウィンドウに表示する処理ですし、検索エンジン用にデータを集めるロボットプログラムであればHTMLの解析結果をデータベースに格納する処理です。

サーバで行われること

クライアントからリクエストを受けたサーバは次のことを行います。

❶（リクエストの待機）
❷リクエストメッセージの受信
❸リクエストメッセージの解析
❹適切なアプリケーションプログラムへの処理の委譲
❺アプリケーションプログラムから結果を取得
❻レスポンスメッセージの構築
❼レスポンスメッセージの送信

　http://gihyo.jpにアクセスした場合、サーバはまずリクエストメッセージを解析し、クライアントがトップページの取得を要求していることを知ります。次に、トップページのHTMLをレンダリングするアプリケーションに処理を委譲し、結果のHTMLを取得します。このときアプリケーションでは、データベースから最新記事を取得したり、広告へのリンクを生成したりするでしょう。アプリケーションからHTMLを取得したら、適切なヘッダを付加してレスポンスメッセージを構築し、クライアントへ返信します。

6.6 HTTPメッセージ

　リクエストメッセージとレスポンスメッセージをまとめて「HTTPメッセージ」と呼びます。ここではHTTPメッセージの構造について、リクエストメッセージ、レスポンスメッセージの順に解説します。

　これまでのgihyo.jpの例は具体的でとても良いのですが、紙面に記載するには冗長なので、サンプルリソースであるhttp://example.jp/testで話を進めることにします。

リクエストメッセージ

　http://example.jp/testに対する必要最小限のリクエストは、次のようなメッセージです。

```
GET /test HTTP/1.1
Host: example.jp
```

▶リクエストライン

　リクエストメッセージの1行目は「リクエストライン」（*Request-Line*）と呼び、メソッド（GET）、リクエストURI（/test）、プロトコルバージョン（HTTP/1.1）から成ります。

　メソッドには、URIで識別するサーバ上のリソースに対する処理を指定します。この場合は「GET」すなわち「取得」処理を指定しています[注5]。

　クエリパラメータやURIフラグメントが含まれる複雑なURIの場合もリクエストラインは同じです。たとえば http://example.jp:8080/search?q=test&debug=true#n10 を GET する場合のリクエストメッセージは次のようになります。

```
GET /search?q=test&debug=true HTTP/1.1
Host: example.jp:8080
```

　リクエストラインにはURIフラグメントを除いたパス以降の文字列が入ります。URIフラグメントはクライアント側で処理するのでリクエストメッセージには含めません。ポート番号はHostヘッダで指定します。

　リクエストURIは、これまでの例のようにパス以降の文字列になるか、あるいは絶対URIになります[注6]。絶対URIを用いる場合のリクエストは次のようになります。

```
GET http://example.jp/test HTTP/1.1
Host: example.jp
```

　Hostヘッダは必須です。HTTP 1.1の場合はリクエストURIの形式はパスでも絶対URIでもかまわないのですが[注7]、本書では紙幅を節約するためパ

注5　メソッドについて詳しくは次章で解説します。
注6　仕様上はリクエストURIには「*」も指定できます。これは特定のリソースではなく、サーバに対してリクエストを適用するという意味になるのですが、ほとんど使われていないので本書では省略します。
注7　プロキシへのリクエストの場合は、リクエストURIに必ず絶対URIを使わなければなりません。

第3部　HTTP

スを用います。

▶ ヘッダ

　リクエストメッセージの2行目以降はヘッダが続きます。ヘッダはメッセージのメタデータ[注8]です。1つのメッセージは複数のヘッダを持てます。各ヘッダは「名前:値」という構成をしています。先の例では名前「Host」に値「example.jp」が結び付けられています[注9]。

▶ ボディ

　先の例では登場しませんでしたが、ヘッダのあとにボディが続くこともあります。ボディには、そのメッセージを表す本質的な情報が入ります。たとえばリソースを新しく作成したり更新したりするときは、リクエストのボディにリソースの表現そのものが入ります。

レスポンスメッセージ

　次にレスポンスメッセージを見てみましょう。先ほどのhttp://example.jp/testへのリクエストが成功すると、サーバは次のようなレスポンスをクライアントに返します[注10]。

```
HTTP/1.1 200 OK
Content-Type: application/xhtml+xml; charset=utf-8

<html xmlns="http://www.w3.org/1999/xhtml">
...
</html>
```

注8　メタデータとはデータを記述するデータ、データについてのデータのことです。メタというのはこのように、ある対象について高次なものを示す接頭辞です。
注9　ヘッダについて詳しくは第9章で解説します。
注10　実際にはボディの長さを示すContent-Lengthヘッダ、あるいはチャンク転送を示すTransfer-Encodingヘッダが入りますが、本書の例では簡単のために省略します。Content-Lengthヘッダとチャンク転送について詳しくは第9章で解説します。

▶ステータスライン

　レスポンスメッセージの1行目は「ステータスライン」(*Status Line*)と呼び、プロトコルバージョン(HTTP/1.1)、ステータスコード(200)、テキストフレーズ(OK)から成ります。

　ステータスコードはリクエストの結果をプログラムで処理可能な数値コードで表現します。この場合の「200」はリクエストが成功したことを示します[注11]。

▶ヘッダ

　レスポンスメッセージの2行目以降は、リクエストメッセージと同様にヘッダです。この例では、Content-TypeヘッダでHTMLのMIME(*Multipurpose Internet Mail Extensions*)メディアタイプ(application/xhtml+xml)と、その文字エンコーディング方式(utf-8)を指定しています[注12]。

▶ボディ

　このレスポンスメッセージにはボディも含まれています。ヘッダとボディは空行(ヘッダ最終行末尾のCRLFに連続するCRLF)で区切られます。この例ではボディにHTMLが含まれています。

HTTPメッセージの構成要素

　HTTPメッセージの構造を整理すると図6.2のようになります。

　1行目は「スタートライン」(*Start Line*)と総称されます。スタートラインは、リクエストメッセージの場合はリクエストライン、レスポンスメッセージの場合はステータスラインです。

　スタートラインに続いてヘッダが並びます。ヘッダ各行の改行はCRLFです。ヘッダの終了は空行で識別します。ヘッダは省略できます。

　ヘッダに続けてボディを持つことができます。ボディにはテキストだけでなく、バイナリデータも入れられます。ボディも省略できます。

注11　ステータスコードとテキストフレーズについて詳しくは第8章で解説します。
注12　MIMEメディアタイプについて詳しくは第9章で解説します。

図6.2 HTTPメッセージの構造

スタートライン
ヘッダ
空行
ボディ

6.7 HTTPのステートレス性

　HTTPはステートレスなプロトコルとして設計されています。ステートレスとは「サーバがクライアントのアプリケーション状態を保存しない」制約のことです。

　しかし、この説明はあまりわかりやすくありません。そもそも「アプリケーション状態」が何かを理解しなければならないからです。ステートレスとはアプリケーション状態と密接に絡んだ概念なので、まずはアプリケーション状態とは何なのかを考えてみましょう。

ハンバーガーショップの例

　アプリケーション状態を理解するために、ハンバーガーショップという実世界の例を題材にステートレスとステートフルのやりとりを見てみましょう。

　まずはステートフルなやりとりです。

・ステートフルなやりとり

客 こんにちは。
店員 いらっしゃいませ。○○バーガーへようこそ。
客 ハンバーガーセットをお願いします。
店員 サイドメニューは何になさいますか？
客 ポテトで。
店員 ドリンクは何になさいますか？
客 コーラで。
店員 ＋50円でドリンクをLサイズにできますがいかがですか？
客 Mでいいです。
店員 以上でよろしいですか？
客 はい。
店員 かしこまりました。

　これはいたって普通の会話に見えますね。このように、私たちの日常の会話はステートフルなやりとりです。
　次にステートレスなやりとりを見てみましょう。

・ステートレスなやりとり

客 こんにちは。
店員 いらっしゃいませ。○○バーガーへようこそ。
客 ハンバーガーセットをお願いします。
店員 サイドメニューは何になさいますか？
客 ハンバーガーセットをポテトでお願いします。
店員 ドリンクは何になさいますか？
客 ハンバーガーセットをポテトとコーラでお願いします。
店員 ＋50円でドリンクをLサイズにできますがいかがですか？
客 ハンバーガーセットをポテトとコーラ(M)でお願いします。
店員 以上でよろしいですか？
客 ハンバーガーセットをポテトとコーラ(M)でお願いします。以上。
店員 かしこまりました。

どうでしょうか。私たちの日常会話とはまったく違いますね。
ここまでの例から、次のことがわかります。

- ステートフルなやりとりは簡潔
- ステートレスなやりとりは冗長
- ステートフルなやりとりでは、サーバがクライアントのそれまでの注文を覚えている
- ステートレスなやりとりでは、クライアントは毎回すべての注文を繰り返している

アプリケーション状態

　ハンバーガーショップの例では、ステートフルなやりとりのほうが簡潔でした。ステートレスなやりとりではクライアント(客)は毎回同じ注文内容を繰り返さなければならなかったのに対し、ステートフルなやりとりでは注文の差分だけを追加で説明すればよかったからです。

　ステートフルなやりとりは、サーバ(店員)がクライアントのそれまでの注文を、やりとりの間ずっと覚えていることを前提にしています。まずハンバーガーセットを注文し、次にポテトを頼まれれば、そのクライアントがハンバーガーセットをポテトで注文していることをサーバが記憶します。この「ハンバーガーセットをポテトで注文している」という情報のことを、クライアントのアプリケーション状態と呼びます。

　アプリケーション状態は別名「セッション状態」(*Session State*)とも言います。システムにログインしてからログアウトするまでの一連の操作をまとめて「セッション」と呼ぶのですが、この一連の操作の間の状態はアプリケーション状態のことですので、アプリケーション状態とセッション状態はほぼ同じ意味になります。

　ステートフルなプロトコルの代表例はFTPです。FTPではクライアントがFTPサーバにログインしてからログアウトするまで、そのクライアントがどのディレクトリにいるかといったアプリケーション状態をサーバが管理します。そのためクライアントは、ディレクトリの移動などで相対パスを指定できます。

ステートフルの欠点

　サーバがクライアントのアプリケーション状態を覚えることは、クライアントの数が増えるにしたがって難しくなっていきます。
　1つのサーバが同時に相手をできるクライアントの数には上限があります。たとえば100台までのクライアントを処理できるサーバの場合、101台以上のクライアントを処理するためには2台以上のサーバが必要になります。クライアントごとに相手をするサーバを1つに決められればよいのですが、不特定多数のクライアントを相手にする場合はクライアントごとに接続するサーバを特定できません。そのため、複数のサーバ間でアプリケーション状態を同期して、どのサーバでも同じアプリケーション状態を扱えるようにしなければなりません。しかし、2台のサーバ間でアプリケーション状態を複製できていたとしても、3台、4台……10台……100台と増えていくと、データを同期するオーバーヘッドが無視できなくなります。
　このようにステートフルなアーキテクチャでは、クライアントの数が増えた場合にスケールアウトさせにくくなります(図6.3)。

ステートレスの利点

　この問題を解決するのがステートレスなアーキテクチャです。
　ステートレスでは、クライアントがリクエストメッセージに必要な情報をすべて含めます。ハンバーガーショップの例で言うと、クライアントのリクエストは「ハンバーガーセットをポテトとコーラ(M)で」のようになります。その結果、サーバはクライアントとのそれまでのやりとりを覚えていなくても「ハンバーガーセットをポテトとコーラ(M)で注文しているのだな」と理解できます(図6.4)。
　このようにそのリクエストの処理に必要な情報がすべて含まれているメッセージのことを「自己記述的メッセージ」(*Self Descriptive Message*)と言います。ステートレスなアーキテクチャでは、サーバがクライアントのアプリケーション状態を覚える代わりに、クライアントが自らのアプリケーション状態を覚え、すべてのリクエストを自己記述的メッセージで送信します。

第3部 HTTP

図6.3 ステートフルサーバ

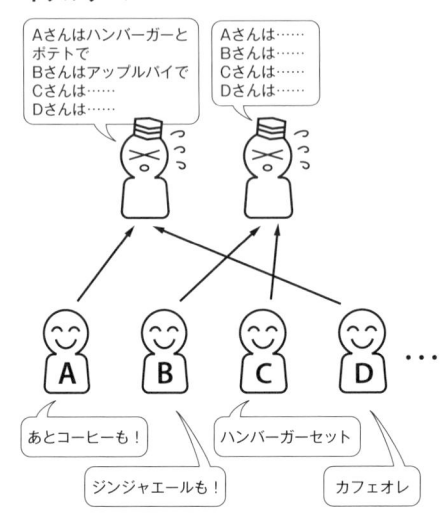

Aさんはハンバーガーとポテトで
Bさんはアップルパイで
Cさんは……
Dさんは……

Aさんは……
Bさんは……
Cさんは……
Dさんは……

A：あとコーヒーも！
B：ジンジャエールも！
C：ハンバーガーセット
D：カフェオレ

ステートフルサーバでは、サーバは常にクライアントのアプリケーション状態を覚えていなければならない

図6.4 ステートレスサーバ

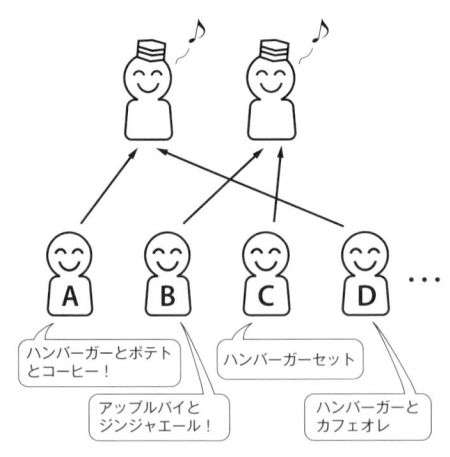

A：ハンバーガーとポテトとコーヒー！
B：アップルパイとジンジャエール！
C：ハンバーガーセット
D：ハンバーガーとカフェオレ

ステートレスサーバでは、各クライアントが自分のアプリケーション状態を伝えるので、サーバが覚えておく必要はない

ステートレスなサーバはアプリケーション状態を覚える必要がないため、サーバ側のシステムは単純になります。サーバはそれまでのことはすべて忘れて、新しく来るリクエストの処理に集中すればよいのです。この性質を利用すると、ステートレスなシステムをスケールさせることは簡単になります。クライアントが増えてきたら、単純にサーバを増設すればよいのです。クライアントはどのサーバにリクエストを送ってもかまいません。処理に必要な情報はすべてリクエストに含まれているからです。

ステートレスの欠点

　ステートレスなアーキテクチャはスケーラビリティの面で大きな威力を発揮しますが、欠点もあります。

▶パフォーマンスの低下

　サーバをステートレスにするためには、クライアントは毎回必要な情報をすべて送信しなければなりません。これは次の理由からパフォーマンスに影響を与えます。

- 送信するデータ量が多くなる
- 認証など、サーバに負荷がかかる処理を繰り返す

　自己記述的メッセージはどうしても冗長になります。ステートフルな例では前回のメッセージとの差分でよかったのですが、ステートレスではすべての情報を送りなおす必要があります。これはデータ量によってはネットワーク帯域を消費することを意味します。

　また、認証処理などによるサーバ負荷の問題もあります。認証処理の実装方法にもよりますが、たとえばデータベースにユーザ情報とパスワードが入っている場合、認証をするたびにデータベースアクセスが必要となります。一般にデータベースへのアクセスは重い処理ですので、これを毎回繰り返すとパフォーマンスが落ちます。

▶ 通信エラーへの対処

また、ステートレスでは通信エラー発生時の対処も問題になります。まずはステートフルの例を見てください。

▪ ステートフルなやりとり

客 ハンバーガーを1個ください。以上。
店員 かしこ(雑音で聞こえない……)。
客 (念のためにもう一度……)ハンバーガーを1個ください。以上。
店員 お客さまはすでに1個注文されていますが、よろしいですか?

最初の注文時の店員からのレスポンスが雑音で聞こえなかった場合、クライアントは念のためにもう一度リクエストを繰り返せます。サーバはクライアントのアプリケーション状態を覚えているため、すでに1回目の注文が処理されていることをクライアントに伝えられます。

しかし、ステートレスの場合はこうはいきません。

▪ ステートレスなやりとり

客 ハンバーガーを1個ください。以上。
店員 かしこ(雑音で聞こえない……)。
客 (念のためにもう一度……)ハンバーガーを1個ください。以上。
店員 かしこまりました。

ハンバーガーを2個注文してしまいました。2回目の注文時の店員は、このクライアントがすでに一度注文していることを知らずに注文を受け付けてしまったのです。このようにステートレスなアーキテクチャでは、ネットワークトラブルが起きたときにそのリクエストが処理されたかどうかがわかりません。

6.8 シンプルなプロトコルであることの強み

　本章ではHTTPメッセージの基本構造と、クライアントとサーバのやりとりについて解説しました。また、HTTPの重要な性質であるステートレス性についても触れました。

　HTTPの一番の特長はそのシンプルさです。HTTP 1.1になってHTTP 0.9ほどのシンプルさはなくなりましたが、それでもプロトコルをシンプルに保とうとする努力が続けられました。

　HTTPのシンプルさは強力な武器です。HTTPがシンプルであるからこそ、ブラウザはPCだけでなく、そのほかのさまざまなデバイス上でも実装されています。また、そのシンプルさゆえにWebサービスとWeb APIが同じプロトコルで実現できています。

　HTTPのシンプルさを活かした設計をするためには、HTTPの使い方を正確に知る必要があります。次章以降では、メソッド、ステータスコード、ヘッダについて順に解説します。

第7章 HTTPメソッド

本章ではHTTPのリクエストメッセージを特徴づけるメソッドについて解説します。HTTPメソッドは種類こそ8つと少ないですが、重要な役割を果たしています。本章では、メソッドがたった8つでも大丈夫な理由、そしてそこに隠されたHTTPの設計上の工夫を見ていきます。

7.1 8つしかないメソッド

HTTPメソッドには、クライアントが行いたい処理をサーバに伝えるという重要な任務があります。にもかかわらず、HTTP 1.1は表7.1に示す8つのメソッドしか定義していません[注1]。しかも、その中で主に使うメソッドは5つか6つです。

表7.1　HTTPメソッド

メソッド	意味
GET	リソースの取得
POST	子リソースの作成、リソースへのデータの追加、そのほかの処理
PUT	リソースの更新、リソースの作成
DELETE	リソースの削除
HEAD	リソースのヘッダ(メタデータ)の取得
OPTIONS	リソースがサポートしているメソッドの取得
TRACE	自分宛にリクエストメッセージを返す(ループバック)試験
CONNECT	プロキシ動作のトンネル接続への変更

注1　WebDAVなどのHTTP 1.1拡張では新たなメソッドを定義していますが、一般的な開発者が独自のメソッドを作り出す必要はありません。

通常のプログラミング言語の感覚からすると、なぜこんなにもメソッドを限定しているのか、それで大丈夫なのかと不安になることでしょう。

しかしメソッドの数をぎりぎりまで削ったからこそ、HTTPが、そしてWebが成功したのです。

本章では、ほとんど使われていないTRACEとCONNECTを除いた6つのメソッドについて解説します。

7.2 HTTPメソッドとCRUD

HTTPメソッドのうちGET、POST、PUT、DELETEは、これら4つで「CRUD」という性質を満たすため、代表的なメソッドと言えます。CRUDとは、Create（作成）、Read（読み込み）[注2]、Update（更新）、Delete（削除）というデータ操作の基本となる4つの処理のことです。CRUDとHTTPメソッドは表7.2のように対応します。

7.3 GET
リソースの取得

GETは指定したURIの情報を取得します。最も利用頻度の高いメソッドで、Webページの取得、画像の取得、映像の取得、フィードの取得など、私たちがブラウザを利用しているときはいつも数多くのGETを発行しています。

表7.2　CRUDとHTTPメソッドの対応

CRUD名	意味	メソッド
Create	作成	POST/PUT
Read	読み込み	GET
Update	更新	PUT
Delete	削除	DELETE

注2　CRUDの「R」にはReadでなくRetrieve（検索）をあてる場合もあります。

GETの例を見てみましょう。

リクエスト
```
GET /list HTTP/1.1
Host: example.jp
```

レスポンス
```
HTTP/1.1 200 OK
Content-Type: application/json

[
  {"uri": "http://example.jp/list/item1"},
  {"uri": "http://example.jp/list/item2"},
  {"uri": "http://example.jp/list/item3"},
  {"uri": "http://example.jp/list/item4"}
]
```

上記のリクエストはhttp://example.jp/listに対するGETです。リクエストに対して、サーバは指定されたURIに対応するデータをレスポンスとして返しています。

7.4 POST
リソースの作成、追加

POSTはGETに次いで利用頻度の高いメソッドです。POSTには3つの役割があります。

子リソースの作成

POSTの代表的な機能は、あるリソースに対する子リソースの作成です。ブログ記事の投稿などの操作で使われます。第12章で解説するAtomPubなど、POSTをこの目的だけに使うプロトコルも多いです。

次の例を見てください。

> **リクエスト**
> ```
> POST /list HTTP/1.1
> Host: example.jp
> Content-Type: text/plain; charset=utf-8
>
> こんにちは！
> ```

> **レスポンス**
> ```
> HTTP/1.1 201 Created
> Content-Type: text/plain; charset=utf-8
> Location: http://example.jp/list/item5
>
> こんにちは！
> ```

このリクエストではhttp://example.jp/listに対して新しい子リソースを作成するようにPOSTで指示しています。POSTのボディには、新しく作成するリソースの内容を入れてあります。

レスポンスでは201 Createdというステータスコードが返ってきました。このステータスコードは新しいリソースを生成したことを示します。そしてLocationヘッダに新しいリソースのURIが入っています。ここではhttp://example.jp/list/item5です。つまり/listの下に、新たに/list/item5というリソース（子リソース）を生成したのです。

リソースへのデータの追加

子リソースの作成ほど一般的ではありませんが、POSTの代表的な機能の2つめは既存リソースへのデータの追加です。

例としてログリソースを考えてみましょう。まずはリソースをGETしてみます。

> **リクエスト**
> ```
> GET /log HTTP/1.1
> Host: example.jp
> ```

> **レスポンス**
> ```
> HTTP/1.1 200 OK
> Content-Type: text/csv; charset=utf-8
>
> 2010-10-10T10:10:00Z, GET /list, 200
> 2010-10-10T10:11:00Z, POST /list, 201
> 2010-10-10T10:20:00Z, GET /list, 200
> ```

　このリソースのURIはhttp://example.jp/logで、CSV（*Comma Separated Values*、カンマ区切り）形式のログを表現します。

　このリソースに新しいログを追加するにはPOSTを使います。

> **リクエスト**
> ```
> POST /log HTTP/1.1
> Host: example.jp
>
> 2010-10-10T10:13:00Z, GET /log, 200
> ```

> **レスポンス**
> ```
> HTTP/1.1 200 OK
> ```

　レスポンスでは201 Createdではなく200 OKが返ってきました。リクエストが新規リソースの作成ではなく、データの追加を意味したからです。

　データ追加としてPOSTしたときに、そのデータをリソースの末尾に追加するのか先頭に追加するのかはサーバ側の実装に依存します。また、そもそもあるリソースへのPOSTが作成を意味するのかデータ追加を意味するのかも実装に依存します。URIを見ただけではPOSTの挙動はわかりません。POSTの挙動はWebサービスやWeb APIの仕様書などで表現します。

ほかのメソッドでは対応できない処理

　POSTの3つめの機能は、ほかのメソッドでは対応できない処理の実行です。

　検索結果を表現する次のURIを例に考えてみましょう。

```
http://example.jp/search?q={キーワード}
```

　通常はこのURIをGETすることで検索を実行しますが、キーワードが非常に長かった場合はどうなるでしょうか。URIの長さはキーワードに連動します。第4章で述べたとおり、URIの仕様上は長さ制限がありませんが、実装上は2,000文字などの上限が存在します。そのような長いキーワードの場合、URIにキーワードを入れてGETする方式は利用できません。
　この場合、以下のようにPOSTを用います。

```
POST /search HTTP/1.1
Content-Type: application/x-www-form-urlencoded

q=very+long+keyword+foo+bar+..........
```

　GETではURIに含めていたキーワードを、POSTではリクエストボディに入れられます。これによってどんなに長いキーワードでも実現できます。
　このように、ほかのメソッドでは実現できない機能はPOSTで代用します。

7.5 PUT
リソースの更新、作成

　PUTは2つの機能を持っています。リソースの内容の更新と、リソースの作成です。

リソースの更新

　PUTの1つめの機能はリソースの更新です。
　まずは先ほどPOSTで作成したitem5をGETするところから始めましょう。

> リクエスト
> ```
> GET /list/item5 HTTP/1.1
> Host: example.jp
> ```

> レスポンス
> ```
> HTTP/1.1 200 OK
> Content-Type: text/plain; charset=utf-8
>
> こんにちは！
> ```

　次にこのリソースを、PUTを使って「こんにちは！」から「こんばんは！」に更新してみます。

> リクエスト
> ```
> PUT /list/item5 HTTP/1.1
> Host: example.jp
> Content-Type: text/plain; charset=utf-8
>
> こんばんは！
> ```

> レスポンス
> ```
> HTTP/1.1 200 OK
> Content-Type: text/plain; charset=utf-8
>
> こんばんは！
> ```

　この例ではPUTへのレスポンスにリソースを更新した結果の表現が入っています。PUTへのレスポンスは、この例のようにボディに結果を入れてもよいですし、ボディには何も入れずに、レスポンスがボディを持たないことを示す`204 No Content`を返してもかまいません。

リソースの作成

　PUTの2つめの機能はリソースの作成です。

　たとえばhttp://example.jp/newitemがまだ存在しないとします。

> **リクエスト**
> PUT /newitem HTTP/1.1
> Host: example.jp
> Content-Type: text/plain; charset=utf-8
>
> 新しいリソース/newitemの内容

> **レスポンス**
> HTTP/1.1 **201 Created**
> Content-Type: text/plain; charset=utf-8
>
> 新しいリソース/newitemの内容

　このPUTは存在しないURIへのリクエストのため、サーバはリソースを新しく作成すると解釈し、リクエストが成功した場合は201 Createdを返します。POSTの場合は新しく作成したリソースのURIがLocationヘッダで返りましたが、PUTの場合はクライアントがすでにリソースのURIを知っているためLocationヘッダを返す必要はありません。
　/newitemがすでに存在していた場合は、先述したリソースの更新処理になります。

POSTとPUTの使い分け

　さて、POSTでもPUTでもリソースを作成できることがわかりました。それでは両者をどのように使い分ければよいのでしょうか。これには正解は存在しませんが、設計上の指針として次の事実があります。
　POSTでリソースを作成する場合、クライアントはリソースのURIを指定できません。URIの決定権はサーバ側にあります。逆にPUTでリソースを作成する場合、リソースのURIはクライアントが決定します。
　たとえばTwitterのようにつぶやきのURIをサーバ側で自動的に決定するWebサービスの場合は、POSTを用いるのが一般的です。逆に、Wikiのようにクライアントが決めたタイトルがそのままURIになるWebサービスの場合は、PUTを使うほうが適しているでしょう。ただしPUTの場合、リソースの上書きを避けるためにクライアントで事前にURIの存在をチェック

しなければならないかもしれません。

一般的に、クライアントがリソースのURIを決定できるということは、クライアントを作るプログラマがサーバの内部実装(URIにどの文字を許すのか、長さの制限はどれくらいかなど)を熟知していなければなりません。そのため、PUTのほうがどうしてもサーバとの結合が密になります。特別な理由がない限りは、リソースの作成はPOSTで行いURIもサーバ側で決定する、という設計が望ましいでしょう。

7.6 DELETE
リソースの削除

DELETEはその名のとおり、リソースを削除するメソッドです。

リクエスト
```
DELETE /list/item2 HTTP/1.1
Host: example.jp
```

レスポンス
```
HTTP/1.1 200 OK
```

一般的にDELETEのレスポンスはボディを持ちません。そのためレスポンスのステータスコードにはボディがないという意味の 204 No Content が使われる場合もあります。

7.7 HEAD
リソースのヘッダの取得

HEADはGETによく似たメソッドです。GETはリソースを取得するメソッドですが、HEADはリソースのヘッダ(メタデータ)だけを取得するメソッドです。

> リクエスト

```
HEAD /list/item1 HTTP/1.1
Host: example.jp
```

> レスポンス

```
HTTP/1.1 200 OK
Content-Type: text/plain; charset=utf-8
```

　HEADへのレスポンスにはボディが含まれません。この性質を利用すると、ネットワークの帯域を節約しながらリソースの大きさを調べたり、リソースの更新日時を取得したりできます。

7.8 OPTIONS
リソースがサポートしているメソッドの取得

　最後のメソッドはOPTIONSです。OPTIONSはそのリソースがサポートしているメソッドの一覧を返します。

　次の2つの例を見てください。

> リクエスト

```
OPTIONS /list HTTP/1.1
Host: example.jp
```

> レスポンス

```
HTTP/1.1 200 OK
Allow: GET, HEAD, POST
```

> リクエスト

```
OPTIONS /list/item1 HTTP/1.1
Host: example.jp
```

> レスポンス

```
HTTP/1.1 200 OK
Allow: GET, HEAD, PUT, DELETE
```

　レスポンスに含まれるAllowヘッダは、そのリソースが許可するメソッ

ドの一覧です。この結果によれば、http://example.jp/list は GET、HEAD、POST を許可し、http://example.jp/list/item1 は GET、HEAD、PUT、DELETE を許可していることがわかります。OPTIONS 自体は Allow ヘッダには含めません。

OPTIONS を実装する場合、多くの Web アプリケーションフレームワークでは、リソースごとに対応しているメソッドを返すように自前で実装しなければなりません。Apache のような WebDAV に対応した Web サーバでは、設定ファイルで OPTIONS の挙動を設定できます。

7.9 POSTでPUT/DELETEを代用する方法

これまで説明してきた GET、POST、PUT、DELETE、HEAD、OPTIONS の 6 つが主な HTTP メソッドです。しかし、現実に一番よく利用されているのは GET と POST の 2 つです。これは HTML のフォームで指定できるメソッドが GET と POST だけという制限に起因します。

フォームにGETを指定した例
```
<form method="GET" action="/list">
  ...
</form>
```

フォームにPOSTを指定した例
```
<form method="POST" action="/list">
  ...
</form>
```

HTML のこの制限により、Web アプリケーションでは GET と POST だけを利用する時代が長年続きました。しかし、この制限は Ajax の発展とともに解消されつつあります。Ajax で用いる XMLHttpRequest というモジュールを利用すると、任意のメソッドを発行できるからです。

ただし、それでも GET と POST だけを使わなければならない状況も存在します。たとえば XMLHttpRequest をサポートしない携帯電話向けブラウザはフォームしか利用できませんので、GET と POST 以外は使えません。

また、セキュリティ上の理由から、プロキシサーバでGETとPOST以外のアクセスを制限している場合もあります。

このような状況でサーバにPUTやDELETEを伝える手法が2つあります。

_methodパラメータ

1つめは_methodパラメータを用いる方法です。フォームの隠しパラメータ(hidden)に_methodというパラメータを用意し、そこに本来送りたかったメソッドの名前を入れます。_methodパラメータはRuby on Railsが採用しています。

たとえば次のフォームがあったとします。

```
<form method="POST" action="/list/item1">
  <input type="hidden" id="_method" name="_method" value="PUT"/>
  <textarea id="body">...</textarea>
</form>
```

このフォームを送信すると、次のリクエストが送られるでしょう。

```
POST /list/item1 HTTP/1.1
Host: example.jp
Content-Type: application/x-www-form-urlencoded

_method=PUT&body=...
```

ボディには、フォームで入力した項目をURIのクエリパラメータと同じ仕様でエンコードした(idと値を「=」でつないで「&」で連結した)テキストが入っています。Content-Typeヘッダの値application/x-www-form-urlencodedは、このフォーマットを表すメディアタイプです。

Webアプリケーションフレームワークなどのサーバ側の実装は、_methodパラメータを見て、このリクエスト自体をPUTとして扱います。

X-HTTP-Method-Override

_methodパラメータはフォームを利用してリクエストを送る場合は有効な手法ですが、POSTの内容がXMLなど、application/x-www-form-urlencoded以外の場合は利用できません。

このような場合に利用できるのがX-HTTP-Method-Overrideヘッダです。こちらはGoogleのGData (*Google Data Protocol*)[注3]が採用している手法です。

```
POST /list/item1 HTTP/1.1
Host: example.jp
Content-Type: application/xml; charset=utf-8
X-HTTP-Method-Override: PUT

<body>...</body>
```

Webアプリケーションフレームワークなどのサーバ側の実装は、X-HTTP-Method-Overrideヘッダを見て、このリクエストをPUTとして扱います。

7.10 条件付きリクエスト

HTTPメソッドと更新日時などのヘッダを組み合わせることで、メソッドを実行するかどうかを、リソースの更新日時を条件にサーバが選択できるようになります。このようなリクエストのことを「条件付きリクエスト」(*Conditional Request*)と呼びます。

たとえばGETにリソースの更新日時を条件として入れるには、If-Modified-Sinceヘッダを使います。If-Modified-Sinceヘッダが入ったGETは、リソースがこの日時以降更新されていたら取得する、という意味になります。

同様にPUTとIf-Unmodified-Sinceヘッダを組み合わせると、リソースを

注3 Googleが提供する各種サービス用Web APIの基盤となるプロトコルです。AtomPubをベースにしています。

この日時以降更新していなければ更新する、という意味になります[注4]。

7.11 べき等性と安全性

通信エラーが発生したときにリクエストをどのように回復するかは、HTTPにおいて重要な課題です。HTTPの仕様では、プロトコルのステートレス性を保ちながら、この問題を解決するための工夫がなされています。以下ではこの工夫について見ていきます。

HTTPメソッドはその性質によって、表7.3のように分類できます。表7.3にはべき等（*Idempotence*）と安全（*Safe*）という性質が登場します。

べき等とは「ある操作を何回行っても結果が同じこと」を意味する数学用語です。たとえばPUTとDELETEはべき等ですので、PUTやDELETEを同じリソースに何回発行しても、必ず同じ結果（リソースの内容が更新されている、リソースが削除されている）が得られます。

安全とは「操作対象のリソースの状態を変化させないこと」を意味します。リソースの状態に変化を与えることを副作用（*Side Effect*）と言いますので、安全は「操作対象のリソースに副作用がないこと」とも言います。たとえばGETには副作用がないので、GETを同じリソースに何回発行してもリソースの状態は変化しません。

PUTはべき等

最初にPUTを見てみましょう。http://example.jp/test を例に考えます。

表7.3 HTTPメソッドの性質

メソッド	性質
GET、HEAD	べき等かつ安全
PUT、DELETE	べき等だが安全でない
POST	べき等でも安全でもない

注4　条件付きGETについては第9章で、条件付きPUTと条件付きDELETEについては第16章で詳しく解説します。

まずはこのリソースをGETしてみます。

リクエスト
```
GET /test HTTP/1.1
Host: example.jp
```

レスポンス
```
HTTP/1.1 200 OK
Content-Type: application/xml; charset=utf-8

<test>test1</test>
```

PUTで更新してみましょう。

リクエスト
```
PUT /test HTTP/1.1
Host: example.jp
Content-Type: application/xml; charset=utf-8

<test>test2</test>
```

> Column
> ## べき等性の例
>
> HTTPメソッド以外にもべき等になる例があります。ここでは2つ例を挙げます。
>
> #### 0の乗算
> 実数に0を何回掛けても結果は同じです。すなわち0の乗算はべき等です。
>
> ```
> 3×0 = 3×0×0×0
> ```
>
> #### 絶対値関数
> 数値を引数にとり、その絶対値を返す関数(JavaではMath.abs)は、何回適用しても結果が同じです。すなわちべき等です。
>
> ```
> Math.abs(-3);
> // -->3
> Math.abs(Math.abs(Math.abs(-3)));
> // -->3
> ```

リクエストが成功した場合、\<test\>要素の内容が「test1」から「test2」に更新されます。しかし通信エラーが起こり、クライアントがレスポンス(200 OK)を確認できなかったらどうなるでしょうか。

そのときは、再び同じリクエストを送信できます。

リクエスト
```
PUT /test HTTP/1.1
Host: example.jp
Content-Type: application/xml; charset=utf-8

<test>test2</test>
```

レスポンス
```
HTTP/1.1 200 OK
```

今度は200 OKを確認できました。

ここでは同じPUTを2回送信しましたが、結果は1回送信したときと同じです。どちらの場合も、最終的には\<test\>要素の内容が「test2」になります。

DELETEもべき等

今度はDELETEの例を見てみましょう。

リクエスト
```
DELETE /test HTTP/1.1
Host: example.jp
```

レスポンス
```
HTTP/1.1 200 OK
```

リソースの削除が完了し、200 OKが返ってきました。

もう一度同じリクエストを送信してみます。

リクエスト
```
DELETE /test HTTP/1.1
Host: example.jp
```

レスポンス
```
HTTP/1.1 404 Not Found
```

すでにリソースを削除しているため、リソースが存在しないという意味のステータスコード404 Not Foundが返ってきました。しかし、「リソースが削除されている」という結果は先ほどと同じです。

このようにPUTとDELETEには、同じリクエストを複数回送信しても結果が変わらない性質(べき等性)があります。この性質により、クライアントは送信の重複を恐れることなく、PUTとDELETEを何回でも送信できます。

GETとHEADもべき等、そのうえ安全

GETとHEADもべき等です。あるリソースを何回GETしても、結果は変わらず、そのリソースのその時点での表現が取得できます。HEADの場合はリソースのヘッダのみが取得できます。

さらにGETとHEADは、安全というすばらしい性質も持っています。PUTやDELETEはリソースの状態を変化させますが、GETとHEADはリソースの状態を変化させません。

Column

GETはどこまで安全か

GETは安全です。HTTPの仕様はそう定義しています。でも、厳密には次のような副作用を与えていると考えられるかもしれません。

- サーバのログファイルへの追記
- Webページのヒットカウンタの更新

しかし、これらをもってGETには副作用があると考えるのは間違いです。なぜならば、ログファイルやヒットカウンタはここでGETの操作対象となっているリソースではないからです。GETは操作対象のリソースに対しては副作用を与えていません。たとえばログをリソースとして提供している場合は、ログに追記する操作はPOSTで行われるはずです。

安全とは、操作対象のリソースに対してであることに注意してください。

安全でもべき等でもないPOST

POSTは安全でもべき等でもありません。すなわち、リクエストの結果で何が起きるかわかりません。クライアントはPOSTを複数回送ることに慎重でなければなりません。

ショッピングサイトなどでブラウザの戻るボタンを操作したときに、「もう一度送信しますか?」というダイアログが出ることがあります。これはPOSTを再送信しようとしている場合です。このように親切に警告してくれるブラウザの場合はいいのですが、もしダイアログが出ない場合、自動的にPOSTを再送信してしまい、二重注文のような問題が起こる可能性があります。

7.12 メソッドの誤用

GETとHEADがべき等かつ安全で、PUTとDELETEがべき等であることはHTTPの仕様に定められています。しかしWebサービスやWeb APIの設計を誤ると、これらのメソッドが安全でなくなったり、べき等でなくなったりする可能性があります。

GETが安全でなくなる例

GETの目的はリソースの取得です。しかし、誤った目的でGETを利用しているWeb APIを無視できない割合で見かけます。それはGETの安全性を破壊する使い方です。

```
GET /resources/1/delete HTTP/1.1
Host: example.jp
```

この例では、http://example.jp/resources/1 を削除(delete)するために、http://example.jp/resources/1/delete を GET しています。これはGETの目的である「リソースの取得」を完全に無視した使い方です。

GETでリソースを更新したり、リソースを削除したりするのはGETの誤った利用方法です。GETを正しく利用しているかどうかの判断基準は、GETの発行前後でリソースに変更が加えられていないかどうか(安全かどうか)です。また、GETしようとしているリソースのURIに、「delete」「update」「set」などの動詞が入っている場合も要注意です。GETで取得するはずのURIに動詞が入っているのは矛盾しています。

ほかのメソッドでできることにPOSTを誤用した例

ほかのメソッドでは対応できない処理をするPOSTは、万能メソッドです。しかし、これが行き過ぎると誤用につながります。POSTの誤用とは、ほかに適切なメソッドが用意されているにもかかわらず、POSTでその機能を実現してしまうことです。

特にGET、PUT、DELETEで実現できる機能(リソースの取得、更新、削除)をPOSTで実現しようとしていたら危険信号です。GET、PUT、DELETEで実現できる機能をPOSTで実装してしまうと、GET、PUT、DELETEが持つすばらしい性質(べき等性や安全性)が利用できなくなります。

POSTの誤用の最たる例はXML-RPCとSOAPです。どちらもRPCを実現するためのプロトコルですが、すべての関数呼び出しをPOSTで実現するように設計されています。たとえその関数が、データの取得や削除であってもPOSTを使ってしまうのです。

以下は、XML-RPCでgetCount関数を呼び出している例です。

```
POST /rpc HTTP/1.1
Host: example.jp
Content-Type: application/xml

<methodCall>
  <methodName>getCount</methodName>
  <params>
    <param><value><string>http://gihyo.jp</string></value></param>
  </params>
</methodCall>
```

PUTがべき等でなくなる例

次はPUTがべき等でなくなる例を見てみましょう。

トマトの価格を表現するリソース http://example.jp/tomato を考えます。このリソースは価格をプレーンテキストで表現します。

リクエスト
```
GET /tomato HTTP/1.1
Host: example.jp
```

レスポンス
```
HTTP/1.1 200 OK
Content-Type: text/plain; charset=utf-8

100
```

現在トマトは100円です。PUTでトマトの価格を更新してみましょう。

リクエスト
```
PUT /tomato HTTP/1.1
Host: example.jp
Content-Type: text/plain; charset=utf-8

+50
```

レスポンス
```
HTTP/1.1 200 OK
Content-Type: text/plain; charset=utf-8

150
```

150円になりました。もう一度同じリクエストを送ってみます。

リクエスト
```
PUT /tomato HTTP/1.1
Host: example.jp
Content-Type: text/plain; charset=utf-8

+50
```

> **レスポンス**
> ```
> HTTP/1.1 200 OK
> Content-Type: text/plain; charset=utf-8
>
> 200
> ```

トマトの値段が200円に変更されてしまいました。

このようにPUTでリソース内容の相対的な差分を送信すると、PUTはべき等でなくなります。PUTでは、そのリソースのなるべく完全な表現を送信するようにしましょう。この例の場合は、価格を差分(+50)で表現するのではなく、変更後の値(150)で表現するべきです。

DELETEがべき等でなくなる例

最後にDELETEがべき等でなくなる例を見てみましょう。ソフトウェアの最新バージョンを表現するhttp://example.jp/latestというエイリアスリソース(ショートカット)を例に考えます。このリソースがDELETEを受け付けるとどうなるでしょうか。

このリクエストに対するサーバの挙動はいくつか考えられます。

http://example.jp/latestというエイリアスリソースそのものを削除するようにWebサービスやWeb APIを実装した場合は、このリクエストはべき等です。DELETEを何度発行しても、/latestが削除されているという結果は変わりません。

> **1回目のリクエスト**
> ```
> DELETE /latest HTTP/1.1
> Host: example.jp
> ```

> **1回目のレスポンス**
> ```
> HTTP/1.1 200 OK
> ```

> **2回目のリクエスト**
> ```
> DELETE /latest HTTP/1.1
> Host: example.jp
> ```

2回目のレスポンス

```
HTTP/1.1 404 Not Found
Content-Type: text/plain; charset=utf-8

http://example.jp/latestは見つかりませんでした。
```

しかし、/latestというエイリアスリソースではなく、/latestというURIが意味的に指し示す実際の最新バージョンのリソース(/1.2など)を削除してしまうとどうなるでしょうか。

1回目のリクエスト

```
DELETE /latest HTTP/1.1
Host: example.jp
```

1回目のレスポンス

```
HTTP/1.1 200 OK
Content-Type: text/plain; charset=utf-8

http://example.jp/1.2を削除しました。
```

2回目のリクエスト

```
DELETE /latest HTTP/1.1
Host: example.jp
```

2回目のレスポンス

```
HTTP/1.1 200 OK
Content-Type: text/plain; charset=utf-8

http://example.jp/1.1を削除しました。
```

DELETEがべき等ではなくなってしまいました。最初のDELETEでバージョン1.2が削除され、次のDELETEで1.1が削除されています。

最初の例のようにエイリアスリソースだけを削除できるように設計するのも一つの解ですが、エイリアスリソースのような特殊なリソース(ある特定のリソースを永続的に示すのではなく、時間や状況で指し示すリソースが変化するリソース)は、特別な理由がない限り更新や削除などの操作ができないように設計しましょう。

7.13 Webの成功理由はHTTPメソッドにあり

　本章の冒頭で述べたとおり、通常のプログラミング言語の感覚からすると、HTTPでは非常に少ない数のメソッドしか定義していません。しかしこれこそが、RESTの統一インタフェース制約です。メソッドを限定して固定したからこそプロトコルがシンプルに保たれ、Webは成功しました。

　GETに隠された安全性、PUTとDELETEのべき等性、そしていざとなったらなんでもできるPOST。HTTPはそれぞれのメソッドに合った性質と拡張性を備えた、優れたプロトコルです。

第8章
ステータスコード

HTTPはリクエスト／レスポンス型のプロトコルです。すべてのリクエストにはレスポンスが返ります。本章ではリクエストの結果得られるレスポンスメッセージの中で、その意味を伝えるステータスコードについて解説します。

8.1 ステータスコードの重要性

Web技術に詳しくない人でも、エラー画面での404や500といった数字と、それに付随するNot Found、Internal Server Errorなどの文字列は見たことがあるでしょう[注1]。このようにHTTPのステータスコードはなじみのある数字ですが、実はクライアントの挙動を左右する重要な役割を担っています。WebサービスやWeb APIを設計するにあたって、ステータスコードをどのように選択するかは重要です。レスポンスに間違ったステータスコードを割り当ててしまうと、クライアントが混乱しシステム全体の挙動に支障をきたします。仕様で定められたステータスコードの意味を正しく理解しましょう。

8.2 ステータスラインのおさらい

ステータスコードについて詳しく見ていく前に、第6章で解説したステ

注1　ステータスコードをネタにする例もあります。たとえば小飼弾氏のブログのタイトルは「404 Blog Not Found」です。http://blog.livedoor.jp/dankogai/

ータスラインについておさらいしておきましょう。

　レスポンスメッセージの1行目にあるステータスラインは、プロトコルバージョン、ステータスコード、テキストフレーズから成ります。このうち最も重要なのが、本章のテーマであるステータスコードです。

```
HTTP/1.1 200 OK
Content-Type: application/xhtml+xml; charset=utf-8

<html xmlns="http://www.w3.org/1999/xhtml">...</html>
```

　この例では「200」がステータスコードです。200はクライアントのリクエストが正常終了したことを示します。テキストフレーズにはステータスコードに対応した説明句が入りますが、これは人間用のため、仕様で例示している以外のフレーズも入れられます。

8.3 ステータスコードの分類と意味

　HTTP 1.1のステータスコードはRFC 2616の6.1.1節で定義されています。この定義には、ステータスコードは3桁の数字であり、先頭の数字によって次の5つに分類すると書かれています。

- 1xx：処理中
  処理が継続していることを示す。クライアントはそのままリクエストを継続するか、サーバの指示に従ってプロトコルをアップデートして再送信する
- 2xx：成功
  リクエストが成功したことを示す
- 3xx：リダイレクト
  ほかのリソースへのリダイレクトを示す。クライアントはこのステータスコードを受け取ったとき、レスポンスメッセージのLocationヘッダを見て新しいリソースへ接続する
- 4xx：クライアントエラー
  クライアントエラーを示す。原因はクライアントのリクエストにある。エラーを解消しない限り正常な結果が得られないので、同じリクエストをそのまま再送信することはできない

- **5xx：サーバエラー**
  サーバエラーを示す。原因はサーバ側にある。サーバ側の原因が解決すれば、同一のリクエストを再送信して正常な結果が得られる可能性がある

ステータスコードをこのように先頭の数字で分類することで、クライアントはとりあえず先頭の数字を見ればサーバがどのようなレスポンスを返したのかを理解でき、クライアント側でどのように処理するべきかの大枠を知ることができます。

ステータスコードを先頭の数字で分類するのは、クライアントとサーバの約束事を最小限に抑えて、クライアントとサーバの結び付きをなるべく緩やかにする、すなわち疎結合にするための工夫です。一般的に、システムが疎結合になると、コンポーネント間の独立性が高まり、コンポーネントの置き換えや拡張が容易になる、と言われています。HTTPで言えば、コンポーネントとはサーバとクライアントのことです。つまり、サーバのバージョンアップやクライアントの置き換えが行いやすい、ということです。

また、ステータスコードがあとから追加されてクライアントにとって未知のステータスコードが来ても、先頭数字の約束が守られていれば、クライアントは最低限の処理ができます。たとえば、HTTP 1.1は4xx系のエラーコードを400〜417まで定義していますが、のちにジョークRFCであるRFC 2324が418 I'm a teapotというステータスコードを追加しました[注2]。この418に対応した処理を実装しているクライアントはほとんどないと思いますが、もしサーバが418を返してもクライアントはエラーにできます。なぜなら、未知のステータスコードが来た場合は400と同じ扱いをするよう仕様で定められているからです。

注2　RFC 2324は「ハイパーテキストコーヒーポット制御プロトコル」(*Hyper Text Coffee Pot Control Protocol*) という、コーヒーポットを操作するプロトコルです。コーヒーポットではなくやかん(teapot)にリクエストを送ったときのステータスコードとして、418 I'm a teapotを定義しています。

8.4 よく使われるステータスコード

ここでは、最も使われているステータスコードを9個解説します。これらのステータスコードは頻出するので、数字とその意味が暗唱できるくらいでもよいでしょう。

ステータスコードの一覧はIANAが管理しています[注3]。定義済みのすべてのステータスコードは付録Aで紹介します。

200 OK —— リクエスト成功

200 OKはリクエストが成功したことを示します。

GETの場合はボディにリソースの表現が入ります。

リクエスト
```
GET /test HTTP/1.1
Host: example.jp
```

レスポンス
```
HTTP/1.1 200 OK
Content-Type: text/plain; charset=utf-8

Hello, World!
```

PUTやPOSTの場合はボディに処理結果が入ります。

リクエスト
```
PUT /test HTTP/1.1
Host: example.jp
Content-Type: text/plain; charset=utf-8

こんにちは！
```

レスポンス
```
HTTP/1.1 200 OK
```

注3 http://www.iana.org/assignments/http-status-codes

```
Content-Type: text/plain; charset=utf-8

こんにちは！
```

201 Created ── リソースの作成成功

`201 Created`はリソースを新たに作成したことを示します。POSTとPUTのレスポンスとして返ります。レスポンスボディには慣習的に新しく作成したリソースの表現を入れることが多いですが、特に何も入れなくてもかまいません。

POSTの場合、新しく作成したリソースのURIはレスポンスのLocationヘッダに絶対URIとして入ります。

リクエスト
```
POST /list HTTP/1.1
Host: example.jp
Content-Type: text/plain; charset=utf-8

こんにちは！
```

レスポンス
```
HTTP/1.1 201 Created
Location: http://example.jp/list/item1
Content-Type: text/plain; charset=utf-8

こんにちは！
```

PUTの場合はクライアントが新しいリソースのURIを知っているためLocationヘッダは入りません。

リクエスト
```
PUT /newitem HTTP/1.1
Host: example.jp
Content-Type: text/plain; charset=utf-8

こんにちは！
```

> **レスポンス**
> ```
> HTTP/1.1 201 Created
> Content-Type: text/plain; charset=utf-8
>
> こんにちは！
> ```

301 Moved Permanently —— リソースの恒久的な移動

301 Moved Permanentlyは、リクエストで指定したリソースが新しいURIに移動したことを示します。古いURIを保ちつつ、新しいURIに移行する際にこのステータスコードを用います。新しいURIはレスポンスのLocationヘッダに絶対URIとして入ります。

以下はAtomフィードが新しいURIに移動した場合の例です。

> **リクエスト**
> ```
> GET /oldfeed HTTP/1.1
> Host: example.jp
> ```

> **レスポンス**
> ```
> HTTP/1.1 301 Moved Permanently
> Location: http://example.jp/newfeed
> Content-Type: application/xhtml+xml; charset=utf-8
>
> <html xmlns="http://www.w3.org/1999/xhtml">
>   <head><title>redirect</title></head>
>   <body>
>     <p>このフィードは<a href="http://example.jp/newfeed"
>       >新しいURI</a>に移動しました。<</p>
>   </body>
> </html>
> ```

> **リクエスト**
> ```
> GET /newfeed HTTP/1.1
> Host: example.jp
> ```

> **レスポンス**
> ```
> HTTP/1.1 200 OK
> Content-Type: application/atom+xml; charset=utf-8
> ```

```
<feed xmlns="http://www.w3.org/2005/Atom">
  ...
</feed>
```

この301や次の303のように、別のURIにクライアントが自動的に再接続する処理を「リダイレクト」と呼びます。

303 See Other ── 別URIの参照

303 See Otherは、リクエストに対する処理結果が別のURIで取得できることを示します。典型的にはブラウザからPOSTでリソースを操作した結果をGETで取得するときに使います。

リクエスト
```
POST /login HTTP/1.1
Host: example.jp
Content-Type: application/x-www-form-urlencoded

username=yohei&password=foobar
```

レスポンス
```
HTTP/1.1 303 See Other
Location: http://example.jp/home/yohei
Content-Type: application/xhtml+xml; charset=utf-8

<html xmlns="http://www.w3.org/1999/xhtml">
  <head><title>redirect</title></head>
  <body>
    <p><a href="http://example.jp/home/yohei"
      >結果</a>を確認してください。</p>
  </body>
</html>
```

リクエスト
```
GET /home/yohei HTTP/1.1
Host: example.jp
```

レスポンス

```
HTTP/1.1 200 OK
Content-Type: application/xhtml+xml; charset=utf-8

<html xmlns="http://www.w3.org/1999/xhtml">
  ...
</html>
```

400 Bad Request —— リクエストの間違い

400 Bad Requestは、リクエストの構文やパラメータが間違っていたことを示します。

以下は、ユーザ情報をPUTで変更しようとした際に、設定したパスワードが単純過ぎるというエラーが発生している例です。

リクエスト

```
PUT /user/yohei HTTP/1.1
Content-Type: application/json

{
  "name": "YAMAMOTO Yohei",
  "password": "foobar"
}
```

レスポンス

```
HTTP/1.1 400 Bad Request
Content-Type: application/json

{
  "message": "パスワードが単純過ぎます。数字や記号を入れてください。"
}
```

400 Bad Requestは、ほかに適切なクライアントエラーを示すステータスコードがない場合にも用います。

また、クライアントにとって未知の4xx系ステータスコードが返ってきた場合、400 Bad Requestと同じ扱いで処理するよう仕様で定められています。

401 Unauthorized ── アクセス権不正

401 Unauthorizedは、適切な認証情報を与えずにリクエストを行ったことを示します。レスポンスのWWW-Authenticateヘッダで、クライアントに対して認証方式を伝えます[注4]。

リクエスト
```
DELETE /test HTTP/1.1
Host: example.jp
```

レスポンス
```
HTTP/1.1 401 Unauthorized
WWW-Authenticate: Basic realm="Example.jp"
```

404 Not Found ── リソースの不在

404 Not Foundは、指定したリソースが見つからないことを示します。レスポンスボディにはその理由が入ります。

リクエスト
```
GET /tset HTTP/1.1
Host: example.jp
```

レスポンス
```
HTTP/1.1 404 Not Found
Content-Type: text/plain; charset=utf-8

http://example.jp/tsetは見つかりませんでした。
```

500 Internal Server Error ── サーバ内部エラー

500 Internal Server Errorは、サーバ側に何らかの異常が生じていて、正しいレスポンスが返せないことを示します。レスポンスボディには異常

注4　HTTP認証について詳しくは次章で説明します。

の理由が入ります。

> リクエスト

```
GET /foo HTTP/1.1
Host: example.jp
```

> レスポンス

```
HTTP/1.1 500 Internal Server Error
Content-Type: text/plain; charset=utf-8

サーバに異常が起きています。しばらく経ってから再度アクセスしてください。
```

500 Internal Server Errorは、ほかに適切なサーバエラーを示すステータスコードがない場合にも用います。

また、クライアントにとって未知の5xx系ステータスコードが返ってきた場合、500 Internal Server Errorと同じ扱いで処理するよう仕様で定められています。

503 Service Unavailable ── サービス停止

503 Service Unavailableは、サーバがメンテナンスなどで一時的にアクセスできないことを示します。レスポンスボディにはその理由が入ります。レスポンスのRetry-Afterヘッダでサービス再開時期がおよそ何秒後であるかを通知することもできます。

> リクエスト

```
GET /foo HTTP/1.1
Host: example.jp
```

> レスポンス

```
HTTP/1.1 503 Service Unavailable
Content-Type: text/plain; charset=utf-8
Retry-After: 3600

ただいまメンテナンス中です。しばらく経ってから再度アクセスしてください。
```

8.5 ステータスコードとエラー処理

4xx系と5xx系のステータスコードはどちらもエラーを表現します。エラーコード（ステータスコード）はHTTP仕様が規定していますが、ボディにどんなエラーメッセージを入れるかは規定していません。

通常のWebサービスでは、たとえば404 Not Foundであれば「ご指定のページは見つかりませんでした」というメッセージ入りのHTMLをボディに加えることが一般的です。

リクエスト
```
GET /foo HTTP/1.1
Host: example.jp
```

レスポンス
```
HTTP/1.1 404 Not Found
Content-Type: application/xhtml+xml; charset=utf-8

<html xmlns="http://www.w3.org/1999/xhtml">
  <head><title>エラー</title></head>
  <body>ご指定のページは見つかりませんでした。</body>
</html>
```

人間用のWebサービスの場合はエラーメッセージがHTMLで何の問題もないのですが、プログラム用のWeb APIの場合は注意が必要です。そのクライアントがHTMLを解釈できるとは限らないからです。Web APIの場合は、クライアントが解釈できる形式でエラーメッセージを返してあげると親切です。

プロトコルに従ったフォーマットでエラーを返す

たとえば第13章で解説するAtomPubを利用したWeb APIの場合、エラーメッセージはAtomで返すのが一つの方法です。AtomPubクライアントはAtom形式なら解釈できます。

以下は、新しいブログ記事をAtomPubで投稿しようとしたら、サーバ側

でエラーが起きたときの例です。

リクエスト
```
POST /blog HTTP/1.1
Host: example.jp
Content-Type: application/atom+xml

<entry xmlns="http://www.w3.org/2005/Atom">
  <id>tag:example.jp,2010:blog:1</id>
  <title>テスト投稿</title>
  <author><name>yohei</name><author>
</entry>
```

レスポンス
```
HTTP/1.1 500 Internal Server Error
Content-Type: application/atom+xml

<entry xmlns="http://www.w3.org/2005/Atom">
  <id>tag:example.jp,2010-07-01:error:123</id>
  <title>サーバで障害が発生しています</title>
  <author><name>blog system</name><author>
  <content>サーバで障害が発生しているため処理できません。</content>
</entry>
```

Acceptヘッダに応じたフォーマットでエラーを返す

クライアントがAcceptヘッダ[注5]を送信している場合は、それを利用してエラー情報の表現を動的に変更できます。たとえば、

```
Accept: application/xhtml+xml;q=0.9,text/plain;q=0.3
```

ならHTML形式で返し、

```
Accept: application/atom+xml;q=0.9,text/plain;q=0.5
```

ならAtom形式で返します。

注5　Acceptヘッダについて詳しくは次章で解説します。

8.6 ステータスコードの誤用

WebサービスでもWeb APIでも、HTTPのステータスコードを正しく使うことは最低限のマナーです。しかし、一部のWebサービスやWeb APIでは、エラーを200 OKで返すことがあります。

次のWeb APIの例を見てください。

リクエスト
```
GET /test HTTP/1.1
Host: api.example.jp
```

レスポンス
```
HTTP/1.1 200 OK
Content-Type: application/xml

<error>
  <code>1001</code>
  <message>file not found</message>
</error>
```

ファイルが見つからないというエラーを、200 OKとこのWeb API固有のXML形式で返しています。このXML形式を知らないクライアント(たとえば通常のブラウザ)は、200を信じて正常結果としてボディを表示するでしょう。このエラーをWeb API側の意図通りに処理するためには専用のクライアントを実装しなければならず、いろいろなクライアントで利用できるというWeb APIの特徴を損なってしまっています。

Webサービスの場合も404 Not Foundで返すべき情報を200 OKで返すと、検索エンジンのロボットが正式なリソースであると勘違いし、インデックス処理が行われてしまうなどの問題が生じる可能性があります。

8.7 ステータスコードを意識して設計する

本章ではステータスコードについて概念から利用法までを解説しました。

ステータスコードは大きく5種類に分類でき、それぞれに意味があります。

付録Aを見るとわかりますが、ステータスコードの中でも4xx系はほかと比べて多様です。これはさまざまな種類のクライアントエラーが存在することを意味します。

ステータスコードは仕様で固定されているので、自分で自由に増やすわけにはいきません。大切なのはステータスコードを正しく使うことです。開発しているWebサービスやWeb APIでエラーが起きたときにどのステータスコードを返すかは、とても重要な設計の検討事項です。

> Column
> ## ステータスコードの実装
>
> ステータスコードの具体的な実装方法は、Webサーバやフレームワークによって異なります。ここではApache、サーブレット、Ruby on Railsのそれぞれで、どのようにステータスコードを決定するかを簡単に紹介します。
>
> ### Apacheの場合
> Apacheで静的なファイルを配信する場合、配信するファイルの条件によって自動でステータスコードが決定します。たとえばリクエストしたファイルが存在しなければ404 Not Foundが返りますし、そのファイルにアクセスするのに認証が必要であれば401 Unauthorizedが返ります。
> また、mod_rewriteモジュールを使えば、任意のステータスコードを返すように設定できます。
>
> ### サーブレットの場合
> サーブレットでWebサービスやWeb APIを実装する場合は、HttpServletResponseクラスのsetStatus()メソッドやsetError()メソッドを使ってステータスコードを数値で設定します。ただし、数値をハードコーディングするとソースコードがわかりづらくなります。各ステータスコードはHttpServletResponseの定数フィールドとしてSC_OK(200)やSC_NOT_FOUND(404)のように定義されていますので、これらを使うほうがよいでしょう。
>
> ### Ruby on Railsの場合
> Ruby on RailsでWebサービスやWeb APIを実装する場合は、コントローラでrenderメソッドを使って結果をレンダリングする際に、引数としてステータスコードの数値を渡します。各ステータスコードは:ok(200)や:not_found(404)のようなシンボルで参照できます。

第9章 HTTPヘッダ

本章ではHTTP 1.1（RFC 2616）とその周辺仕様で定められているヘッダを、値の種類と用途に応じて解説します。また、ヘッダで実現できるHTTPの機能についても解説します。

9.1 HTTPヘッダの重要性

ヘッダは、メッセージのボディに対する付加的な情報、いわゆるメタデータを表現します。クライアントやサーバはヘッダを見てメッセージに対する挙動を決定します。メディアタイプや言語タグなど、フレームワークではなく実装者が具体的に設定しなければならないヘッダも多くあります。

また、リソースへのアクセス権を設定する認証や、クライアントとサーバの通信回数と量を減らすキャッシュなどのHTTPの機能はヘッダで実現します。認証やキャッシュなどの機能は、ヘッダをメソッドやステータスコードと組み合わせて初めて実現できます。メソッドやステータスコードについては適宜、第7章や第8章を参照してください。

このようにヘッダは、メソッドやステータスコードと並んでHTTPの重要な構成要素です。

9.2 HTTPヘッダの生い立ち

第6章で触れたように、HTTPの最初のバージョン0.9にはヘッダがあり

ませんでした。HTTPの仕様策定が進められるに従って、HTTPで転送する本文のメタデータを表現するために電子メールのメッセージ仕様（RFC 822）のヘッダ形式を借りてくる形で追加されました。このため、HTTPヘッダには電子メールのメッセージヘッダと共通する部分があります。

たとえば次のメールを見てください。

```
Message-Id: <20100722.094053.249861053.yohei@src.ricoh.co.jp>
Mime-Version: 1.0
Content-Type: Text/Plain; charset=us-ascii
Content-Transfer-Encoding: 7bit
Content-Length: 14
Subject: test
From: YAMAMOTO Yohei <yohei@src.ricoh.co.jp>
To: yoheiy@gmail.com
Date: Tue, 22 Jul 2010 09:40:53 +0900 (JST)

Hello, World.
```

Message-IdヘッダやSubjectヘッダはメールでしか利用しませんが、Content-TypeヘッダやDateヘッダはHTTPでも利用します[注1]。

このようにHTTPヘッダの詳細を学ぶためには、電子メールメッセージの仕様（通称「RFC 822メッセージ」）を知る必要があります。HTTPの仕様を知りたいのに電子メールの仕様まで知らなければならないのは初学者の敷居を上げていますが、メールやHTTPがインターネットの成長と共に規定されてきた歴史を考えればしかたのないことです。

RFC 822メッセージはシンプルなヘッダ・ボディ形式のフォーマットで利点も多いのですが、歴史的経緯からくる制約やバッドノウハウがいくつも存在します。その多くはヘッダに7bit ASCIIコード以外の文字を入れられないことに起因します。HTTPヘッダにも文字エンコーディングの制限があり、ラテンアルファベットのための文字エンコーディングであるISO（*International Organization for Standardization*、国際標準化機構）8859-1以外の文字が入れられません。したがって電子メールと同様のバッドノウハウがHTTPにも存在します。

注1 ただし、HTTPでは電子メールと共通の名前のヘッダであっても、その意味は独自に再定義しています。

電子メールプロトコルとHTTPには違いもあります。最も大きな違いは、メールプロトコルが一方向にしかメッセージをやりとりしないのに対し、HTTPは一度の通信でリクエスト／レスポンスの2つのメッセージをやりとりする点です[注2]。このため、HTTPでは電子メールにはない、さまざまなヘッダを追加しています。

以降では主なHTTPヘッダを順に見ていきます。付録Bで、HTTP 1.1が定義するすべてのヘッダと、HTTP 1.1の拡張が定義するヘッダのうちよく使われているものを解説します。

9.3 日時

まずは値に日時を持つヘッダです。DateやExpiresが相当します(表9.1)。

HTTPでは電子メールに合わせた日時のフォーマットを利用します。Dateヘッダの例を見てみましょう[注3]。

```
Date: Tue, 06 Jul 2010 03:21:05 GMT
```

これはグリニッジ標準時(Greenwich Mean Time, GMT)2010年7月6日3時21分5秒を表現しています。日本時間(Japan Standard Time, JST)に換算する

表9.1　日時を持つヘッダ

利用するメッセージ	ヘッダ	意味
リクエストとレスポンス	Date	メッセージを生成した日時
リクエスト	If-Modified-Since	条件付きGETでリソースの更新日時を指定するときに利用する
	If-Unmodified-Since	条件付きPUTや条件付きDELETEでリソースの更新日時を指定するときに利用する
レスポンス	Expires	レスポンスをキャッシュできる期限
	Last-Modified	リソースを最後に更新した日時
	Retry-After	再度リクエストを送信できるようになる日時の目安

注2　メールプロトコルのようなメッセージのやりとりを「一方向」(One-Way)と呼び、リクエスト／レスポンスと区別します。
注3　この日時フォーマットはRFC 822の改訂版であるRFC 1123が規定しています。

には9時間を足すので、2010年7月6日12時21分5秒になります。メールのヘッダはタイムゾーン付きの書式を許可していますが、HTTPでは日時はすべてGMTで記述することになっています。これにより、サマータイムなどの複雑な問題を回避できます。

9.4 MIMEメディアタイプ

　メッセージでやりとりするリソースの表現の種類を指定するのがMIMEメディアタイプです。Multipurpose Internet Mail Extensionsという名前が示すとおり、これもまた電子メールから拝借してきた仕様です。オリジナルのMIMEは複数のメールヘッダを定義する仕様ですが、HTTPではそのうちのContent-Typeヘッダなどいくつかを利用します。

　MIMEメディアタイプは単に「メディアタイプ」と略記することもあります。本書の以降では、この略記を用います。

Content-Type —— メディアタイプを指定する

　Content-Typeヘッダは、そのメッセージのボディの内容がどのような種類なのかをメディアタイプで示します。

　XHTML(*Extensible Hypertext Markup Language*)を表すメディアタイプを見てみましょう。

```
Content-Type: application/xhtml+xml; charset=utf-8
```

　application/xhtml+xmlがメディアタイプです。「/」の左側を「タイプ」(*Type*)と呼び、右側を「サブタイプ」(*Subtype*)と呼びます。この例ではapplicationがタイプ、xhtml+xmlがサブタイプです。

　タイプは勝手に増やすことはできません。現状ではRFC 2045(メッセージフォーマット)およびRFC 2046(メディアタイプ)で、**表9.2**の9つを定義しています。

　サブタイプは比較的自由に増やせます。IANAのWebサイトから所定の

表9.2 タイプ

タイプ	意味	例
text	人が読んで直接理解できるテキスト	text/plain
image	画像データ	image/jpeg
audio	音声データ	audio/mpeg
video	映像データ	video/mp4
application	そのほかのデータ	application/pdf
multipart	複数のデータからなる複合データ	multipart/related
message	電子メールメッセージ	message/rfc822
model	複数次元で構成するモデルデータ	model/vrml
example	例示用	example/foo-bar

フォーム[注4]で登録できますし、「x-」を接頭辞(*Prefix*)に付けることで独自のサブタイプも作れます。主なサブタイプを表9.3に示します。

先の例では、サブタイプに「+xml」という接尾辞(*Suffix*)が付いています。この接尾辞はXMLのメディアタイプを規定したRFC 3023が定義しており、XHTMLやSVGのようなXMLのメディアタイプには必ず「+xml」を付け、それがXMLであることが判断できるようになっています。

登録済みのタイプとサブタイプの一覧はIANAが管理しています[注5]。独自のメディアタイプを発明する前に、自分のWebサービスで必要なメディアタイプが登録されていないかを一度確認することをお勧めします。

charsetパラメータ —— 文字エンコーディングを指定する

メディアタイプはcharsetパラメータを持てます。先のXHTMLの例ではcharset=utf-8として、このXHTML文書をUTF-8でエンコードしていることを示しています。

ここからはややこしいcharsetパラメータの説明で、バッドノウハウのかたまりです。

charsetパラメータは省略可能なのですが、タイプがtextの場合は注意が必要です。HTTPでは、textタイプのデフォルト文字エンコーディングは

[注4] http://www.iana.org/cgi-bin/mediatypes.pl
[注5] http://www.iana.org/assignments/media-types/

表9.3 主なサブタイプ

タイプ/サブタイプ	意味
text/plain	プレーンテキスト
text/csv	CSV形式のテキスト
text/css	CSS形式のスタイルシート
text/html	HTML文書
text/xml	XML文書（非推奨）
image/jpeg	JPEG画像
image/gif	GIF画像
image/png	PNG画像
application/xml	XML文書
application/xhtml+xml	XHTML文書
application/atom+xml	Atom文書
application/atomsvc+xml	Atomのサービス文書
application/atomcat+xml	Atomのカテゴリ文書
application/javascript	JavaScript
application/json	JSON文書
application/msword	Word文書
application/vnd.ms-excel	Excel文書
application/vnd.ms-powerpoint	PowerPoint文書
application/pdf	PDF文書
application/zip	ZIPファイル
application/x-shockwave-flash	Flashオブジェクト
application/x-www-form-urlencoded	HTMLフォーム形式

ISO 8859-1だと定義しています。そのため次のメッセージは、日本語文字列が入っているにもかかわらずクライアントはISO 8859-1として解釈しようとするため、文字化けを引き起こす可能性があります[注6]。

日本語テキストにもかかわらず、ISO 8859-1が適用されてしまう例

```
HTTP/1.1 200 OK
Content-Type: text/plain

日本語文字列
```

注6　実際のブラウザ実装では、charsetパラメータを信用せずに文字エンコーディングを独自に識別しようとする場合もあります。

さらにややこしいのは、XMLのように文書本体で文字エンコーディングを宣言できる場合でも、textタイプの場合はContent-Typeヘッダのcharsetパラメータを優先しなければならないことです。次の例は、XMLではUTF-8を宣言していますが、ヘッダではcharsetパラメータを省略しているため、textタイプのデフォルト文字エンコーディングであるISO 8859-1と解釈してしまいます。

XML宣言の文字エンコーディング指定を無視する例
```
HTTP/1.1 200 OK
Content-Type: text/xml

<?xml version="1.0" encoding="utf 8"?>
<test>日本語文字列</test>
```

この問題は、textタイプの場合は必ずcharsetパラメータを付けるようにすれば解決できます。また、XML文書の場合はtext/xmlを使わずにapplication/xmlやapplication/xhtml+xmlのようなメディアタイプを利用し、かつ必ずcharsetパラメータを付けるのが現時点では最も望ましい運用です。

正しく文字エンコーディングを指定した例
```
HTTP/1.1 200 OK
Content-Type: application/xml; charset=utf-8

<?xml version="1.0" encoding="utf-8"?>
<test>日本語文字列</test>
```

9.5 言語タグ

charsetパラメータは文字エンコーディング方式を指定するものでしたが、リソース表現の自然言語を指定するヘッダも存在します。それがContent-Languageヘッダです。

Content-Languageヘッダの値は「言語タグ」(*Language Tag*)と呼ばれる文字列です。これはRFC 4646(言語タグ)とRFC 4647(言語タグの比較方法)が定義しています。例を見てみましょう。

```
Content-Language: ja-JP
```

言語タグの「-」の左側にはISO 639[注7]が定義する言語コードが入ります。たとえば日本語ならば「ja」、英語ならば「en」です。「-」の右側にはISO 3166[注8]が定義する地域コードが入ります。たとえば日本ならば「JP」、アメリカならば「US」、イギリスならば「GB」です。

9.6 コンテントネゴシエーション

前節までで解説したメディアタイプや文字エンコーディング、言語タグは、サーバが一方的に決定するだけではなく、クライアントと交渉(ネゴシエーション)して決めることもできます。この手法を「コンテントネゴシエーション」(Content Negotiation)と呼びます。

Accept —— 処理できるメディアタイプを伝える

クライアントが自分の処理できるメディアタイプをサーバに伝える場合は、Acceptヘッダを利用します。次の例を見てください。

```
Accept: text/html,application/xhtml+xml,application/xml;q=0.9,*/*;q=0.8
```

q=というパラメータの値を「qvalue」と呼び、そのメディアタイプの優先順位を示します。qvalueは小数点以下三桁以内の0〜1までの数値で、数値が大きいほうを優先します。この例の場合、text/html、application/xhtml+xmlがデフォルトの1、application/xmlが0.9、それ以外のすべてのメディアタイプ(*/*)が0.8という優先度です。

クライアントがAcceptヘッダで指定したメディアタイプにサーバが対応

注7 言語の略号を規定した国際規格です。2文字の略号(例:ja)と3文字の略号(例:jpn)がありますが、通常は2文字の略号を用います。

注8 国や地域の略号を規定した国際規格です。ISO 639と同様に、2文字の略号(例:JP)と3文字の略号(例:JPN)がありますが、通常は2文字の略号を用います。

していなかった場合は、406 Not Acceptableが返ります。次に示すのは、クライアントがXML形式またはWord形式の表現を指定し、サーバがそれに応えられない場合の例です。

リクエスト
```
GET /test HTTP/1.1
Host: example.jp
Accept: application/xml,application/msword;q=0.9
```

レスポンス
```
HTTP/1.1 406 Not Acceptable
```

Accept-Charset ── 処理できる文字エンコーディングを伝える

クライアントが自分の処理できる文字エンコーディングをサーバに伝える場合は、Accept-Charsetヘッダを利用します。次の例を見てください。

```
Accept-Charset: Shift_JIS,utf-8;q=0.7,*;q=0.7
```

この例ではShift_JISと、Accept-Charsetヘッダのデフォルト文字エンコーディングISO 8859-1がqvalueのデフォルト値である優先度1になりますが、より具体的なShift_JISを優先します。これらに続いて、UTF-8およびそれ以外のすべてのエンコーディング方式が0.7の優先度となります。

Accept-Language ── 処理できる言語を伝える

クライアントが自分の処理できる言語タグをサーバに伝える場合は、Accept-Languageヘッダを利用します。次の例を見てください。

```
Accept-Language: ja,en-us;q=0.7,en;q=0.3
```

この例では日本語(ja)がデフォルトの1、アメリカ英語(en-us)が0.7、地域を特に指定しない英語(en)が0.3という優先度です。

9.7
Content-Lengthとチャンク転送

Content-Length ── ボディの長さを指定する

　メッセージがボディを持っている場合、基本的にはContent-Lengthヘッダを利用して、そのサイズを10進数のバイトで示します[注9]。静的なファイルなど、あらかじめサイズのわかっているリソースを転送する場合はContent-Lengthヘッダを利用するのが簡単です。

```
Content-Length: 5538
```

チャンク転送 ── ボディを分割して転送する

　しかし、動的に画像を生成するようなWebサービスの場合、ファイルサイズが決まるまでレスポンスを返せないのでは応答性能が低下してしまいます。このときに使うのがTransfer-Encodingヘッダです。

```
Transfer-Encoding: chunked
```

　Transfer-Encodingヘッダにchunkedを指定する[注10]と、最終的なサイズがわからないボディを少しずつ転送できるようになります。

　次の例では「The brown fox jumps quickly over the lazy dog.」という46バイトの文字列を、16バイトのチャンク(*Chunk*)[注11]2つと14バイトのチャンク1つに分割してPOSTしています。

```
POST /test HTTP/1.1
Host: example.jp
Transfer-Encoding: chunked
Content-Type: text/plain; charset=utf-8
```

注9　本書の例では簡単のためにContent-Lengthヘッダを省略しています。
注10　HTTP 1.1でTransfer-Encodingヘッダの値として公式に定義しているのはchunkedのみです。
注11　チャンクとは、ここではデータの一部のかたまりのことを指します。

```
10
The brown fox ju

10
mps quickly over

e
 the lazy dog.

0
```
ここにも空行

　各チャンクの先頭にはチャンクサイズが16進数で入ります。上の例ではチャンクサイズとして、16バイトを表現する16進数である「10」と、14バイトを表現する16進数である「e」が登場します。チャンクの区切りには空行が入り、最後には必ず長さ0のチャンクと空行を付けるように仕様で規定しています。

　HTTP 1.1の仕様では、すべてのHTTP 1.1実装はチャンクエンコーディングを受信できなければならないと規定しています。

9.8 認証

　現在主流のHTTP認証方式には、HTTP 1.1が規定しているBasic認証とDigest認証があります。また、Web APIではWSSE（*WS-Security Extension*）というHTTP認証の拡張仕様を利用する場合もあります。

　あるリソースにアクセス制御がかかっている場合、ステータスコード401 Unauthorized（このリソースのアクセスには適切な認証が必要）とWWW-Authenticateヘッダを利用して、クライアントにリソースへのアクセスに必要な認証情報を通知できます。

リクエスト
```
DELETE /test HTTP/1.1
Host: example.jp
```

レスポンス
```
HTTP/1.1 401 Unauthorized
WWW-Authenticate: Basic realm="Example.jp"
```

　WWW-Authenticateヘッダによりクライアントはサーバが提供する認証方式を理解でき、その方式に従った形で認証情報を送れます。上の例ではこのサーバはBasic認証をサポートしていることがわかります。「realm」(レルム)は、サーバ上でこのリソースが属しているURI空間 (URI Space)の名前になります。

　なお、401 Unauthorizedは認証が失敗したことを示すエラーコードですので、パスワードを間違えた場合など実際に認証できなかった場合にも返ります。

Column

URI空間

　URI空間とは、URI中のあるパス以下のことを指します。たとえば、http://example.jp/fooというURI空間があるとすると、以下のURIはすべてこのURI空間に属します。

- http://example.jp/foo
- http://example.jp/foo/bar
- http://example.jp/foo/bar/baz
- http://example.jp/foo?q=a

　クライアントは、同じURI空間に属するリソースには同じ認証情報を送信できると仮定してよいことになっているので、リクエストを送るたびに毎回401 Unauthorizedが返るのを避けられます。

　WWW-Authenticateヘッダのrealmの値は、このURI空間の名前です。

Basic認証

Basic認証はユーザ名とパスワードによる認証方式です。ユーザ名とパスワードはAuthorizationヘッダに入れてリクエストごとに送信します。先の続きとなる次の例を見てください。

```
DELETE /test HTTP/1.1
Host: example.jp
Authorization: Basic dXNlcjpwYXNzd29yZA==
```

Authorizationヘッダの内容は、認証方式(Basic)に続けて、ユーザ名とパスワードを「:」で連結しBase64エンコード[注12]した文字列になります。

注意しなければならないのは、Base64エンコーディングは簡単にデコード可能だということです。上記の一見暗号のような文字列は、簡単に元の文字列に戻せます(上記の例ではuser:passwordという文字列です)。これはすなわち、ユーザ名とパスワードが平文でネットワーク上を流れていることを意味します。Basic認証を使う場合は、それが許される程度のセキュリティ強度でよいのか、SSL(*Secure Socket Layer*)やTLS(*Transport Layer Security*)を使ってHTTPS(*HTTP over Secure Socket Layer*)通信し通信路上で暗号化するのかを検討しなければなりません。

Digest認証

Digest認証は、Basic認証よりもセキュアな認証方式です。Digest認証のダイジェストとはメッセージダイジェストの略で、あるメッセージに対してハッシュ関数を適用した結果のハッシュ値[注13]のことです。

Digest認証はBasic認証よりも少々複雑な流れで認証を行います。以降ではその流れに沿って解説します。

注12 データを64種類の文字列だけで表現するエンコーディング方式です。ちなみに、日本では「ベースロクヨン」と発音することが多いです。

注13 ハッシュ関数とは、データからそのデータを代表する数値を求める関数のことです。ハッシュ関数を使って得られた数値のことをハッシュ値と呼びます。

> **Column**
>
> ## HTTPS
>
> HTTPSは、HTTPとSSL/TLSを組み合わせた通信の総称です。通信路を暗号化してクライアントとサーバの間でやりとりするデータを保護し、盗聴を防ぐ目的で主に利用します。
>
> 歴史的にはまず1994年にNetscape CommunicationsがSSLを開発しました。その後IETFでSSLの後継であるTLSが策定されました。現在の最新バージョンはSSL 3.0、TLS 1.2です。
>
> SSL/TLSでは、以下の3つの機能を提供しています。
>
> - 暗号化
>   共通鍵暗号に基づく暗号化機能
> - 認証
>   公開鍵証明書に基づく認証機能
> - 改ざん検知
>   ハッシュ用共通鍵に基づく改ざん検知機能
>
> HTTPSで通信する場合のURIはhttpsスキームを使います。HTTPSのデフォルトポート番号は443番です。

▶チャレンジ

Digest認証でも、クライアントはまず認証情報なしでリクエストを送信します。結果として認証が失敗し、`401 Unauthorized`が返ってくるでしょう。

リクエスト
```
DELETE /test HTTP/1.1
Host:example.jp
```

レスポンス
```
HTTP/1.1 401 Unauthorized
WWW-Authenticate: Digest realm="Example.jp", nonce="1ac421d9e0a4k7q982z966p903372922", qop="auth", opaque="92eb5ffee6ae2fec3ad71c777531578f"
```

Basic認証に比べてWWW-Authenticateヘッダの値が複雑になりました。WWW-Authenticateヘッダの値を「チャレンジ」(*Challenge*)と呼びます。ク

ライアントはチャレンジを使って次回のリクエストを組み立てます。

「nonce」は number used once（一度だけ使われる数字）の略で、リクエストごとに変化する文字列です。nonceの値はサーバの実装に依存しますが、基本的にはタイムスタンプやサーバだけが知り得るパスワードから生成します。タイムスタンプが含まれているのは、このnonceを使ったリクエストの有効期間を狭めるためです。nonceは生成するハッシュ値をよりセキュアにする目的で利用します。

「qop」は quality of protection（保証の品質）の略で、「auth」か「auth-init」を指定します。qopの値はクライアントが送信するダイジェストの作成方法に影響を与えます。authの場合はメソッドとURIからダイジェストを作成するのに対し、auth-initの場合はメソッドとURIに加えてメッセージボディも利用します。つまり、POSTやPUTでボディを送信するときは、auth-initを使うとメッセージ全体が改ざんされていないことを保証できます。

「opaque」は、その名のとおりクライアントには不透明な（推測できない）文字列で、同じURI空間へのリクエストでは共通してクライアントからサーバに送ります。

▶ダイジェストの生成と送信

サーバから認証に必要な情報を得たクライアントは、自分のユーザ名とパスワードを使ってダイジェストを生成します。

ダイジェスト生成のアルゴリズムは、次の3段階から成ります。

❶ ユーザ名、realm、パスワードを「:」で連結し、MD5（*Message Digest Algorithm 5*）[注14] ハッシュ値を求める

❷ メソッドとURIのパスを「:」で連結し、MD5ハッシュ値を求める

❸ ❶の値、サーバから得たnonce、クライアントがnonceを送った回数（例:00000001）、クライアントが生成したnonce（cnonce）、qopの値、❷の値を「:」で連結し、MD5ハッシュ値を求める

クライアントは、生成したダイジェスト値をresponseというフィールドに入れて、次のようにリクエストを送信します。

注14　MD5は与えられた入力に対して128ビットのハッシュ値を返すハッシュアルゴリズムです。

```
DELETE /test HTTP/1.1
Host: example.jp
Authorization: Digest username="yohei", realm="Example.jp", nonce="1ac42
1d9e0a4k7q982z966p903372922", uri="/test", qop="auth", nc=00000001, cnon
ce="900150983cd24fb0d6963f7d28e17f72", response="0fde218e18949a550985b3a
034abcbd9", opaque="92eb5ffee6ae2fec3ad71c777531578f"
```

認証が通り削除が成功すると200 OKが返ります。

▶Digest認証の利点と欠点

Basic認証とは違い、Digest認証ではパスワードを盗まれる危険性はありません。またDigest認証ではサーバ上にパスワードのハッシュ値を保管しておけばよいので、パスワードそのものをサーバに預けなくてもよくなります。これはセキュリティリスクを下げる大きな優位点です。

ただし、Digest認証はパスワードを暗号化するだけなので、メッセージ自体は平文でネットワーク上を流れます。メッセージを暗号化したい場合は、Basic認証の場合と同様にHTTPSを利用しましょう。

Basic認証の場合は、同じURI空間のリソースであれば、クライアントは一度認証してしまえば2回目以降は自動的にユーザ名とパスワードを送りました。しかしDigest認証の場合はサーバからのnonceがなければクライアント側でダイジェストを計算できませんから、リクエストのたびに一度401 Unauthorizedレスポンスを得なければなりません。クライアントからしてみると操作が煩雑なため、Digest認証があまり普及していない一因となっているようです。

また、ApacheなどのWebサーバではDigest認証がオプション扱いのため、ホスティングサービスではサポートしていない可能性もあります。その場合は自前で認証プログラムを書けばよいのですが、CGIなどの別プロセスで動作するプログラムの場合は、セキュリティの問題からApacheが認証関係のヘッダを渡してくれないため、Digest認証が利用できません。

WSSE認証

WSSE認証はHTTP 1.1の標準外の認証方式です。AtomPubなどのWeb APIの認証に使われています。

SSLやTLSが利用できないのでBasic認証が使えず、ホスティングサービス上のCGIスクリプトなどでDigest認証も使えない場合に、なんとか生のパスワードをネットワーク上に流さずに認証する機構として草の根で策定されました。ただ、草の根と言っても、ベースとなった認証機構があります。それがWS-SecurityのUsernameTokenという認証方式です。WSSEは「WS-Security Extension」の略です。

WSSE認証でも、クライアントはまず認証情報なしでリクエストを送信し、サーバから401 Unauthorizedレスポンスを受け取ります。

リクエスト
```
DELETE /test HTTP/1.1
Host:example.jp
```

レスポンス
```
HTTP/1.1 401 Unauthorized
WWW-Authenticate: WSSE realm="Example.jp", profile="UsernameToken"
```

profileの値は現時点ではUsernameTokenだけが用意されています。

クライアントは、パスワードと自分で用意したnonceと日時を連結した文字列に対してSHA-1(*Secure Hash Algorithm 1*)^{シャーワン}[注15]ハッシュ値を求め、結果をBase64エンコードします。この値を「パスワードダイジェスト」と呼びます。

クライアントは、Authorizationヘッダに「WSSE」と「profile="UsernameToken"」を指定し、X-WSSE拡張ヘッダにパスワードダイジェストやnonce、日時情報を入れてリクエストを送信します。

注15 ハッシュ関数の一種です。生成するハッシュ値のビット長によってSHA-1、SHA-224、SHA-256などが存在します。

> Column

OpenIDとOAuth

　本文で紹介した認証方式は、基本的にサーバ側でユーザ情報を一元管理していることを前提としています。しかしWebの発展とともに、このような方式では実現できない要望が生じてきました。

　たとえばシングルサインオンです。ここまで紹介してきた認証方式では、Webサービスごとにアカウントを作成しログインすることを繰り返す必要があります。これでは、あっという間にアカウントの数が膨大になり、ユーザ側の負担が増加します。

　また、Webサービスとクライアントの間だけではなく、Webサービス同士でユーザが持っているデータをやりとりさせたい、という要望が出てきました。たとえば写真保管Webサービスで管理しているプライベートな写真のデータを、写真印刷Webサービスに渡したいケースを考えてみましょう。この場合、印刷したいプライベートな写真は自分だけがアクセスできるリソースです。ここまで紹介してきた認証方式では、アクセス制限のかかっているプライベートな写真にはほかのWebサービスはアクセスできません。これらの課題を解決するのがOpenIDとOAuth（オーオース）です。

OpenID────シンプルなシングルサインオン

　OpenIDは、シンプルなシングルサインオンを実現する仕様です。OpenIDを使うと、たとえばYahoo!のアカウントで自作のWebサービスにログインできるようになります。

　OpenIDでは、Yahoo!やmixiのような、そのWebサービスのアカウントをほかのWebサービスにも提供する側のことをIdentity Provider（IdP）と呼び、IdPのアカウントを利用して独自のWebサービスを提供する側のことをService Provider（SP）と呼びます。OpenIDを用いると、ユーザはIdPに持っている自分のアカウントでSPにログインできるようになります。

OAuth────Webサービス間での認可の委譲

　OAuthはWebサービス間でデータをやりとりできるようにするための仕様です。先の例で言えば写真を管理し提供する側をService Provider、写真を受け取って印刷する側をConsumerと呼びます。ユーザがService ProviderからConsumerにデータを渡すことに同意すると、Service ProviderとConsumerはデータをやりとりします。この機能を「認可情報を委譲する機能」と呼びます。

```
DELETE /test HTTP/1.1
Authorization: WSSE profile="UsernameToken"
X-WSSE: UsernameToken Username="test", PasswordDigest="pKKkpKSmpKikqqSrp
K2krw==", Nonce="88akf2947cd33aa", Created="2010-05-10T09:45:22Z"
```

　サーバ側では、データベースなどに保管してあるユーザのパスワードを使ってパスワードダイジェストを再度計算し、その値とクライアントが申告した値とが同じになれば認証を通します。

　WSSE認証は、パスワードそのものをネットワーク上に流さなくてよいうえ、Digest認証ほどの面倒くささもありません。一方で、サーバ側では生のパスワードを保存しておく必要があるなど、Basic認証とDigest認証の中間に位置する認証方式と言えるでしょう。

9.9 キャッシュ

　HTTPの重要な機能の一つにキャッシュがあります。キャッシュとは、サーバから取得したリソースをローカルストレージ(ハードディスクなど)に蓄積し、再利用する手法のことです。ローカルストレージにキャッシュしたデータそのもののこともキャッシュと呼ぶことがあります。クライアントが蓄積したキャッシュは、そのキャッシュが有効な間、クライアントが再度そのリソースにアクセスしようとしたときに再利用します(図9.1)。

図9.1　キャッシュのしくみ

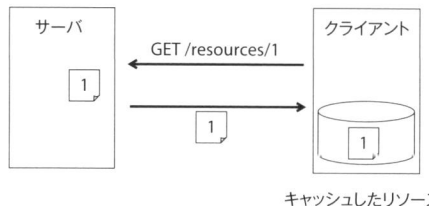

キャッシュしたリソースは再利用できる

キャッシュ用ヘッダ

クライアントはサーバから取得したリソースがキャッシュ可能かどうかを調べ、可能な場合はローカルストレージに蓄積します。あるリソースがキャッシュ可能かどうかは、そのリソースを取得したときのヘッダで判断します。リソースがキャッシュ可能かどうか、その有効期限がいつまでなのかは、Pragma、Expires、Cache-Controlヘッダを用いてサーバが指定します。

▶Pragma ── キャッシュを抑制する

Pragmaヘッダは簡単です。例を見てみましょう。

```
HTTP/1.1 200 OK
Content-Type: application/xhtml+xml; charset=utf-8
Pragma: no-cache

...
```

Pragmaヘッダに指定できる値は、公式にはno-cacheのみです。この値はリソースをキャッシュしてはならないことを示します。クライアントは次回このリソースを取得するときに、必ずサーバに再度アクセスしなければなりません。

▶Expires ── キャッシュの有効期限を示す

Pragmaがキャッシュを抑制するヘッダだったのに対し、Expiresはキャッシュの有効期限を示すヘッダです。

```
HTTP/1.1 200 OK
Content-Type: application/xhtml+xml; charset=utf-8
Expires: Thu, 11 May 2010 16:00:00 GMT

キャッシュ可能なデータ
```

このレスポンスでは、2010年の5月11日16時(GMT)まではキャッシュが新鮮さを保つことをサーバが保証しています。クライアントが次回この

リソースにアクセスするときはキャッシュが有効期限内かどうかによって、サーバに再度アクセスするのか、キャッシュを利用するのかを決定します。

このリソースを変更する可能性がない場合は永久にキャッシュ可能であることを示したくなりますが、そのような場合でもExpiresヘッダには最長で約1年後の日時を入れることを仕様では推奨しています。

▶Cache-Control —— 詳細なキャッシュ方法を指定する

これまでのPragmaヘッダとExpiresヘッダはHTTP 1.0が定義したヘッダです。簡単なキャッシュはこれらで実現できるのですが、複雑な指定はできません。より複雑な指定を可能にするために、HTTP 1.1ではCache-Controlヘッダを追加しました。PragmaヘッダとExpiresヘッダの機能はCache-Controlヘッダで完全に代用できます。

たとえば、

```
Pragma: no-cache
```

は、

```
Cache-Control: no-cache
```

に等しいです。

また、Expiresでは絶対時間で有効期限を示しましたが、Cache-Controlでは現在からの相対時間で有効期限を設定できます。以下の例は86,400秒、すなわち現在から24時間キャッシュが新鮮であることを意味します。

```
Cache-Control: max-age=86400
```

Cache-Controlヘッダにはこのほかにも、さまざまな識別子と値が入ります。これらにより、より細かくキャッシュを制御できます。しかし、複雑なキャッシュコントロールは普及しているとは言えませんので、本書ではより細かい仕様の解説は省きます。

▶キャッシュ用ヘッダの使い分け

このようにキャッシュのための情報を提供するヘッダには、Pragma、

Expires、Cache-Controlの3種類があります。これらは次の方針で使い分けるとよいでしょう。

- キャッシュをさせない場合は、PragmaとCache-Controlのno-cacheを同時に指定する
- キャッシュの有効期限が明確に決まっている場合は、Expiresを指定する
- キャッシュの有効期限を相対的に指定したい場合は、Cache-Controlのmax-ageで相対時間を指定する

条件付きGET

クライアントがExpiresやCache-Controlヘッダを検証した結果、ローカルキャッシュをそのまま再利用できないと判断した場合でも、条件付きGETを送信すればキャッシュを再利用できる可能性があります。条件付きGETは、サーバ側にあるリソースが、クライアントローカルのキャッシュから変更されているかどうかを調べるヒントをリクエストヘッダに含めることで、キャッシュがそのまま使えるかどうかを検証するしくみです。

条件付きGETは、そのリソースがLast-ModifiedヘッダまたはETagヘッダを持っているときに利用できます。

▶ If-Modified-Since ── リソースの更新日時を条件にする

まずはIf-Modified-Sinceヘッダを用いた条件付きGETの例を見てみましょう。

```
GET /test HTTP/1.1
Host: example.jp
If-Modified-Since: Thu, 11 May 2010 16:00:00 GMT
```

このリクエストは、ローカルキャッシュの更新日時が2010年5月11日16時ちょうど(GMT)であることを示しています。サーバ上のリソースがこれ以降変更されていなければ、サーバは次のレスポンスを返します。

```
HTTP/1.1 304 Not Modified
```

```
Content-Type: application/xhtml+xml; charset=utf-8
Last-Modified: Thu, 11 May 2010 16:00:00 GMT
```

304 Not Modifiedは、条件付きGETへのレスポンスで、サーバ上のリソースを変更していないことを知らせるステータスコードです。リソースの更新日時はLast-Modifiedヘッダで確認できます。このレスポンスにはボディが含まれませんので、その分ネットワーク帯域を節約できます。

▶ If-None-Match —— リソースのETagを条件にする

If-Modified-SinceヘッダとLast-Modifiedヘッダによる条件付きGETは便利なのですが、時計を持っていないサーバや、ミリ秒単位で変更される可能性のあるリソースには利用できません。その場合に用いるのがIf-None-MatchヘッダとETag（エンティティタグ）ヘッダです。

```
GET /test2 HTTP/1.1
Host: example.jp
If-None-Match: ab3322028
```

If-None-Matchヘッダは、If-Modified-Sinceヘッダに似ていますが指定する値が異なります。If-Modified-Sinceヘッダは「指定した日時以降に更新されていれば」という条件なのに対し、If-None-Matchヘッダは「指定した値にマッチしなければ」という条件になります。If-None-Matchヘッダに指定する値は、キャッシュしてあるリソースのETagヘッダの値です。

上記の条件付きGETの結果、サーバ上のリソースが更新されていなければ次のレスポンスが返ります。

```
HTTP/1.1 304 Not Modified
Content-Type: application/xhtml+xml; charset=utf-8
ETag: ab3322028
```

ETagはリソースの更新状態を比較するためだけに使う文字列です。リソースを更新したときに別の値になるのであれば、どのような文字列でもかまいません。

▶If-Modified-SinceとIf-None-Matchの使い分け

条件付きGETにおいて、If-Modified-SinceヘッダとIf-None-Matchヘッダはどのように使い分ければよいのでしょうか。

クライアントの立場では、サーバがETagヘッダを出している場合はIf-None-Matchヘッダを利用するほうがよいでしょう。Last-Modifiedヘッダよりも正確な更新の有無が確認できるからです。サーバ側を実装する場合は、キャッシュ可能なリソースにはできるだけETagヘッダを利用しましょう。

ETagヘッダがなくLast-Modifiedヘッダしかわからない場合は、If-Modified-Sinceヘッダを使います。

Column

ETagの計算

ETagを計算する方法はいくつかあります。ここではその方法と注意点について解説します。

静的ファイル

Apacheのデフォルトでは、静的ファイルのETagの値は、inode[a]番号、ファイルサイズ、更新日時から自動で計算してくれます。

ただし、inode番号はたとえ同一内容のファイルであってもファイルシステムが異なれば別の値となるため、サーバを分散させている場合には注意が必要です。その場合はファイルサイズと更新日時からETagの値を計算させるように設定できます。

動的ページ

動的に生成するHTMLページやフィードなどの場合、静的ファイルとは違いApacheなどのWebサーバはETagを自動計算してくれません。したがって、ETagを利用した条件付きGETを実現するためには、HTMLやフィードを生成するWebアプリケーションでETagの値を計算する必要があります。

ETagの値の計算はリソース内容のハッシュを計算する方法が最も簡単ですが、リソース内容をすべて走査しなければならないため、サイズが大きなリソースやデータベースへの複雑なクエリが発生するリソースでは現実的ではありません。このような場合は一般的に、リソースのメタデータ(更新日時、サイズなど)から生成したり、リソースの更新カウンタを用意して、それで代用したりします。

注a　UNIX系のファイルシステムで使われているデータ構造です。

9.10 持続的接続

HTTP 1.1での大きな新機能が持続的接続(*Persistent Connection*)です。

HTTP 1.0では、クライアントがTCPコネクションを確立してリクエストを送信し、サーバがそれにレスポンスを返すたびに、TCPのコネクションを切断していました。TCPのコネクション確立はコストがかかる処理ですので、画像や外部CSSファイルにたくさんリンクしているWebページを表示しようとすると、どうしてももっさりとした動作にならざるをえませんでした。

これを解決するために、クライアントとサーバの間でリクエストのたびに切断するのではなく、まとめて接続し続ける手法が開発されました。HTTP 1.0では、それをKeep-Aliveヘッダで実現します。HTTP 1.1では、この持続的接続がデフォルトの動作となりました。

持続的接続では、クライアントはレスポンスを待たずに同じサーバにリクエストを送信できます。これを「パイプライン化」(*Pipelining*)と呼びます。パイプライン化により、より効率的にメッセージを処理できます。

コネクションを切断したい場合は、リクエストでConnectionヘッダにcloseという値を指定すれば、「このリクエストのレスポンスが返ってきたら切断する」という意図をサーバに伝えられます。

```
GET /test HTTP/1.1
Host: example.jp
Connection: close
```

9.11 そのほかのHTTPヘッダ

ここまで解説したヘッダ以外にも、HTTPの標準ではありませんがよく使われているヘッダがあるので、簡単に解説します。

Content-Disposition —— ファイル名を指定する

Content-Dispositionヘッダは、サーバがクライアントに対してそのリソースのファイル名を提示するために利用するレスポンスヘッダです。例を見てください。

```
Content-Disposition: attachment; filename="rest.txt"
```

filenameパラメータでファイル名を指定しています。この例ではrest.txtというファイル名であることがわかります。

ご多分に漏れず、このヘッダも電子メール仕様から拝借しています。したがって、いろいろな歴史的制約があります。中でも最大の混乱がファイル名の文字エンコーディング方式です。filenameパラメータに日本語文字列を入れたい場合、本来はRFC 2047[注16]/RFC 2231[注17]に従って、SubjectやFromなどのメールヘッダに日本語文字を入れるときに利用するBエンコーディングを使ってファイル名をエンコードすべきです。ただし、一部のブラウザ、特にInternet Explorerがこの方式をサポートしていないため、ブラウザごとにサーバの挙動を変更する実装が必要になります。

次の例は、「あ.txt」という添付ファイルをGmailでダウンロードしたときのブラウザごとの挙動です。

Firefox 3.6の場合
```
Content-Disposition: attachment; filename="=?UTF-8?B?44GCLnR4dA==?="
```

Internet Explorer 8の場合
```
Content-Disposition: attachment; filename="%E3%81%82.txt"
```

GmailではInternet Explorerからアクセスした場合、ファイル名はBエンコーディングではなくUTF-8で%エンコードした文字列になります[注18]。

[注16] MIMEヘッダでの非ASCII文字の扱いを規定した仕様です。
[注17] MIMEヘッダのパラメータの値での非ASCII文字の扱いを規定した仕様です。
[注18] 実装の簡単さは%エンコーディングのほうが上です。さらにRFC 2047/RFC 2231に厳密に従おうとすると、電子メールプロトコルの制限によって、ASCII文字列にエンコードした結果が78文字以上になる長いファイル名を記述しようとした際の扱いが不明確になってきます。

Slug──ファイル名のヒントを指定する

AtomPub（RFC 5023）が追加した拡張HTTPヘッダにSlugがあります。Slugヘッダを利用すれば、クライアントがAtomのエントリをPOSTする際に、新しく生成するリソースのURIのヒントとなる文字列をサーバに提示できます。

```
Slug: %E3%83%86%E3%82%B9%E3%83%88
```

Slugヘッダでは、非ASCII文字列のエンコーディングとしてUTF-8の%エンコーディングを採用しました。上記の例では「テスト」という文字列をエンコードしています。このような仕様になっているのは、MIMEの規定に基づいてメールヘッダが利用しているRFC 2047/RFC 2231に従ってエンコードするよりも、%エンコーディングのほうが簡単に実装できるからです。

9.12 HTTPヘッダを活用するために

本章ではHTTPヘッダについて概念から利用法までを解説しました。ヘッダはメソッドやステータスコードと組み合わせて、認証やキャッシュなどのHTTPの重要な機能を実現します。

電子メールや言語タグ、文字エンコーディングなど、ほかの標準を積極的に活用しているのもHTTPヘッダの特徴です。したがってHTTPヘッダを学ぶためには多様な知識が必要になります。電子メールや文字エンコーディングはWebよりもさらに長い歴史を持っているため、バッドノウハウのかたまりです。HTTPヘッダを上手に使うためには、これらの歴史と実際のサーバやブラウザの実装を調査する能力が必要となります。

第4部
ハイパーメディアフォーマット

Webで通信部分を担当するHTTPとURIは、RESTの統一インタフェース制約により、とてもシンプルに設計されています。HTTPとURIを使ったWebサービスやWeb APIの拡張性は、サーバとクライアントがやりとりするハイパーメディアフォーマットでカバーします。第4部では、WebサービスやWeb APIを設計するときに利用できる主要なハイパーメディアフォーマットについて解説します。

第10章
HTML

第11章
microformats

第12章
Atom

第13章
Atom Publishing Protocol

第14章
JSON

第10章 HTML

HTMLはHTTP、URIとともにWebの誕生時に生まれた、Webにとって基本的な技術の一つです。また、Webの重要な側面であるハイパーメディアを実現しています。HTMLに関しては詳細な解説書が豊富にありますので、本章ではハイパーメディアフォーマットとしてのHTMLを主眼に置いて解説します。

10.1 HTMLとは何か

HTMLはHypertext Markup Languageの略です。マークアップ言語(*Markup Language*)とは、タグ(*Tag*)で文書の構造を表現するコンピュータ言語です。マークアップ言語でマークアップした構造を持った文書のことを「構造化文書」(*Structured Document*)と呼びます。

構造化文書のためのマークアップ言語としてはもともとSGMLがありました。初期のHTMLはBerners-LeeがSGMLをベースに開発しました。HTML 4.01までのバージョンはSGMLがベースです。

しかしSGMLは複雑で処理プログラムが作りづらかったことから、仕様をシンプルにしたXMLが開発されました。HTML 4.01をSGMLベースからXMLベースに変えた仕様がXHTML 1.0です。さらに、XHTML 1.0をモジュール化し拡張可能にした仕様がXHTML 1.1です。

本書の表記はXHTMLに基づきますが、HTMLの基本的な部分だけを扱っているためHTML/XHTMLのバージョンは特に問いません。

HTML5

> Column

HTML5は現在まさに仕様策定中の新しいHTMLです。文書の節を表現する<section>要素や、ナビゲーションブロック[注a]用の<nav>要素などを追加しています。また、JavaScriptアプリケーションのためのAPIが新規に追加され、ローカルストレージの利用やドラッグ＆ドロップなどが可能になる予定です。

アプリケーション用途の拡張を除いてハイパーメディアフォーマットとして見た場合、HTML5はHTML 4.01とさほど変わりがありません。

HTML5はSGML構文とXML構文を用意しています。特にXML構文に限定する場合はXHTML5と呼びます。

注a　Webページの上部や左右に用意されているメニューなどを表現する部分のことです。

Internet ExplorerとXHTML

> Column

XHTML 1.0のメディアタイプにはtext/htmlを用いることもあります。これはInternet Explorerがapplication/xhtml+xmlを正しく扱えず、ファイル保存確認のダイアログを出してしまうためです。

同様の問題はXHTML 1.1でも存在しますが、XHTML 1.1仕様ではtext/htmlは認められていませんので、事実上Internet ExplorerではXHTML 1.1を使えません。

この問題は、User-Agentヘッダを利用してサーバ側でブラウザを区別し、通常のブラウザではapplication/xhtml+xmlを使い、ブラウザがInternet Explorerの場合のみtext/htmlを使うことで解決できます。

本書の例ではInternet Explorer以外の正しいクライアントを前提にapplication/xhtml+xmlを使っています。

XHTMLのメディアタイプについての詳細はhttp://www.w3.org/TR/xhtml-media-types/ を参照してください。

ちなみに現在仕様策定中のHTML5では、このような事態を鑑みて、文書をXMLとして処理するときはapplication/xhtml+xmlを、そうでない場合はtext/htmlを利用するように定義しています。

10.2 メディアタイプ

HTMLのメディアタイプには「text/html」と「application/xhtml+xml」の2種類があります。「text/html」はSGMLベースのHTMLを、「application/xhtml+xml」はXMLベースのXHTMLを示します。

どちらのメディアタイプを使う場合でもcharsetパラメータを付けて文字エンコーディングを指定できます。HTMLの文字エンコーディングは、特別な理由がない限りUTF-8を使うのが無難でしょう。

10.3 拡張子

HTMLには「.html」または「.htm」という拡張子を用います。「.htm」は古いOSの制限によるものなので、現在は「.html」のほうが一般的です。明示的にHTML表現を取得させたい場合は、URIに「.html」を付けるようにリソースを設計するとよいでしょう。

10.4 XMLの基礎知識

HTML/XHTMLの書式を学ぶためには、メタ言語であるXMLの仕様を知らなければなりません。本節ではXMLの基礎知識を整理します。

以下に示すXHTMLを使って解説を進めます。

```
<?xml version="1.0" encoding="utf-8"?>
<html xmlns="http://www.w3.org/1999/xhtml">
  <head><title>初めてのHTML</title></head>
  <body>
    <h1>初めてのHTML</h1>
    <p>HTMLの仕様書は<a href="http://www.w3.org">W3C</a>にあります。</p>
  </body>
</html>
```

XMLの木構造

XML文書は木構造として表現できます。先のXHTML文書を木構造として図示すると図10.1のようになります。

要素

XMLは要素(*Element*)で文書の構造を表現します。要素は開始タグ(*Start Tag*)、内容(*Content*)、終了タグ(*End Tag*)から成ります。タグには要素名が入り、開始タグは<要素名>、終了タグは</要素名>と記述します(図10.2)。

▶要素の木構造

XMLの木構造は要素を入れ子にして表現します。前述の例では<html>要素の中に<head>要素と<body>要素があります。このとき要素同士の相対的階層関係から、<html>要素を<head>要素と<body>要素の「親要素」(*Parent Element*)、<head>要素と<body>要素を<html>要素の「子要素」(*Child Element*)と呼びます。

図10.1 XMLの木構造

```
<html>
 ├─<head>
 │  └─<title>
 │       └─初めてのHTML
 └─<body>
    ├─<h1>
    │   └─初めてのHTML
    └─<p>
       ├─HTMLの仕様書は
       ├─<a>
       │   ├─href="http://www.w3.org"
       │   └─W3C
       └─にあります。
```

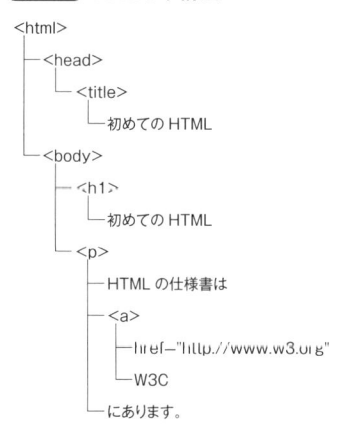

図10.2 XMLの構成要素

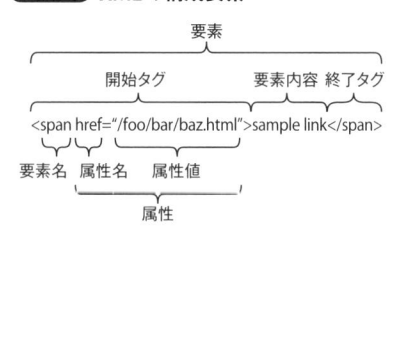

```
              要素
    ┌──────────────────────┐
    開始タグ        要素内容 終了タグ
  <span href="/foo/bar/baz.html">sample link</span>
   ↑    ↑         ↑
  要素名 属性名    属性値
         └────属性────┘
```

▶空要素

要素は内容を持たないこともあります。以下のような内容を持たない要素のことを「空要素」(*Empty Element*) と呼びます。

```
<br></br>
```

空要素は終了タグを省略できます。その場合の書式は以下のように「>」の前に「/」を付けます。

```
<br/>
```

なお、2000年に策定されたXHTML 1.0の仕様では、当時の古いブラウザとの互換性のために「/>」の前に空白を入れる記法を推奨しています。

```
<br />
```

属性

要素は属性(*Attribute*)を複数持つことができます。

属性は属性名と属性値の組で、開始タグの中に属性名="属性値"という形式で記述します。属性名、属性値ともに文字列です。

開始タグは属性を複数持てますが、同じ名前の属性は1つだけしか記述できません。また、属性は入れ子にできません。開始タグの中での属性の順番には意味がありません。

実体参照と文字参照

表10.1の5文字はXMLの文書構造を記述するための特別な文字となる場合があるので、実体参照(*Entity Reference*)という機構を用いて表現します。たとえば「<」という文字は次のように表現します。

```
&lt;
```

表10.1以外の文字をエスケープして表現する方法には文字参照(*Character*

Reference)があります。こちらはUnicode番号で文字を指定します。たとえばコピーライト記号(©)は十進数で169なので、次のように表現します。

```
&#169;
```

文字参照は「x」を付けて16進数でも記述できます。コピーライト記号は16進数でA9なので、次のようにも表現できます。

```
&#xA9;
```

コメント

XML文書中にはコメントを書くことができます。コメントの書式は次のようになります。

```
<!-- コメント内容 -->
```

コメントは「<!--」で始まり「-->」で終わります。コメントの中に「-->」という文字列は挿入できません。

XML宣言

XML文書の先頭にはXML宣言(*XML Declaration*)を書きます。

表10.1　定義済みの実体

文字	実体参照
<	&lt;
>	&gt;
"	&quote;
'	&apos;
&	&amp;

```
<?xml version="1.0" encoding="utf-8"?>
<html xmlns="http://www.w3.org/1999/xhtml">
  ...
</html>
```

　XML宣言では、XMLのバージョンや文字エンコーディング方式を指定します。XMLのバージョンには1.0または1.1がありますが、一般には1.0を使います。文字エンコーディングはXMLの仕様上は何でもよいのですが、Webで利用する際はUTF-8が無難でしょう。

　XML文書をUTF-8またはUTF-16でエンコードしている場合、XML宣言は省略できます。

名前空間

　複数のXMLフォーマットを組み合わせるときに、名前の衝突を防ぐ目的で使うのが名前空間(*Namespace*)です。

▶要素の名前空間

　まずは要素の例から見てみましょう。

```
<html xmlns="http://www.w3.org/1999/xhtml"
      xmlns:atom="http://www.w3.org/2005/Atom">
  <head>
    <link rel="stylesheet" href="base.css"/>
    <atom:link rel="enclosure" href="attachment.mp3"/>
  </head>
  ...
</html>
```

　この例には2つの<link>要素が登場します。一つはXHTMLの<link>要素で、もう一つはAtomの<link>要素です。この2つを区別するために名前空間を使っています。

　<html>要素にxmlnsで始まる属性が2つあることに注目してください。これが名前空間宣言です。

　名前空間宣言はxmlns:接頭辞="名前空間名"という書式で記述します。

接頭辞には任意の文字列が入ります。「:接頭辞」を省略した場合は、接頭辞がないデフォルト名前空間を意味します。名前空間名にはURIが入ります。このURIは各フォーマットの仕様で決められています。

名前空間宣言は名前空間名と接頭辞を結び付ける役割を持ち、接頭辞によって名前の衝突を防ぎます。上記の例では、XHTML（http://www.w3.org/1999/xhtml）は接頭辞なしのデフォルトに、Atom（http://www.w3.org/2005/Atom）はatomという接頭辞に結び付けられます。つまり、<atom:link>要素はAtomの名前空間に、接頭辞の付いていない<link>要素などはXHTMLの名前空間に属することになります。

▶属性の名前空間

属性の名前空間を指定する方法も見てみましょう。

```
<entry xmlns="http://www.w3.org/2005/Atom"
       xmlns:thr="http://purl.org/syndication/thread/1.0">
  <link href="blog.example.jp/entries/1/commentsfeed"
        thr:count="10">
</entry>
```

名前空間宣言の書式は先と同様です。このXMLでは2つの名前空間を指定しており、一つはデフォルトの名前空間（Atom）、もう一つはthrという接頭辞で宣言した名前空間（Atom Threading Extensions）です。

<entry>要素の子要素である<link>要素はデフォルト名前空間に属し、接頭辞のないhref属性と、接頭辞が付いたthr:count属性を持ちます。

href属性のように接頭辞の付かない属性のことを、その要素ローカルの属性という意味で「ローカル属性」（*Local Attribute*）と呼びます。ローカル属性はどの名前空間にも属しません。この例の場合、href属性は<link>要素に属します。

thr:count属性のように接頭辞の付いた属性のことを「グローバル属性」（*Global Attribute*）と呼びます。グローバル属性は接頭辞の名前空間に属します。グローバル属性は属性を拡張したいときに利用します。この例の場合、thr:count属性はAtom Threading Extensionsの名前空間に属します。

10.5 HTMLの構成要素

ここからは本題のHTMLについて解説していきます。

HTMLの最も基本的な構成要素はヘッダとボディです。HTTPメッセージと同様に、ヘッダには文書のメタデータを、ボディには文書の内容そのものを入れます。

ヘッダ

ヘッダに入る要素と指定できるメタデータを**表10.2**に示します。表10.2の要素の例を次に示します。

```
<html xmlns="http:://www.w3.org/1999/xhtml">
  <head>
    <title>初めてのHTML</title>
```

表10.2 ヘッダ

要素	意味
title	文書のタイトル
link	ほかのリソースへのリンク
script	JavaScriptなどのクライアントサイドプログラム
meta	そのほかのメタデータ

表10.3 主なブロックレベル要素

要素	意味
h1、h2、h3、h4、h5、h6	見出し
dl、ul、ol	リスト
div	ブロックレベル要素のグループ化
p	段落
address	アドレス情報
pre	整形済みテキスト
table	表
form	フォーム
blockquote	引用

```
    <link rel="stylesheet" href="http://example.jp/main.css"/>
    <script type="text/javascript"
        src="http://example.jp/sample.js"></script>
    <meta http-equiv="Content-Type"
        content="application/xhtml+xml; charset=utf-8"/>
  </head>
  <body>...</body>
</html>
```

ボディ

ボディに入る要素は大きく2種類に分かれます。ブロックレベル要素（*Block Level Element*）とインライン要素（*Inline Element*）です。

▶ブロックレベル要素

ブロックレベル要素は、文書の段落や見出しなど、ある程度大きなかたまりを表現します。

表10.3にHTMLの代表的なブロックレベル要素を示します。表10.3の要素の例を次に示します。

```
<html xmlns="http://www.w3.org/1999/xhtml">
  <head><title>ブロックレベル要素</title></head>
  <body>
    <div>
      <h1>ブロックレベル要素</h1>
      <p>HTMLとは...</p>
      <ol>
        <li>順序付きリスト1</li>
        <li>順序付きリスト2</li>
      </ol>
      <ul>
        <li>順序なしリスト1</li>
        <li>順序なしリスト2</li>
      </ul>
      <dl>
        <dt>定義語1</dt><dd>定義語1の説明</dd>
```

```
        <dt>定義語2</dt><dd>定義語2の説明</dd>
      </dl>
      <pre>
function foo() {
  return true;
}
      </pre>
      <form action="http://example.jp/search">
        <input type="text" id="q" name="q"/>
        <input type="submit" id="submit" name="submit" value="検索"/>
      </form>
      <blockquote><p>引用文</p></blockquote>
    </div>
  </body>
</html>
```

このHTMLをブラウザで表示させたスクリーンショットを図10.3に示します。

図10.3 ブロックレベル要素の例

▶ **インライン要素**

インライン要素はブロックレベル要素の中に入る要素で、強調や改行、画像埋め込みなどを表現します。

表10.4に、HTMLの代表的なインライン要素を示します。表10.4の要素の例を以下に示します。

```html
<html xmlns="http:://www.w3.org/1999/xhtml">
  <head>
    <title>インライン要素</title>
  </head>
  <body>
    <h1>インライン要素</h1>
    <p><abbr>HTML</abbr>にはいろいろな要素があります。</p>
    <p><em>強調</em>、<strong>強い強調</strong></p>
    <p><dfn>ステートレス性</dfn>とは、…</p>
```

表10.4 主なインライン要素

要素	意味
em	強調
strong	強い強調
dfn	定義語
code	ソースコード
samp	例
kbd	キーボード入力文字
var	変数
cite	引用またはほかのリソースへの参照
abbr	WWW、HTTPなどの省略形
a	アンカー
q	インラインの引用
sup	上付き文字
sub	下付き文字
br	改行
ins	挿入した文字列
del	削除した文字列
img	画像
object	オブジェクト

```
    <p><code>p "a" + "b"</code>の出力は<samp>"ab"</samp>です。</p>
    <p>詳しくは<cite>Webを支える技術</cite>をご覧ください。</p>
    <p>子曰く、<br/><q>学びて時にこれを習う…</q></p>
    <p>H<sub>2</sub>O</p>
    <p>E=mc<sup>2</sup></p>
    <p>おやつは<del>300</del><ins>500</ins>円以内</p>
  </body>
</html>
```

このHTMLをブラウザで表示させたスクリーンショットを図10.4に示します。

共通の属性

HTMLのすべての要素は、id属性とclass属性を持つことができます。

- id属性
  文書内で一意なID。文書内のある部分をURIで示すときにURIフラグメント(「#」以降で指定する部分)で利用したり、CSSでスタイルを指定したりするときに利用する

図10.4 インライン要素の例

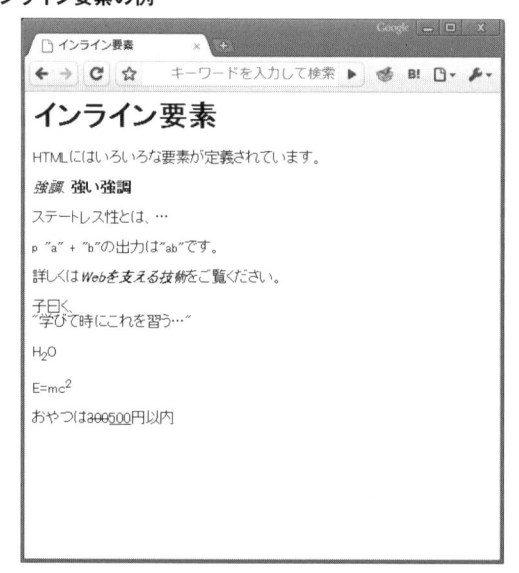

- class属性

    その要素が属するクラス。その要素がどのような意味を持つのかを指定するメタデータとしての役割がある。CSSでのスタイルの指定や、microformats[注1]などでメタデータを表現するときに利用する

以下は<h1>要素でid属性を、<span>要素でclass属性を指定した例です。

```
<html xmlns="http://www.w3.org/1999/xhtml">
  <head><title>id属性とclass属性の例</title></head>
  <body>
    <h1 id="title">初めてのHTML</h1>
    <p>著者: <span class="author">山田太郎</span></p>
  </body>
</html>
```

id属性やclass属性を使ってCSSを指定する例を示します。

```
h1#title {
  font-size: 120%;
}
span.author {
  color: red
}
```

h1#titleは「id属性の値がtitleの<h1>要素」を示すCSSの記法です。同様にspan.authorは「class属性の値にauthorを含む<span>要素」を示します。

id属性はURIフラグメントとして特定のリソースの中のある部分を指し示すことにも利用します。たとえば先のHTML文書が http://example.jp/test.html というURIだった場合、このHTMLの中の<h1>要素の部分を示すURIは次のようになります。

```
http://example.jp/test.html#title
```

注1 microformatsについては次章で解説します。

10.6 リンク

前節までで、HTMLの基本的な構成要素を解説しました。ここからは、ハイパーメディアフォーマットとしてのHTMLを見ていきましょう。

■ <a>要素 —— アンカー

HTMLではほかのWebページにリンクするためにアンカータグ (*Anchor Tag*) である<a>要素を使います。<a>要素の内容のことを「アンカーテキスト」 (*Anchor Text*) と呼びます。まずは例を見てください。

```
詳細な情報は<a href="http://gihyo.jp">技術評論社のWebページ</a>を参照してください。
```

この例では「技術評論社のWebページ」というアンカーテキストが、<a>要素によって別のWebページにリンクしています。リンク先のWebページのURIは<a>要素のhref属性で指定している「http://gihyo.jp」になります。

■ <link>要素

<a>要素はHTMLのブロック要素の中で別のWebページにリンクするために用いましたが、<link>要素はHTMLのヘッダでWebページ同士の関係を指定するために使います。

```
<head>
  <link rel="index" href="http://example.jp/index.html"/>
  <link rel="prev" href="http://example.jp/1.html"/>
  <link rel="next" href="http://example.jp/3.html"/>
</head>
```

このヘッダには3つのリンクがあります。rel属性はリンクの意味を示し、index、prev、nextはそれぞれ「目次」「前のページ」「次のページ」を意味します。rel属性によるリンクへの意味の付与は10.7節で詳しく解説します。

オブジェクトの埋め込み

HTMLはハイパーメディアですので、テキストだけではなく画像や映像なども埋め込めます。歴史的経緯により、一般的には画像の埋め込みには<img>要素を、それ以外のオブジェクトの埋め込みには<object>要素を利用します[注2]。

<img>要素の例
```
<img src="http://example.jp/children.png" alt="子どもたちの写真"/>
```

<object>要素の例
```
<object data="http://example.jp/children.mpeg">子どもたちの動画</object>
```

上記の例では、<img>要素でchildren.pngという画像を、<object>要素でchildren.mpegという動画を埋め込んでいます。

フォーム

<a>要素や<link>要素とは少し異なるリンクの実現手段としてフォームがあります。HTMLのフォームではリンク先のURIに対してGETとPOSTが発行できます。以降ではそれぞれの利用方法について解説します。

▶フォームによるGET

フォームによるGETは、キーワード検索などユーザからの入力によってURIを生成するときに利用します。例を見てみましょう。

```
<html xmlns="http://www.w3.org/1999/xhtml">
  <head><title>form test</title></head>
  <body>
    <form method="GET" action="http://example.jp/search">
      <p>キーワード:
        <input type="text" id="q" name="q"/>
        <input type="submit" id="submit" name="submit" value="検索"/></p>
    </form>
```

注2　<object>要素でも画像の埋め込みは可能です。

```
    </body>
</html>
```

　フォームの基本構造は、<form>要素とその中に入るフォームコントロール要素です。フォームコントロール要素には、テキスト入力(<input type="text">)やラジオボタン(<input type="radio">)、セレクトボックス(<select>)などがあります。

　フォームはターゲットとなるURIを持ちます。ターゲットURIは<form>要素のaction属性で指定します。この例の場合はhttp://example.jp/searchです。

　フォームを利用した結果はターゲットURIに送られます。そのときに用いるメソッドは<form>要素のmethod属性で指定します。この属性の値はGETまたはPOSTになります。

　method属性の値がGETの場合、ターゲットURIとフォームへの入力結果からリンク先のURIを生成します。たとえば上記の例でid属性の値がqのテキスト入力に「test」を入力した場合、http://example.jp/search?q=testというURIを生成します。クエリパラメータの名前(この例ではq)は<input>要素のid属性の値になります。生成するURIはユーザからの入力によって決まるため、どのようなキーワードのURIでも生成できます。

　URIを生成すると言っても、クライアントはサーバが用意するフォームに従ってURIを構築している点に注意してください。もしサーバ側の実装を変更し検索パラメータを追加した場合は、フォームに新たなパラメータを埋め込んでクライアントに配布することで解決します。クライアント側でURIを想像して勝手に組み立てている場合は個々のクライアントの実装ごとにパラメータを追加しなければなりませんが、サーバ側が提供するフォームが変更になるのであれば、すべてのクライアントが同時に新しい検索パラメータに対応できます。

▶フォームによるPOST

<a>要素や<link>要素でのリンクはGETしか発行できませんでしたが、フォームでのリンクはPOSTも発行できます。POSTはリソースの作成など、ユーザの入力をターゲットURIに送信するときに利用します。method属性の値がPOSTの例を見てみましょう。

```
<html xmlns="http://www.w3.org/1999/xhtml">
  <head><title>form test</title></head>
  <body>
    <form method="POST" action="http://example.jp/article">
      <p>題名:<input type="text" id="title" name="title"/><br/>
        著者:<input type="text" id="author" name="author"/><br/>
        <input type="submit" id="submit" name="submit" value="検索"/></p>
    </form>
  </body>
</html>
```

method属性がPOSTの場合、ターゲットURIに対してPOSTを発行します。たとえば上記の題名に「test-title」、著者に「test-author」を入力した場合のリクエストは次のようになります。

```
POST /article HTTP/1.1
Host: example.jp
Content-Type: application/x-www-form-urlencoded

title=test-title&author=test-author
```

リクエストメッセージのボディには、application/x-www-form-urlencoded形式でフォームの内容が入っています。

10.7
リンク関係
リンクの意味を指定する

さて、ここまでは単純なリンクについて見てきました。ブラウザのように操作をするのが人間であれば、アンカーテキストを読むことでリンクの

意味を理解できます。しかしWeb APIのようにプログラムがクライアントの場合は、それぞれのリンクがどのような意味かを解釈し、どのリンクをたどるべきかを機械的に判断するしくみが必要です。そのためHTMLやAtom[注3]は、リンクの意味をプログラムが可読な状態で記述するための機構を用意しています。

rel属性

<a>要素と<link>要素はそれぞれrel属性を持てます[注4]。rel属性の値にはリンク元のリソースとリンク先のリソースがどのような関係にあるかを記述します。rel属性の値のことを「リンク関係」(*Link Relation*) と呼びます。

HTMLで最もよく使われているリンク関係は「stylesheet」でしょう。このリンク関係は、元のHTMLリソースを外部のCSSリソースにリンクするときに使います。

```
<head>
  <link rel="stylesheet" href="http://example.jp/base.css"/>
</head>
```

HTML 4.x/XHTM 1.xでは表10.5に示すリンク関係を定義しています。

microformats

表10.5を見てもわかるとおり、HTMLが定義しているリンク関係はマニュアルなどの文書を想定していました。しかし現在のWebでは、さまざまなリソースをHTMLで表現します。これらのリソースのリンク関係を表現するには、HTMLが定義しているリンク関係だけでは足りません。

このようなニーズに応えるために、HTMLのリンク関係の拡張が

注3　Atomについては第12章で解説します。
注4　HTMLではrev属性も定義しています。rel属性が順方向リンクの関係性を記述するのに対し、rev属性は逆方向リンクを記述します。ただし仕様としては定められているものの、rev属性はほとんど利用しないため説明は省きます。

microformatsなどで行われています。

10.8 ハイパーメディアフォーマットとしてのHTML

本章ではハイパーメディアフォーマットとしてのHTMLを解説しました。HTMLで実現できる機能はシンプルなハイパーメディアのみですが、その効果は絶大です。HTTPとURI、そしてハイパーメディアによるリンクを組み合わせて初めてWebが成り立ちます。

HTMLでリンクを設計する際は、「リンクをたどることでアプリケーションの状態が遷移する」ことを強く意識しましょう。リソース同士をきちんと接続してアプリケーション状態を表現できているかどうかは、HTMLでリソースを表現するときの重要な設計指針です。リンクを活用したWebサービスやWeb APIを設計する方法については、第5部で詳しく解説します。

表10.5 HTML 4.x/XHTM 1.xのリンク関係

リンク関係	意味
alternate	翻訳などの代替文書へのリンク
stylesheet	外部スタイルシートへのリンク
start	文書群の最初の文書へのリンク
next	文書群の次の文書へのリンク
prev	文書群の前の文書へのリンク
contents	目次へのリンク
index	索引へのリンク
glossary	用語集へのリンク
copyright	著作権表示へのリンク
chapter	章へのリンク
section	節へのリンク
subsection	小節へのリンク
appendix	附属書へのリンク
help	ヘルプへのリンク
bookmark	文書中のブックマークへのリンク

第4部　ハイパーメディアフォーマット

第11章
microformats

　HTMLは見出しや段落などの構造を定義した汎用の文書フォーマットでした。HTMLの中でさらに意味のあるデータを表現するための技術がmicroformatsです。microformatsを用いると、リンクの細かい意味やイベント情報などを表現できます。

11.1 シンプルなセマンティックWeb

　インターネットの世界では、それまで難しいと思われてきた技術が、ちょっとした工夫や割り切りで従来の技術に比べて大幅にシンプルになり、その結果広く普及することがあります。たとえばSOAPベースのWeb APIに対するRESTfulなWeb APIが良い例でしょう。本章で取り上げるmicroformatsも、そんな可能性を持った技術です。

　すいぶん昔から、RDF(Resource Description Framework)をベースとしたセマンティックWebがWeb上の情報に意味を与え、検索エンジンやエージェントといったプログラムが利用するようになる、と喧伝されてきました。しかし現在、現実的に利用されているRDFのアプリケーションはほとんどありません[注1]。

　microformatsは、そんな夢のような(良い意味でも悪い意味でも :-)技術であるセマンティックWebを、地に足のついた方向へと導きます。従来の大文字のセマンティックWeb(Semantic Web)に比べて軽量であることを強調するため、microformatsは小文字のセマンティックWeb(semantic web)を

注1　RSS 1.0がおそらく一番普及したRDFのアプリケーションですが、RSS 1.0はAtomやRSS 2.0で代用でき、RSS 1.0がRDFでなければならない理由はありません。

実現するとされています。

11.2 セマンティクス（意味論）とは

そもそも、セマンティックWeb、特にセマンティクス（*Semantics*）とは何でしょうか。セマンティクスを日本語に訳すと「意味論」ですが、筆者は初めてこの言葉を知ったとき、まったく理解できませんでした。今でも周りの人に説明するときに四苦八苦しているので、ここでは少し丁寧にセマンティクスについて解説してみたいと思います。

言語学における意味論

もともと意味論は言語学の用語です。自然言語、たとえば日本語で、「花」という言葉は文字列あるいは音声的には「ハ」と「ナ」という文字や音を組み合わせたものですが、「種子植物の生殖器官」という「意味」が備わっています。言語が持つ意味を扱うのが、言語学における意味論です。

プログラミング言語における意味論

コンピュータの分野では、プログラミング言語が持つ意味を確定させるための理論のことを「プログラム意味論」と呼びます。たとえばプログラミング言語のコンパイラを考えてみてください。コンパイラがプログラムをコンパイルするのは、プログラミング言語の持つ文法を解析しマシン語に翻訳する作業です。コンパイラが文法を理解して翻訳するためには、プログラミング言語の仕様を形式的に記述する必要があります。その文法・構文がどのような意味を成すのかを知らなければ翻訳できないからです。プログラミング言語の仕様書では、言語の意味論を形式的な数理モデルで表現します[注2]。

注2　プログラム意味論についてより詳しく学びたい場合は、大学の教科書、特に計算理論や形式言語の教科書を参照してください。

Webにおける意味論

Webにおける意味論は、リソースが持つ意味を確定させるための理論だと考えてください。プログラム意味論には、あるプログラムがどのような意味を持つかを確定させる目的があるように、Webの意味論には、HTMLなどで表現したテキストがどのような意味を持つのかをプログラムでも解釈できるようにするという目的があります。これによってWeb上のリソースの意味は、人間が読んで解釈するだけでなくプログラムからも処理可能になるのです。

結局のところWebにおける意味論とは、HTMLやXMLで書かれたリソースの意味をどのようにプログラムから処理するか、に尽きるでしょう。人間が読んで理解するWebページの意味を、プログラムからも処理できるように形式的に意味を記述するための技術がセマンティックWebです。

11.3 RDFとmicroformats

RDFの場合

プログラムで処理可能な情報の意味を記述するための仕様として1990年代後半に登場したのがRDFです。RDFでは「トリプル」(*Triple*)と呼ばれる主語、述語、目的語の3つの組を使って、Web上のリソースにメタデータを与え、プログラムがリソースの意味を処理できるようにします。次の例を見てください。

```
<rdf:RDF xmlns:rdf="http://www.w3.org/1999/02/22-rdf-syntax-ns#">
  <rdf:Description rdf:about="http://example.jp/test.html">
    <cc:license xmlns:cc="http://web.resource.org/cc/"
      rdf:resource="http://creativecommons.org/licenses/by-sa/3.0/"/>
  </rdf:Description>
</rdf:RDF>
```

このRDFは「http://example.jp/test.html(主語)のライセンス(述語)は、

Creative Commonsのby-sa[注3]（目的語）である」を意味します。RDFはこのように、リソースの意味を厳密に記述できる汎用的なフレームワークです。

しかしRDFには、その汎用性ゆえに記述が冗長になるという欠点があります。また、同じ意味を記述する場合でもいくつかの書き方があり、主語や述語をどのように選択するのか、あるいはどのメタデータ表現ボキャブラリを利用するのかによってXML文書の構造が変化します。XML文書の構造が変化するとプログラムで統一的に処理しにくくなります。さらに、RDFは対象データとは別の独立したメタデータなので、外部ファイルにしたりXMLの拡張機構を用いてXHTML文書中に埋め込んだりしなければなりません。

これらの要因によりRDFはほとんど普及しませんでした。RDFの問題点をまとめると次のようになります。

- 記述が複雑になりがち
- 統一的な記述がしづらい
- 対象データとは独立したメタデータが必要

microformatsの場合

RDFの問題点を解消した技術がmicroformatsです。先のRDFをmicroformatsで記述しなおすと次のようになります。

```
<html xmlns="http://www.w3.org/1999/xhtml">
  ...
  <body>
    ...
    <p>このWebページの権利は<a rel="license"
       href="http://creativecommons.org/licenses/by-sa/3.0/"
         >Creative Commons by-sa 3.0</a>に従います。</p>
  </body>
</html>
```

注3　原著者のクレジットを表示し、同一許諾条件で頒布する場合に複製・改変できるライセンスです。

`<a>`要素のrel属性がlicense、href属性がhttp://creativecommons.org/licenses/by-sa/3.0/という値を持っています。これは「rel-license」と呼ばれるmicroformatsです。rel-licenseの仕様でこれがCreative Commonsのby-saを意味すると定義しているため、プログラムはこのHTMLの文書のライセンス情報を機械的に処理できます。

microformatsは、もとのHTML文書の`<a>`要素に必要最低限の情報を追加しているだけです。RDFと比べると記述量が減っています。また、RDFは対象データとは別の独立したメタデータとして記述しなければなりませんが、microformatsはもとのHTMLに埋め込まれています[注4]。さらに、RDFとは異なり記述方法のブレがありません。

11.4 microformatsの標準化

先述したように、microformatsはHTML文書そのものにメタデータを埋め込む技術です。microformatsは「より簡単に、もっと気軽にWebページのセマンティクスを記述できるようにしよう」という目的のもと、microformats.orgにて、Technorati[注5]のエンジニアを中心としたボランティアがさまざまなメタデータ記述の仕様を策定しています。

表11.1に標準化が完了したmicroformatsの一覧を、表11.2に現在標準化作業中のmicroformatsの一覧を示します。

注4 この点に関しては「興味深いメタデータの大部分はコンテンツの中にある」(*most of the interesting metadata is in the content*)というSam Ruby(サム ルビー)の名言があります。Sam RubyはIBMのソフトウェア技術者で、Apacheなどのオープンソースソフトウェアや Atom、HTMLなどの標準化に貢献している人物です。書籍『RESTful Webサービス』(Leonard Richardson、Sam Ruby 著／山本陽平 監訳／株式会社クイープ 訳／オライリー・ジャパン、2007年)の著者の一人でもあります。
http://www.intertwingly.net/blog/2005/07/27/Sifting-for-Metadata

注5 ブログを対象とする検索エンジンサービスを行っている会社です。

表11.1　標準化済みのmicroformats

名前	概要
hCalendar	イベント情報。ベースはRFC 2445（iCalendar）
hCard	プロフィール情報。ベースはRFC 2426（vCard）
rel-license	ライセンス情報
rel-nofollow	スパムリンク防止
rel-tag	ソーシャルタグ
Vote Links	リンク先への賛否
XFN（*XHTML Friends Network*）	友人関係
XMDP（*XHTML Meta Data Profiles*）	microformats自体のスキーマ
XOXO（*Extensible Open XHTML Outlines*）	アウトラインフォーマット

表11.2　ドラフト状態のmicroformats

名前	概要
adr	住所
geo	緯度と経度
hAtom	更新情報
hAudio	楽曲情報
hListing	検索連動型広告（リスティング広告）
hMedia	画像、映像、音声などのメディア情報
hNews	ニュース記事
hProduct	商品情報
hRecipe	料理のレシピ
hResume	履歴書
hReview	本やレストランのレビュー情報
rel-directory	ディレクトリページへのリンク
rel-enclosure	添付ファイルへのリンク
rel-home	Webサイトのホームページへのリンク
rel-payment	PayPalなど課金サービスへのリンク
robots exclusion	検索ロボット除け情報
xFolk	ソーシャルブックマークのメタデータ

11.5 microformatsの分類

microformatsは大きく2つに分類できます。elemental（単純）microformats

と compound（複合）microformats です。

- elemental microformats
    rel-license のように、リンク関係（<a>要素や<link>要素の rel 属性）を使ってメタデータを表現するフォーマット
- compound microformats
    後述する hCalendar のように、主に class 属性を使って階層構造のあるメタデータを表現するフォーマット

以下で、microformats の代表的なフォーマットについて解説します。

elemental microformats

▶rel-license —— ライセンス情報

先述したように rel-license は、Web ページのライセンスを記述するための microformats です。次の例を見てください。

```
このWebページの権利は<a rel="license"
 href="http://creativecommons.org/licenses/by-sa/3.0/"
   >Creative Commons by-sa 3.0</a>に従います。
```

この場合、http://creativecommons.org/licenses/by-sa/3.0/ へリンクしている <a> 要素の rel 属性の値に license を追加し、リンクの参照先が参照元のページのライセンス情報であるという意味を示します。

rel-license はリンク関係を拡張したものですので、<a> 要素だけでなく <link> 要素でも利用できます。

▶rel-nofollow —— スパムリンク防止

rel-nofollow は最も有名な microformats でしょう。

Google などの検索エンジンは参照リンク数を検索順位の重み付けに利用します。このしくみを悪用し、他人のブログのコメントなどに自分のサイトの URI を機械的にコメントして自分のサイトへのリンクを増やすスパム行為が行われています。こうしたスパム行為を解決するための仕様が rel-nofollow です。

```
おもしろいサイトがありました。<a href="http://spam.example.jp"
  rel="nofollow">http://spam.example.jp</a>
```

　この例はスパマーが自分のサイト（http://spam.example.jp）をおもしろいサイトと詐称してコメントを投稿しています。しかし、Webサービス側でコメント欄のURIには自動的にrel="nofollow"が付くように実装してあれば、検索エンジンはこのリンクをランキングの重み付けに利用しません。

　rel-licenseと同様にrel-nofollowもリンク関係の拡張ですので、<a>要素だけでなく<link>要素でも利用できます。

compound microformats

▶hCalendar —— イベント情報

　hCalendarは、カレンダー情報、イベント情報を記述するためのmicroformatsです。

　以下は、2010年4月に行う予定の本書の刊行記念トークセッションの情報を記述した例です。

```
<ul class="vevent">
  <li class="summary">
    <a class="url" href="http://gihyo.jp/...">
      『Webを支える技術』刊行記念トークセッション</a></li>
  <li>日時: 2010年4月8日
    <abbr class="dtstart"
      title="2010-04-08T19:00:00+09:00">19:00</abbr>～
    <abbr class="dtend"
      title="2010-04-08T21:00:00+09:00">21:00</abbr></li>
  <li><span class="location">ジュンク堂書店池袋本店4階カフェ</span>にて</li>
</ul>
```

　これは通常のHTML文書の一部であり、直接ブラウザで表示できます。ただし、class属性をいくつか追加していることに注目してください。class属性の付いた要素がhCalendarの肝です。

　class属性の値がveventの<ul>要素は、<ul>要素全体で1つのイベント情

報を表現していることを意味します。イベントの詳細なメタデータは<ul>要素の子孫要素で示します。

「ジュンク堂書店池袋本店4階カフェ」という文字列は、class属性の値がlocationの<span>要素に入っています。locationは<span>要素の内容がイベントの開催場所を表現していることを意味します。同様にclass属性の値がsummaryの<li>要素は、イベントの概要を意味します。

vevent、location、summaryは、hCalendarが定義する階層構造（veventの下にlocationやsummaryがある構造）を守れば、どのような要素にでもclass属性として入れられます。

class属性の値がurlの<a>要素は、href属性の値がイベントのURIであることを意味します。

class属性の値がdtstartとdtendの<abbr>要素は、title属性の値がそれぞれイベントの開始日時と終了日時を示します。自然言語による時間表現は「19:00」「19時」などとあいまいでプログラムから処理することが難しいため、title属性の値にはプログラムが処理可能なISO 8601形式[注6]の日時文字列を入れます。なお、<abbr>要素は視覚障害者向けのスクリーンリーダーでの読み上げに問題を持っているため、<abbr>要素の代わりに<span>要素を用いることもできます。<span>要素の場合も日時情報はtitle属性にISO 8601形式で記述します。

▶hAtom —— 更新情報

hAtomは、Atom[注7]が持つメタデータをHTMLに埋め込むmicroformatsです。hAtomを使うと、Webページに含まれているエントリの更新日時やパーマリンクといったメタデータを、プログラムから処理可能な形で埋め込めます。

```
<div class="hfeed">
  <div class="hentry">
    <h2 class="entry-title">
      <a href="http://blog.example.jp/20100903/test"
```

注6　日付と時刻の表記を定めた国際標準です。
注7　Atomについては次章で解説します。

```
        rel="bookmark">
      hAtomのテスト
    </a>
  </h2>
  <div class="entry-content">
    <p>hAtomを試用してみました。</p>
  </div>
  <p><abbr class="updated"
       title="2010-09-03T09:23:22+09:00">
     2010年9月3日9:23</abbr></p>
  </div>
  ...
</div>
```

　各要素のclass属性で指定している値がAtomの各要素に対応します。たとえばentry-titleはAtomの<entry>要素の子要素である<title>要素に対応し、エントリのタイトルを表現します。updatedはAtomの同名の要素に対応し、エントリの更新日時を表現します。hCalendarのdtstart/dtendと同様に、<abbr>要素のtitle属性でISO 8601形式の日時情報で記述します。

　hAtomが定義しているclass属性の値を表11.3にまとめました。updatedとpublishedは、<abbr>要素または<span>要素のclass属性にしか入れることができません。それ以外の値は、hAtomが定義した階層構造(hfeedの下

表11.3 hAtomが定義しているclass属性値(※は必須)

名前	対応するAtom要素	概要
hfeed	feed	フィード全体
hentry※	entry	個々のエントリ
entry-title※	entry/title	エントリのタイトル
entry-content	entry/content	エントリの内容
entry-summary	entry/summary	エントリの概要
updated※	entry/updated	エントリの更新日時(updatedは必須だが、publishedがある場合はその値を採用するため省略可能)
published	entry/published	エントリの公開日時
author	entry/author	エントリの著者
bookmark	entry/link	エントリへのリンク

にhentryが、hentryの下にentry-title、entry-bookmarkなどがある構造）を守りさえすれば、どのような要素のclass属性にも入れることができます。

11.6 microformatsとRDFa

microformatsの問題点

シンプルで使いやすいmicroformatsですが、問題もあります。microformatsではclass属性やrel属性の値だけでメタデータを特定するため、もしたまたま同じ値のclass属性やrel属性を持ったWebページがあった場合、プログラムが誤判定を起こしたり、同じ属性値を持った別のmicroformatsが作れなくなったりするのです。

RDFaでの解決（と残る問題点）

microformatsのこの問題を解決するためにW3Cが標準化を進めているのがRDFa（RDF - in - attributes）です。RDFaの見た目はmicroformatsとほとんど同じですが、microformatsが持つ名前の衝突問題をXMLの名前空間で解決します。

以下に、Webページのライセンスを表現するRDFaの例を示します。

```
このWebページの権利は<a xmlns:cc="http://creativecommons.org/ns#"
  rel="cc:license" href="http://creativecommons.org/licenses/by-sa/3.0/"
  >Creative Commons by-sa 3.0</a>に従います。
```

この例にはrel-licenseと異なる部分が2点あります。一つはxmlns:cc="..."として「cc」という接頭辞で名前空間を定義している点、もう一つはrel属性の値にその接頭辞を使った「cc:license」という値を入れている点です。これにより、microformatsに存在した名前の衝突問題を回避できます。

しかしRDFaにも問題があります。一つはせっかくシンプルな仕様を目指していたはずのmicroformatsが名前空間を使ったとたんに複雑化してし

まう点です。見た目はそれほど複雑化していないと感じるかもしれませんが、たとえば先の例から情報を抽出するプログラムを書こうとすると、難しいことがわかると思います。もう一つは名前空間を前提としているためXHTMLでしか利用できない点です。いろいろな事情でHTMLを利用したいケースがあると思いますが、その場合RDFaは使えません。

このように一長一短のmicroformatsとRDFaですが、ほとんどのケースではmicroformatsで目的は果せるのではないか、というのが筆者の見解です。RDFaが必要になるのは、RDFは不要だがmicroformatsよりは厳密にメタデータを定義したい場合に限られると考えています。

11.7 microformatsの可能性

さて、ここまででmicroformatsの目的と仕様について解説してきました。ここからはmicroformatsがWebにどのような可能性をもたらすのかを考えてみたいと思います。

Tim Brayの疑問

2007年6月、Tim Bray[注8]が東京大学で講演を行いました。筆者はたまたまその講演を生で聴く機会に恵まれたのですが、Brayの講演は「Issues in Network Computing: June 2007」というタイトルで、Web関連技術についてさまざまな興味深い知見をもたらしてくれました。ただし、セマンティックWeb、特にmicroformatsについては一切触れられておらず、それを疑問に思った筆者は「microformatsについてはどう思うか」と質問してみました。肯定的な回答を期待していた筆者にとって、その回答は意外なものでした。

Brayの回答は、「自分はセマンティックWebには最初から深く関わっている。RDFの策定にも関与してきた。しかしセマンティックWebのアプリケーションはいっこうに登場しない。それは小文字のセマンティックWeb

---

注8 Sun Microsystemsのソフトウェア技術者で、XMLやAtomPubの仕様を策定しました。

であるmicroformatsでも同じである。もしmicroformatsを使った現実的なアプリケーションが出てきたら、そのときに評価しよう」といった内容でした。

hAtom/xFolkとLDRize/AutoPagerize

確かにその時点では、microformatsを使った普段使いのできるアプリケーションは皆無に近かったと思います。microformatsが提唱されたのが2004年後半ですから、2年経ってもアプリケーションが出てきていなかったことになります。

microformatsもこのまま大文字のセマンティックWebと同じ運命をたどるのかと思われたのですが、そんなmicroformatsの状況を打破してくれたのがLDRize[注9]とAutoPagerize[注10]です。

LDRizeはWebページをlivedoor Readerのような操作性[注11]で閲覧できるFirefox/Greasemonkeyのユーザスクリプトです。AutoPagerizeも同様にユーザスクリプトで、検索結果ページやニュース記事など複数に分割されているWebページにおいて、現在のページの下に自動で次のページを継ぎ足してくれます。

LDRizeやAutoPagerizeは、hAtomやxFolkというmicroformatsが提供するメタデータを使ったアプリケーションです。Greasemonkeyのユーザスクリプトという「プログラム」がHTML文書を解釈し、ページ送りを画面遷移なしに実現しています。hAtom/xFolkに対応したブログサービスは数多くありますし、既存のWebページをhAtom/xFolkに対応させることも簡単です。

microformatsを実装しておくことで、実装時点では想定していなかったデータの利用方法が見つかる。LDRizeとAutoPagerizeは、microformatsのそんな可能性を示してくれたと思います。

注9　http://userscripts.org/scripts/show/11562
注10　http://userscripts.org/scripts/show/8551
注11　[j]/[k]キーでエントリ移動、[v]キーで開くなど。

11.8 リソースの表現としてのmicroformats

　従来のHTML表現は主に人がブラウザで読むために利用しているため、プログラムでの処理が難しいという問題がありました。そのためWeb APIでは、プログラム用にXMLやJSON[注12]などのデータ構造がしっかりと記述できるフォーマットを用いることが一般的です。

　しかし、プログラム用に別のWeb APIを提供するスタイルには、次の弱点があります。

- WebサービスとWeb APIで提供する機能が異なってしまいがち
- 開発規模の増大に伴うメンテナンス性の低下
- Web APIに必要な技術の習得コスト

　microformatsはこれらの弱点を補ってくれるリソース表現です。microformatsを用いると、既存のWebページをそのままWeb APIとして提供できます。両者に機能差が出ることはありません。microformatsは属性ベースのフォーマットですので、既存のWebページに与える影響も少なく、新しいAPIを開発することに比べれば開発コストはずっと低く抑えられるでしょう。また、microformatsはHTMLの知識を持っていれば容易に習得できます。このように、必要最低限のコストでWebサービスをWeb API化できるのがmicroformatsの最大の特長です。

　WebサービスとWeb APIを分けないという考え方は、WebサービスとWeb APIの設計においてとても重要です。この考え方について詳しくは第5部で解説します。

注12　JSONについては第14章で解説します。

第12章 Atom

Atom（RFC 4287）はブログなどの更新情報を配信するためのフィードとして知られていますが、実際には幅広い分野での応用が可能な汎用XMLフォーマットです。本章ではAtomの基本とその拡張を解説します。

12.1 Atomとは何か

Atom Syndication Formatは、RFC 4287が規定するXMLフォーマットです。通常はAtomと略して呼ばれます。

Atomの目的の一つには、RSSの仕様（0.91、1.0、2.0）が乱立し混乱をきたしたため、拡張性のあるフィードの標準フォーマットを策定しようとしたことがあります。RSSは主にブログの新着情報を伝えるフィードの目的で利用されていましたが、Atomはブログだけでなく検索エンジンや写真管理などさまざまなWebサービスのWeb APIとして利用できます。

12.2 Atomのリソースモデル

Atomの構成要素を図12.1に示します。Atomの論理モデルは、メンバリソース（*Member Resource*）と、メンバリソースを複数含むコレクションリソース（*Collection Resource*）の2つに大きくは分かれます。

メンバリソース

　Atomにおける最小のリソース単位がメンバリソースです。たとえばブログであれば一つ一つの記事がメンバリソースになります。画像保管サービスであれば一つ一つの画像がメンバリソースになります。

　メンバリソースはXMLで表現できるエントリリソース(*Entry Resource*)と、それ以外のメディアリソース(*Media Resource*)に分かれます。

　エントリリソースはたとえば、ブログ記事の本文と、それに対応するメタデータ(タイトル、日時、著者など)がまとまった、テキストやXMLで表現するリソースです。エントリリソースは<entry>要素で表現し、この表現のことを「エントリ」(*Entry*)と呼びます。

　メディアリソースは、画像や映像などテキストでは表現できないリソースです。メディアリソースのメタデータはメディアリンクエントリ(*Media Link Entry*)という特別なエントリで表現します。

コレクションリソース

　コレクションリソースは複数のメンバリソースを含むリソースです。コレクションリソースは階層化できません。すなわち、コレクションリソースが別のコレクションリソースを含むことはありません。

　コレクションリソースは<feed>要素で表現し、この表現のことを「フィ

図12.1　Atomの構成要素

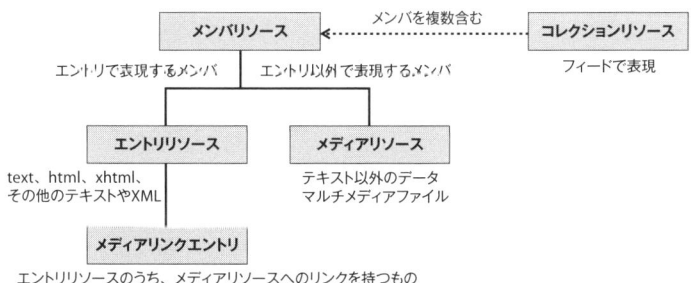

```
                         メンバを複数含む
         ┌─ メンバリソース ┄┄┄┄┄┄┄┄┄┄ コレクションリソース
         │                                   フィードで表現
エントリで表現するメンバ   エントリ以外で表現するメンバ
         │                   │
    エントリリソース      メディアリソース
  text、html、xhtml、   テキスト以外のデータ
  その他のテキストやXML  マルチメディアファイル
         │
   メディアリンクエントリ
  エントリリソースのうち、メディアリソースへのリンクを持つもの
  <content>要素のsrc属性で外部リソースを参照する
```

ード」(Feed)と呼びます。

メディアタイプ

Atomのメディアタイプは「application/atom+xml」です。エントリやフィードを明示したいときはtypeパラメータで「entry」「feed」を指定します。

typeパラメータなし
```
Content-Type: application/atom+xml
```

エントリ
```
Content-Type: application/atom+xml; type=entry
```

フィード
```
Content-Type: application/atom+xml; type=feed
```

typeパラメータとcharsetパラメータを指定
```
Content-Type: application/atom+xml; type=feed; charset=utf-8
```

拡張子

Atomには「.atom」という拡張子を用いることが推奨されています。明示的にAtom表現を取得させたい場合は、URIに「.atom」を付けるようにリソースを設計するとよいでしょう。

名前空間

Atomの名前空間はhttp://www.w3.org/2005/Atomです。Atomが定義している要素はこの名前空間に属します。12.5節で後述するAtomの拡張要素はそれぞれ別の名前空間に属します。

12.3 エントリ
Atomの最小単位

先述したようにエントリはエントリリソースの表現です。まずはエントリの例を見てみましょう。

```
<entry xmlns="http://www.w3.org/2005/Atom">
  <id>tag:example.jp,2010-08-24:entry:1234</id>
  <title>テスト日記</title>
  <updated>2010-08-24T13:11:54Z</updated>
  <link href="http://example.jp/1234"/>
  <content>テストです。</content>
</entry>
```

エントリのルート要素は<entry>要素で、この中にエントリのメタデータと内容がフラットに並びます。<entry>要素の子要素の順番には意味がありません。

メタデータ

エントリはメタデータを持ちます。以降ではAtomが定義しているエントリのメタデータを解説します。

なお、以降の要素のうち、ID(<id>)、タイトル(<title>)、著者(<author>)、更新日時(<updated>)は必須です。

▶ ID

<id>要素の内容は、このエントリを一意に示すURI形式のIDです。httpスキームのURIも利用できますが、AtomではHTTPとは独立したtagスキーム(RFC 4151)のURIがよく用いられています。

```
<id>tag:example.jp,2010-08-24:entry:1234</id>
```

tagスキームは次の構造を持ちます。

```
tag:{DNS名またはメールアドレス},{日付}:{任意の文字列}
```

　DNS名は自分が権利を持っているドメインのホスト名です。メールアドレスは自分が保持している任意のメールアドレスです。これに日付情報(年、年月、年月日のいずれか)を加えて、グローバルに一意であることを保証します。

　日付以降は「:」で区切り、任意の文字列が入れられます。この例の場合は、このリソースがエントリであることを示す「entry」という文字列と、エントリのデータベースID「1234」を組み合わせています。

▶タイトルと概要

　エントリには、そのエントリの題名を表現する<title>要素が必須です。また、エントリの概要を示す<summary>要素もあります。

```
<entry xmlns="http://www.w3.org/2005/Atom">
  <title>Atomについて</title>
  <summary type="xhtml">
    <div xmlns="http://www.w3.org/1999/xhtml">
      <p>このエントリでは<a href="http://ja.wikipedia.org/wiki/Atom"
        >Atom</a>について解説します。</p>
    </div>
  </summary>
  ...
</entry>
```

　<title>要素と<summary>要素は、後述する<content>要素と同じくtype属性として「text」「html」「xhtml」という値を持ち、これらの値によって内容が変化します。上記の例では、<title>要素はtype属性を省略しているためデフォルトの「text」に、<summary>要素は指定した「xhtml」になります。

▶著者と貢献者

　エントリには著者を示す<author>要素が必須です。また、貢献者を示す<contributor>要素もあります。

```
<author>
  <name>山本陽平</name>
  <uri>http://yohei-y.blogspot.com</uri>
  <email>yoheiy@gmail.com</email>
</author>
<contributor>
  <name>稲尾尚徳</name>
</contributor>
```

<author>要素と<contributor>要素は次の3つの要素を持ちます。

- <name>要素
    自然言語で記述した名前。必須
- <uri>要素
    人に関連付けられたURI。任意
- <email>要素
    人のメールアドレス。任意

▶公開日時と更新日時

エントリには更新日時を示す<updated>要素が必須です。また、エントリの公開日時を示す<published>要素もあります。

```
<entry xmlns="http://www.w3.org/2005/Atom">
 ...
 <published>2010-09-20T08:46:23Z</published>
 <updated>2010-09-20T09:13:33Z</updated>
 ...
</entry>
```

<published>要素と<updated>要素の内容はRFC 3339[注1]で規定された日時フォーマットとなります。

▶カテゴリ

<category>要素はそのエントリの属するカテゴリを表現します。カテゴ

注1　日時の国際標準であるISO 8601を、インターネットプロトコルでどのように扱うかを規定したRFCです。この日時フォーマットは「ISO 8601形式」とも呼ばれます。

リとは、ソーシャルブックマークでいうところのタグのことです。

たとえば次の<category>要素は、このエントリに「animals」というタグが付いていることを意味します。

```
<entry xmlns="http://www.w3.org/2005/Atom">
  <category term="animals"/>
  ...
</entry>
```

<category>要素にterm属性は必須です。<category>要素はterm属性以外に、scheme属性とlabel属性を持てます。次の例を見てください。

```
<entry xmlns="http://www.w3.org/2005/Atom">
  <category term="animals" label="動物"
    scheme="http://example.jp/tags"/>
  ...
</entry>
```

scheme属性はそのタグを識別するためのURIです。label属性にはアプリケーションが表示するためのラベルを指定します。

▶リンク

Atomではリンクを<link>要素で表現します。

```
<link rel="alternate" hreflang="ja"
  href="http://blog.example.jp/entry/123.ja.html"/>
```

<link>要素はいくつかの属性を持ちます。必須の属性はhref属性だけで、href属性にはリンク先のURIが入ります。rel属性はリンク関係を表現し、Atomでは5つのリンク関係を定義しています（表12.1）。hreflang属性はリンク先のリソースの言語タグです。この例の場合は日本語(ja)であることを指定しています。

もう一つ別の例を見てみましょう。

```
<link rel="enclosure" type="audio/mpeg" length="489822"
  href="http://podcast.example.jp/audio/123.mp3"
  title="Atomについての講演"/>
```

これはリンク関係が「enclosure」であるリンクの例です。type属性にはリンク先のリソースのメディアタイプを指定します。ここでのリンク先リソースはMP3形式ですので、「audio/mpeg」を指定しています。length属性にはリンク先リソースのサイズをバイトで指定します。title属性にはリンク先についての自然言語での説明が入ります。

エントリの内容

Atomではエントリの内容に多彩なフォーマットを含められるようになっています。

▶組込みで定義されている内容 —— プレーンテキスト、エスケープ済みHTML、XHTML

<entry>要素は<content>要素を子要素に持ちます。<content>要素にはtype属性に従って、プレーンテキスト(text)、エスケープ済みHTML(html)、XHTML(xhtml)を入れられます。これらの値はAtom仕様が組み込みで定義しています。

プレーンテキストの例

```
<entry xmlns="http://www.w3.org/2005/Atom">
  ...
  <content type="text">単純なテキストが入ります。</content>
</entry>
```

表12.1 Atomのリンク関係

リンク関係	意味
alternate	このエントリ/フィードの別表現(たとえばXHTML表現)へのリンク。リンク関係のデフォルト値
self	このエントリ/フィード自身のURI
enclosure	ポッドキャストなどで用いる添付ファイルへのリンク
related	関連するリソースへのリンク
via	情報元リソースへのリンク

HTMLの例

```
<entry xmlns="http://www.w3.org/2005/Atom">
  ...
  <content type="html">
    &lt;p>エスケープしたHTML &lt;br>が入ります。&lt;/p>
  </content>
</entry>
```

XHTMLの例

```
<entry xmlns="http://www.w3.org/2005/Atom">
  ...
  <content type="xhtml">
    <div xmlns="http://www.w3.org/1999/xhtml">
      <p>生XHTML <br/>が入ります。</p>
    </div>
  </content>
</entry>
```

<content>要素のtype属性には、この3つ以外にメディアタイプも指定できます。以降ではそれらの例を見ていきましょう。

▶XMLの内容

メディアタイプがapplication/xml、text/xml、またはサブタイプが「+xml」で終わる場合、<content>要素は直接そのXML要素を含むことができます。

次の例では<content>要素の中にSVG（*Scalable Vector Graphics*）文書[注2]を直接埋め込んでいます。

```
<entry xmlns="http://www.w3.org/2005/Atom">
  ...
  <content type="image/svg+xml">
    <svg xmlns="http://www.w3.org/2000/svg"
        xml:space="preserve" width="5.5in" height=".5in">
      <text style="fill:red;" y="15">This is SVG.</text>
    </svg>
  </content>
</entry>
```

注2　ベクタ画像をXMLで表現するフォーマットです。

▶テキストの内容

エントリリソースはXML以外のテキストも持てます。メディアタイプのタイプがtextであれば、直接<content>要素に埋め込めます。

次の例は、CSVを内容に持つエントリリソースです。

```
<entry xmlns="http://www.w3.org/2005/Atom">
  ...
  <content type="text/csv">商品名,価格,個数
リンゴ,150,1
ミカン,300,5</content>
</entry>
```

▶テキスト以外の内容

一般的なWebサービスは、テキスト以外の内容、たとえば画像を扱えます。このようなバイナリデータを<content>要素に入れる場合は、Base64でエンコードします。

```
<entry xmlns="http://www.w3.org/2005/Atom">
  ...
  <content type="image/jpeg">
    Base64エンコードしたJPEG画像
  </content>
</entry>
```

しかし、Base64エンコードしたデータはエンコード/デコード処理のオーバーヘッドがかかり、かつXML文書が巨大化するため、あまり大きなファイルには向いていません。

巨大な画像や音声・映像などのバイナリデータを<content>要素に入れるときは、src属性を使って外部リソースを参照します。

```
<entry xmlns="http://www.w3.org/2005/Atom">
  ...
  <content type="image/jpeg" src="http://example.jp/image/foo_bar.jpg"/>
</entry>
```

src属性の値はバイナリデータのURIです。また、type属性でメディアタイプを指定します。

src属性で外部リソースを参照しているエントリリソースのことを「メディアリンクエントリ」と呼びます。また、メディアリンクエントリが参照している画像リソースのことを「メディアリソース」と呼びます。

12.4 フィード
エントリの集合

メンバリソースを複数持つコレクションリソースの表現がフィードです。次に示すのは、2つのエントリを持つシンプルなフィードの例です。

```xml
<feed xmlns="http://www.w3.org/2005/Atom">
  <id>tag:example.jp,2010:feed</id>
  <title>日記</title>
  <author>
    <name>yohei</name>
  </author>
  <updated>2010-08-24T13:11:54Z</updated>
  <link rel="alternate" href="http://example.jp"/>
  <link rel="self" href="http://example.jp/feed"/>
  <entry>
    <id>tag:example.jp,2010-08-25:entry:2345</id>
    <title>テスト日記2</title>
    <updated>2010-08-25T08:10:54Z</updated>
    <link href="http://example.jp/2345"/>
    <content>テストその2です。</content>
  </entry>
  <entry>
    <id>tag:example.jp,2010-08-24:entry:1234</id>
    <title>テスト日記</title>
    <updated>2010-08-24T13:11:54Z</updated>
    <link href="http://example.jp/1234"/>
    <content>テストです。</content>
  </entry>
</feed>
```

エントリと共通のメタデータ

<feed>要素はエントリと同じメタデータを持てます。必須要素もエントリと同じで、ID(<id>)、タイトル(<title>)、著者(<author>)、更新日時(<updated>)です。

<feed>要素直下の<author>要素と<contributor>要素は、そのフィード中のエントリでそれぞれの要素を省略した場合のデフォルト値となります。

フィード独自のメタデータ

フィードはエントリと共通のメタデータ以外に、次に示す4つのメタデータを持ちます。これらの要素は必須ではありません。

▶サブタイトル

<subtitle>要素にはタイトルで説明しきれない説明を記述します。

```
<subtitle type="text">フィードの概要</subtitle>
```

<title>要素や<summary>要素、<content>要素と同様に、type属性で「text」「html」「xhtml」という値を持ち、これらの値によって内容が変化します。

▶生成プログラム

<generator>要素はフィードを生成したプログラムの情報を表現します。以下はWordPress 2.8.6が生成した<generator>要素です。

```
<generator uri="http://wordpress.org/" version="2.8.6">
  WordPress
</generator>
```

uri属性には、そのプログラムに関連のあるURIを指定します。version属性には、そのプログラムのバージョンを指定します。<generator>要素の内容はプログラムの名称です。

▶ アイコン

<icon>要素には、いわゆるfavicon^{ファビコン}[注3]を指定します。要素の内容はfaviconのURIになります。

```
<icon>http://blog.example.jp/image/favicon.ico</icon>
```

▶ ロゴ

<logo>要素には、このフィードを象徴する画像を指定します。<icon>要素と同様に、内容には画像のURIを指定します。

```
<logo>http://blog.example.jp/image/logo.png</logo>
```

12.5 Atomの拡張

Atomはその拡張性の高さから、ブログ以外のさまざまなシステムで応用されています。たとえば次のフィードを見てください。

```
<feed xmlns="http://www.w3.org/2005/Atom"
      xmlns:os="http://a9.com/-/spec/opensearch/1.1/">
  <title>「REST」の検索結果</title>
  <id>http://example.jp/search?q=REST</id>
  <author><name>Example Co., Ltd.</name></author>
  <os:totalResults>3392</os:totalResults>
  <os:startIndex>21</os:startIndex>
  <os:itemsPerPage>10</os:itemsPerPage>
  <entry>
    <title>REST入門</title>
    <id>http://yohei-y.blogspot.com/2005/04/rest_23.html</id>
    <link href="http://yohei-y.blogspot.com/2005/04/rest_23.html"/>
  </entry>
  ...
</feed>
```

注3　WebサイトやWebページに関連付けられたアイコンです。ブラウザのブックマークやアドレス欄に表示します。

このフィードは3つの拡張要素を含んでいます。拡張要素はすべて「os」という接頭辞が示すOpenSearchの名前空間に属しています。OpenSearchは検索結果の標準フォーマットとして、Atomとはまったく別に標準化されている仕様です。Atomの名前空間以外の拡張要素は「外部マークアップ」(*Foreign Markup*) と呼びます。

OpenSearchに対応したプログラムから見ると、このフィードは「REST」で検索した結果のリソースの表現になります。<os:totalResults>要素は検索結果総数を表現し、<os:startIndex>要素や<os:itemsPerPage>要素はこのフィードのページ番号と出現する検索結果数を表現します。

一方でOpenSearchを実装していないプログラムは、このXMLを通常のAtomフィードとして扱います。これはAtomフォーマットの仕様で、知らない要素・属性は「必ず無視する」(*Must Ignore*) と定められているからです。

つまりOpenSearchを知らないプログラム、たとえば普通のフィードリーダーにはフィードとして見えるXMLデータが、OpenSearchに対応したプログラムには検索結果一覧として見えるのです。

Atomフィードとエントリは両方とも、子要素として任意の個数の外部マークアップが出現できるように設計されています。したがって複数の外部マークアップを組み合わせて利用できます。

以降では、OpenSearchを始めとしたAtomの拡張について見ていきます。

Atom Threading Extensions ── スレッドを表現する

フィード形式のデータは、ブログだけでなく掲示板やフォーラム、メーリングリストログのような、複数投稿者によるコンテンツにも適しています。タイトル(title)、著者(author)、更新日時(updated)、内容(content)など、Atomが用意している要素をそのまま利用できるからです。

ただし、このようなコンテンツはブログにはない特徴を持っています。それはある人が投稿したコンテンツに対して、ほかの人が次々と返答を行い一つの流れを作るという、いわゆるスレッド機能です。

スレッド機能はAtomの標準要素だけでは表現しきれません。そこで必要となるのがRFC 4685で定義しているAtom Threading Extensionsです。

▶名前空間

Atom Threading Extensionsの名前空間は以下になります。

```
http://purl.org/syndication/thread/1.0
```

ここからは「thr」という接頭辞は、この名前空間に結び付いていることとします。

▶<thr:in-reply-to>要素

まずは例を見てみましょう。

```
<feed xmlns="http://www.w3.org/2005/Atom"
      xmlns:thr="http://purl.org/syndication/thread/1.0">
  <id>http://bbs.example.jp/feed</id>
  <title>掲示板</title>
  <updated>2010-07-28T12:00:00Z</updated>
  <link rel="alternate" href="http://bbs.example.jp/"/>
  <link rel="self" href="http://bbs.example.jp/feed"/>
  <entry>
    <id>tag:bbs.example.jp,2010:1</id>
    <title>XMLとRESTについて</title>
    <updated>2010-07-27T12:12:12Z</updated>
    <link href="http://bbs.example.jp/entries/1"/>
    <summary>XMLとRESTの関係とは?</summary>
  </entry>
  <entry>
    <id>tag:bbs.example.jp,2010:1,1</id>
    <title>Re: XMLとRESTについて</title>
    <updated>2010-07-28T12:00:00Z</updated>
    <link href="http://bbs.example.jp/entries/1/1"/>
    <link rel="related" href="http://bbs.example.jp/entries/1"/>
    <thr:in-reply-to
      ref="tag:bbs.example.jp,2010:1"
      type="application/xhtml+xml"
      href="http://bbs.example.jp/entries/1"/>
    <summary>直接的な関係はありません。</summary>
  </entry>
</feed>
```

このフィードには2つのエントリがあります。最初のエントリ(<title>要

素が「XMLとRESTについて」となっているエントリ）に対して返答（<title>要素が「Re: XMLとRESTについて」となっているエントリ）が付けられています。この対応関係を表現しているのが<thr:in-reply-to>要素です。

<thr:in-reply-to>要素は次の4つの属性を持ちます。

- ref属性
  <thr:in-reply-to>要素があるエントリが参照しているエントリ（親エントリ）のID。必須
- href属性
  このエントリの表現を取得するためのURI。任意
- type属性
  href属性で参照するリソースのメディアタイプ。任意
- source属性
  ref属性で参照するエントリを含むフィードのURI。任意

<thr:in-reply-to>要素は1つのエントリに複数出現できます。つまり、1つのエントリが複数のエントリに対する返答となれます。

RFC 4685では<thr:in-reply-to>要素を認識しないクライアントのために、<thr:in-reply-to>要素を使うときは、rel属性の値が「related」であり、href属性の値が親メッセージのIDである<link>要素を入れることを推奨しています。スレッドを認識できないクライアントでも、少なくともこのエントリと関連があることだけはわかるからです。

▶repliesリンク関係とthr:count属性／thr:updated属性

<thr:in-reply-to>要素は返答する側で利用する要素でしたが、返答される側、すなわち親エントリの側から子エントリを参照するときに使うのがrepliesリンク関係です。

```
<entry xmlns="http://www.w3.org/2005/Atom"
       xmlns:thr="http://purl.org/syndication/thread/1.0">
  <id>tag:blog.example.jp,2010:1</id>
  <title>最初のブログポスト</title>
  <author><name>山本陽平</name></author>
  <updated>2010-08-24T10:00:00Z</updated>
  <link href="http://blog.example.jp/entries/1"/>
```

```
<link rel="replies"
      href="blog.example.jp/entries/1/commentsfeed"
      type="application/atom+xml"
      thr:count="10"
      thr:updated="2010-08-24T10:20:00Z"/>
<thr:total>15</thr:total>
<summary>最初の記事です。</summary>
</entry>
```

この例はタイトルが「最初のブログポスト」のエントリを表現しています。このエントリはrepliesリンク関係で返答への参照を持ちます。

repliesリンク関係には次の5つの属性が登場します。

- rel属性
    repliesという値。必須

- href属性
    このエントリへの返答があるリソースのURI。必須

- type属性
    hrefで参照するリソースのメディアタイプ。省略時のデフォルトはapplication/atom+xmlになる。任意

- thr:count属性
    hrefで参照するリソースの返答総数（正の整数）。RFC 4685が定義するグローバル属性。任意

- thr:updated属性
    このエントリへの返答が最後に更新された時刻。RFC 4685が定義するグローバル属性。任意

▶ <thr:total>要素

先の例ではもう一つ拡張要素が使われています。それが<thr:total>要素です。<thr:total>要素には、このエントリへの返答総数が入ります。

先のrepliesリンク関係のthr:count属性と一見同じに見えますが、thr:count属性が参照先のリソースに入っている返答の数を表現するのに対し、<thr:total>要素はこのエントリへの返答総数を表現します。すなわち先の例からは、このブログポストには20分の間に15件のコメントが付き、そのうち10件をhttp://blog.example.jp/entries/1/commentsfeedからAtom形式で

Atom License Extension —— ライセンス情報を表現する

RFC 4946が定義しているAtom License Extensionは比較的簡単な仕様です。この仕様の目的はフィードやエントリのライセンス情報を表現することです。

まずは例を見てください。

```
<entry>
  <id>tag:blog.examplejp,2010:sample</id>
  <title>サンプルエントリ</title>
  <updated>2010-12-31T12:00:00Z</updated>
  <link rel="alternate" href="http://blog.example.jp/entries/1"/>
  <link rel="license"
    href="http://creativecommons.org/licenses/by-nc/3.0/"/>
  <author><name>山田太郎</name></author>
  <content type="text">サンプルです。</content>
</entry>
```

ここで注目すべきはrel属性の値がlicenseである<link>要素(ライセンスリンク)です。このライセンスリンクは、このエントリのライセンスがCreative Commonsのby-nc[注4]であることを示しています。これは前章で紹介したmicroformatsのrel-licenseと同じ構造をしています。

この例では<link>要素は<entry>要素の子要素でしたが、<feed>要素の子要素にもできます。

```
<feed xmlns="http://www.w3.org/2005/Atom">
  <id>tag:blog.example.jp,2010:atom</id>
  <title>サンプルフィード</title>
  <updated>2010-12-31T12:00:00Z</updated>
  <link rel="self" href="http://blog.example.jp/atom"/>
  <link rel="license"
    href="http://creativecommons.org/licenses/by-nc/3.0/"/>
```

注4　原著者のクレジットを表示し、非営利目的かつ同一許諾条件で頒布する場合に複製・改変できるライセンスです。

```
  <entry>
    ...
  </entry>
</feed>
```

　<feed>要素の子要素としてライセンスリンクが入っている場合、そのライセンス情報は配下の<entry>要素に引き継がれます。すなわち、上記の場合は個々の<entry>要素にライセンス情報がない場合、自動的にCreative Commonsのby-ncを設定します。個別の<entry>要素で明示的にライセンス情報を埋め込んだ場合は、そちらの情報で上書きします。

▶名前空間

　rel-licenseはrel属性の値だけを定義した仕様です。したがってrel-licenseには名前空間はありません。

▶複数ライセンス

　<entry>要素や<feed>要素はライセンスリンクを複数持てます。この場合は複数のライセンスから選択可能であることを示します。

▶ライセンスを指定しない場合

　特定のライセンスを指定しないことを明示したい場合は、unspecifiedリンクを指定します。

```
<entry>
  <id>tag:blog.examplejp,2010:sample</id>
  <title>サンプルエントリ</title>
  <updated>2010-12-31T12:00:00Z</updated>
  <link rel="alternate" href="http://blog.example.jp/entries/1"/>
  <link rel="edit" href="http://blog.example.jp/entries/1.atom"/>
  <link rel="license"
    href="http://purl.org/atompub/license#unspecified"/>
  <author><name>山田太郎</name></author>
  <content type="text">サンプルです。</content>
</entry>
```

　http://purl.org/atompub/license#unspecified というURIは、ライセンスを

指定しないことを意味する特別なURIです。

▶Atomの<rights>要素との関係

ところで、Atomには<rights>要素があります。これはフィードやエントリの権利情報を記述する要素です。一見、これはライセンスリンクと機能が重複しているように見えますが、この両者には明確な目的の違いがあります。ライセンスリンクはプログラムでのライセンス処理を目的に、<rights>要素は人間が読んで理解することを目的にしています。

```
<entry>
  <id>tag:blog.example.jp,2010:sample</id>
  <title>サンプルエントリ</title>
  <updated>2010-12-31T12:00:00Z</updated>
  <link rel="alternate" href="http://blog.example.jp/entries/1"/>
  <link rel="edit" href="http://blog.example.jp/entries/1.atom"/>
  <link rel="license"
    href="http://creativecommons.org/licenses/by-nc/3.0/"/>
  <author><name>山田太郎</name></author>
  <rights>
    Copyright (c) 2010. Some rights reserved.
    このエントリのライセンスはCreative Commonsのby-ncになります。
  </rights>
  <content type="text">サンプルです。</content>
</entry>
```

Feed Paging and Archiving ── フィードを分割する

RFC 5005という覚えやすい番号で定義しているのがFeed Paging and ArchivingというAtomの拡張仕様です。

たとえば1万件の検索結果をフィードで表現する場合、すべての結果エントリを1つのフィードに含めることは非現実的です。通常は検索結果を数十件ごとに分割し、複数のフィードに分けて表現します。また、大量のエントリを含むブログでは、年月別にエントリを分類し複数のフィードに分けて表現します。

これらのように「検索結果」や「ブログ」といった1つのコレクションが、複

数のフィードに分かれていることを表現するのがFeed Paging and Archivingです。

▶名前空間

Feed Paging and Archivingの名前空間は以下になります。

```
http://purl.org/syndication/history/1.0
```

ここからは「fh」という接頭辞は、この名前空間に結び付いていることとします。

▶フィードの種類

Feed Paging and Archivingでは、フィードを次の3つに分類しています。

- 完全フィード(*Complete Feed*)
  すべてのエントリを1つの文書に含んでいるフィード
- ページ化フィード(*Paged Feed*)
  エントリを複数の一時的な文書に分割しているフィード
- アーカイブ済みフィード(*Archived Feed*)
  エントリを複数の恒久的な文書に分割しているフィード

▶完全フィード

完全フィードは、そのフィード文書単体で、コレクションに含まれるすべてのメンバリソースを含んでいるフィードのことを言います。後述するページ化フィードのようにフィードが複数に分割されていないことを示すのが目的です。

完全フィードだと宣言するには、<feed>要素の直下に<fh:complete>要素を置きます。

```
<feed xmlns="http://www.w3.org/2005/Atom"
      xmlns:fh="http://purl.org/syndication/history/1.0">
  <id>tag:shop.example.jp,2010:po:ffc3211222</id>
  <title>ご注文明細</title>
  <link href="http://shop.example.jp/"/>
```

```
  <fh:complete/>
  <link rel="self"
        href="http://shop.example.jp/po/2010/ffc3211222.atom"/>
  <updated>2010-12-13T18:30:02Z</updated>
  <author>
    <name>株式会社XX堂</name>
  </author>
  <entry>
    <title>YYY</title>
    <link href="http://shop.example.jp/po/2010/ffc3211222/1"/>
    <id>tag:shop.example.jp,2010:po:ffc3211222:1</id>
  </entry>
</feed>
```

　上記はネットショップの注文明細を表現するAtomフィードです。この注文では全部で1件の商品(エントリ)を受け付けたとしましょう。その場合、今回の注文は全部でこの1件だけであることを示すために<fh:complete>要素が使えます。フィードが完全フィードであることを明示すると、クライアントプログラムが作成しやすくなる可能性があります。

▶ ページ化フィード

　膨大な件数のエントリを含むフィードを、いくつかのページに分割するのがページ化フィードです。
　複数ページのページ間の関係を示すリンク関係を**表12.2**にまとめました。
　ページ化フィードの例を示します。

```
<feed xmlns="http://www.w3.org/2005/Atom">
```

表12.2 ページ間の関係を示すリンク関係

リンク関係	意味
first	最初のページへのリンク
last	最後のページへのリンク
previous	前のページへのリンク
next	次のページへのリンク
current	現在のページへのリンク

※firstとlastは、RFC 5005ではなく、Atomの仕様策定後にIANAに提案されたリンク関係

```
<title>検索結果3/5</title>
<link rel="first" href="http://example.jp/search?q=test&amp;p=1"/>
<link rel="last" href="http://example.jp/search?q=test&amp;p=5"/>
<link rel="next" href="http://example.jp/search?q=test&amp;p=4"/>
<link rel="previous" href="http://example.jp/search?q=test&amp;p=2"/>
<link rel="current" href="http://example.jp/search?q=test&amp;p=3"/>
 ...
</feed>
```

▶ アーカイブ済みフィード

アーカイブ済みフィードは、ブログサービスを例に考えるとわかりやすいでしょう。通常のブログサービスは、トップページに最新のエントリが数件並び、過去のエントリにさかのぼれるようになっています。トップページはフィードで考えるとページ化フィードです。ブログサービスには時系列で最新順のページがある一方で、月別のアーカイブも持っています。この月別のアーカイブをフィードで表現するための仕様がアーカイブ済みフィードです。

ページ化フィードと比べると、アーカイブ済みフィードは次の特徴を持っています。

- フィードに含まれるエントリの内容が比較的固定されている（完全フィードになる可能性もある）
- フィードごとに含まれるエントリの個数にバラつきがある（ページ化フィードは、10件ずつなどエントリ数が一定である）

上記の特徴を持つフィードを表現するために、RFC 5005では表12.3で示すリンク関係を定義しています。

アーカイブ済みフィードの例を示します。

表12.3　アーカイブ間の関係を示すリンク関係

リンク関係	意味
prev-archive	前のアーカイブであるフィードへのリンク
next-archive	次のアーカイブであるフィードへのリンク
current	（ブログのトップページに対応するような）最新のフィードへのリンク

```
<feed xmlns="http://www.w3.org/2005/Atom"
      xmlns:fh="http://purl.org/syndication/history/1.0">
  <title>2010年8月のアーカイブ</title>
  <link rel="self" href="http://blog.example.jp/201008.atom"/>
  <fh:archive/>
  <link rel="current" href="http://blog.example.jp/index.atom"/>
  <link rel="next-archive" href="http://blog.example.jp/201009.atom"/>
  <link rel="prev-archive" href="http://blog.example.jp/201007.atom"/>
  <updated>2010-09-02T12:00:00Z</updated>
  <author>
    <name>John Doe</name>
  </author>
  <id>tag:blog.example.jp,2010:201008</id>
  <entry>
    <title>夏の終わりに</title>
    <link href="http://example.jp/201008/32"/>
    <id>tag:blog.example.jp,2010:201008/32</id>
    <updated>2010-08-24T12:00:00Z</updated>
  </entry>
  ...
</feed>
```

<fh:archive>要素は、このフィードがアーカイブ済みフィードであることを示す空要素です。このアーカイブは2010年8月のアーカイブなので、next-archiveリンク関係は9月に、prev-archiveリンク関係は7月にリンクしています。currentリンク関係では最新のフィードである/index.atomへリンクしています。

OpenSearch —— 検索結果を表現する

本節の冒頭でAtom拡張の例として紹介したOpenSearchは、Amazonの子会社A9が中心になって策定している仕様です。バージョン1.1からはopensearch.orgで仕様が公開されています[注5]。OpenSearchは検索エンジンのWeb APIのベースとなる仕様で、さまざまな検索サービスが活用していま

注5　http://www.opensearch.org/Specifications/OpenSearch/1.1

す。

OpenSearchは大きく分けると次の4つのパートに分かれます。

- Description Document
  検索エンジンが提供する検索機能をプログラムから理解可能な形式で記述するXML形式
- URL Template Syntax
  検索結果リソースを表現するURLの検索クエリ部分をパラメータ化する仕様
- Query Element
  URL Template Syntaxで使用する検索パラメータを記述するXML要素。Description Documentと検索結果の両方で利用する
- Response Element
  検索結果をAtomやRSS 2.0などのフィード形式で表現するための拡張要素

すなわち、クライアントプログラムはDescription Documentで記述した検索パラメータの仕様に基づいて検索URIを組み立て[注6]、検索エンジンから検索結果リソースを取得します。その結果はResponse Elementで拡張されたフィード形式になります。

以降ではAtomの拡張となるResponse Elementについてのみ解説します。OpenSearch 1.1はResponse Elementとして4つの要素を定義しており、すべて<feed>要素の直下に配置します。

▶名前空間

OpenSearch 1.1の名前空間は以下になります。

```
http://a9.com/-/spec/opensearch/1.1/
```

ここからは「os」という接頭辞は、この名前空間に結び付いていることとします。

▶<os:totalResults>要素

<os:totalResults>要素は、検索結果総数を表現する正の整数です。

注6 このように、ユーザの入力によって変化するパラメータを用いてURIを組み立てるのは、HTMLのフォームと同じ機能です。実際、Description Documentはフォームの一種であると言えます。

```
<os:totalResults>492420</os:totalResults>
```

▶ <os:startIndex>要素

<os:startIndex>要素は、このフィードに入っている検索結果の最初のエントリのインデックスを示します。たとえばフィードに入っている検索結果が31件目からである場合は次のようになります。

```
<os:startIndex>31</os:startIndex>
```

▶ <os:itemsPerPage>要素

<os:itemsPerPage>要素は、1フィードに入る最大の検索結果エントリ数を示します。たとえばGoogleのデフォルトのように検索結果を10件ずつ表示する場合は次のようになります。

```
<os:itemsPerPage>10</os:itemsPerPage>
```

▶ <os:Query>要素

<os:Query>要素は検索クエリを示します。たとえば「rest xml」という2つのキーワードで検索した場合は次のようになります。

```
<os:Query role="request" searchTerms="rest xml"/>
```

role属性は<os:Query>要素で表現する検索クエリの役割を示します。Response Elementで用いる場合は、この値は常に「検索リクエストで使われたクエリ」を意味する「request」になります。

▶ リンク関係

OpenSearchでは、先のFeed Paging and Archiving (RFC 5005) で紹介した表12.2のリンク関係を使って検索結果をページ化できます。

OpenSearchを認識するプログラムはこれらのリンク関係を利用して、検索結果を20件ずつ5回、トータルで100件取得するような、ページをめく

る処理を実現できます。

12.6 Atomを活用する

本章で見てきたとおり、Atomはタイトル、著者、更新日時といった基本的なメタデータを備えたリソース表現のためのフォーマットです。タイトル、著者、更新日時のメタデータ3点セットは、ブログ以外のコンテンツでも有用なことが多いでしょう。

Atomは多様なアプリケーション用の拡張が用意されたフォーマットでもあります。この拡張性により、Atomはブログ以外の用途にも用いられています。たとえばポッドキャストによる音楽配信や、写真管理、検索エンジンなどです。これらのアプリケーションはXMLの名前空間のしくみを使ってAtomに独自の要素を追加しています。

また、Atomは次章で解説するAtomPubと組み合わせることで、リソースの表現だけでなくHTTPを活用した操作もできるようになります。

第13章 Atom Publishing Protocol

本章では Atom Publishing Protocol について解説します。このプロトコルを採用すると、ブラウザ以外の Web クライアントからブログを投稿したり、システム同士を連携したりといったことが簡単にできるようになります。

13.1 Atom Publishing Protocol とは何か

Atom と AtomPub

名前が示すとおり、Atom Publishing Protocol(AtomPub)は前章で解説した Atom Syndication Format(Atom)と兄弟のような仕様です。Atom と AtomPub の関係を次に示します。

- Atom
  データフォーマットの規定(フィード、エントリ)
- AtomPub
  Atom を利用したリソース編集プロトコルの規定

AtomPub は、Atom が規定したフィードやエントリで表現するリソースの編集、いわゆる CRUD 操作を実現するためのプロトコルです。

AtomPub の意義

AtomPub 以前にもブログを編集するためのプロトコルは存在しました。

第4部　ハイパーメディアフォーマット

たとえばXML-RPCベースのMetaWeblog API[注1]やblogger API[注2]などです。しかしこれらのAPIは、国際化や拡張性で難点がありました。また、RPCベースのAPIであるために、ブログの投稿・編集に特化したAPIになっている点も問題でした。

AtomPubはこれらの問題を解決します。AtomPubは、汎用的なWeb APIの基礎を成すプロトコルとしての素質を備えています。

AtomPubとREST

第3章で述べたように、RESTは分散ネットワークシステムのアーキテクチャスタイル（システムを設計するための指針）です。したがって特定の仕様や実装を指すわけではありません。これに対してAtomPubはプロトコル仕様です。AtomPubの設計はRESTスタイルに基づいて行われました。つまりAtomPubは、RESTスタイルに基づいたプロトコル仕様です。

RESTはアーキテクチャスタイルのため、実際のリソース設計やリンク機構の提供はシステム設計者の手に委ねられています。これには設計者の自由度が確保できる利点がある反面、RESTを正しく理解していないと上手に設計できないという欠点があります。

AtomPubはこの欠点を解決します。AtomPub仕様は基本的なリソースモデルとリンク機構を提供してくれるので、我々が独自に設計する必要のある部分が大幅に削減されます。また、AtomPub対応のフレームワークやライブラリ[注3]を利用すれば、実装工数も削減できるでしょう。さらに、標準化されたプロトコルを用いることで相互運用性も高まります。

注1　http://www.xmlrpc.com/metaWeblogApi
注2　http://www.blogger.com/developers/api/1_docs/
注3　JavaにはApache Abdera（http://incubator.apache.org/abdera/）、Pythonにはamplee（http://trac.defuze.org/wiki/amplee）、PerlにはXML::Atom::Server（http://search.cpan.org/~miyagawa/XML-Atom/lib/XML/Atom/Server.pm）があります。

13.2 AtomPubのリソースモデル

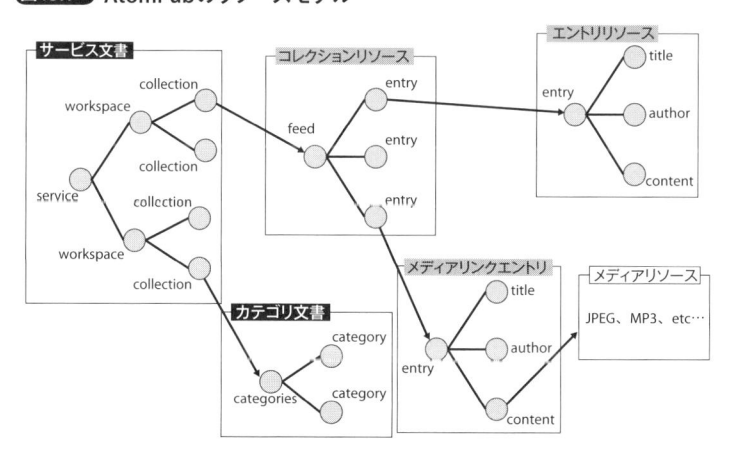

AtomPubではAtomが規定しているリソースモデルをベースに、エントリを操作します。

AtomPubで利用するリソースの関係を図13.1に示します。AtomPubでは、コレクションのメタデータを表現するサービス文書（*Service Document*）と、エントリのカテゴリに指定できる値を列挙するカテゴリ文書（*Category Document*）を追加しています。

13.3 ブログサービスを例に

さて、ここからはブログサービスを例に、AtomPubがどのように適用できるかを紹介します。

サンプルとしてhttp://blog.example.jpというブログサイトを考えます。http://blog.example.jpにアクセスすると、最新のブログ記事一覧がHTMLとして取得できます。これは最新の記事一覧リソースのHTML表現です。個々の記事は、http://blog.example.jp/entry/1234のように記事IDが入った

図13.1 AtomPubのリソースモデル

URIで特定できるとします。

このブログサイトのトップページはAtomのコレクションリソースであると考えられます。より正確に言うと、このブログサイトのエントリを含むのがコレクションリソースであり、このサイトのトップページはそのコレクションリソースにある記事の最新の一覧のHTML表現です。

1つのリソースは複数の表現を持てます。トップページはHTML表現でしたが、AtomPubに基づくとコレクションリソースはAtomフィード形式でも表現できます。

トップページのAtomフィードのURIはhttp://blog.example.jp/feedとしましょう。フィードを取得すると次のようになります。

リクエスト
```
GET /feed HTTP/1.1
Host: blog.example.jp
```

レスポンス
```
HTTP/1.1 200 OK
Content-Type: application/atom+xml; type=feed

<feed xmlns="http://www.w3.org/2005/Atom">
  <id>tag:blog.example.jp,2010:feed</id>
  <title>サンプルブログ</title>
  <link ref="http://blog.example.jp" rel="alternate"/>
  <link ref="http://blog.example.jp/feed" rel="self"/>
  <author><name>yohei</name></author>
  <updated>2010-08-24T13:11:54Z</updated>
  <entry>
    <id>tag:blog.example.jp,2010-08-24:entry:1234</id>
    <title>テスト日記</title>
    <updated>2010-08-24T13:11:54Z</updated>
    <link href="http://blog.example.jp/entry/1234" rel="alternate"/>
    <link href="http://blog.example.jp/entry/1234.atom" rel="edit"/>
    <content>テストです。</content>
  </entry>
  <entry>...</entry>
  <entry>...</entry>
  <entry>...</entry>
</feed>
```

以降では、まずメンバリソース(エントリリソース、メディアリソース、メディアリンクエントリ)の操作について解説したあと、コレクションリソースのメタデータを表現するサービス文書とカテゴリ文書について解説します。

13.4 メンバリソースの操作

エントリ単位での操作

フィードに含まれている各エントリは固有のURIを持ちます。それぞれのURIにHTTPメソッドを適用すればCRUD操作が実現できます。

クライアントはこの編集用URIをどうやって見つけるのでしょうか。AtomPubではAtomの<link>要素で編集用URIにリンクを張ります。先の例で言えば、次の部分がそのリンクになります。

```
<link href="http://blog.example.jp/entry/1234.atom" rel="edit"/>
```

このようにrel属性がeditという値の<link>要素を「編集リンク」(Edit Link)と呼びます。

▶GET──エントリの取得

まずはこのリンクをGETで取得してみましょう。

リクエスト
```
GET /entry/1234.atom HTTP/1.1
Host: blog.example.jp
```

レスポンス
```
HTTP/1.1 200 OK
Content-Type: application/atom+xml; type=entry

<entry xmlns="http://www.w3.org/2005/Atom">
  <id>tag:blog.example.jp,2010-08-24:entry:1234</id>
  <title>テスト日記</title>
```

```
    <author><name>yohei</name></author>
    <updated>2010-08-24T13:11:54Z</updated>
    <link href="http://blog.example.jp/entry/1234" rel="alternate"/>
    <link href="http://blog.example.jp/entry/1234.atom" rel="edit"/>
    <content>テストです。</content>
</entry>
```

Content-Typeの値が先ほどと微妙に異なっていることに注意してください。リソースの表現がフィードの場合はtypeパラメータの値がfeedでしたが、エントリの場合はentryです。

▶PUT —— エントリの更新

クライアントは取得したエントリを編集し、サーバにPUTしてエントリの情報を更新します。

リクエスト

```
PUT /entry/1234.atom HTTP/1.1
Host: blog.example.jp
Authorization: Basic dXNlcjpwYXNz
Content-Type: application/atom+xml; type=entry

<entry xmlns="http://www.w3.org/2005/Atom">
  <id>tag:blog.example.jp,2010-08-24:entry:1234</id>
  <title>テスト日記</title>
  <author><name>yohei</name></author>
  <updated>2010-08-24T13:11:54Z</updated>
  <link href="http://blog.example.jp/entry/1234" rel="alternate"/>
  <link href="http://blog.example.jp/entry/1234.atom" rel="edit"/>
  <content>修正しました。</content>
</entry>
```

レスポンス

```
HTTP/1.1 200 OK
```

PUTするときに、変更したところ以外はGETしたリソースをそのまま送信していることに注意してください。この例では変わっている部分は<content>要素だけです。AtomPubの仕様では、知らない要素・属性も含めてすべてを再送信することが求められています。これは一見非効率な仕

様に見えますが、AtomPubが提供する拡張性を実現するためには必要なことです。

特に、クライアントが送信している<updated>要素が、取得してきた時刻と同じであることに注意してください。<updated>要素や<published>要素の値は基本的にサーバ側が設定するので、クライアントがわざわざ設定する必要はありません。エントリには<updated>要素が必須ですので、通常はこのように適当な値を入れておきます。

▶DELETE —— エントリの削除

DELETEでこのエントリを削除できます。

リクエスト
```
DELETE /entry/1234.atom HTTP/1.1
Host: blog.example.jp
Authorization: Basic dXNlcjpwYXNz
```

レスポンス
```
HTTP/1.1 200 OK
```

▶POST —— エントリの作成

CRUD操作の最後は作成です。リソースの作成はコレクションリソースにPOSTすることで行います。

リクエスト
```
POST /feed HTTP/1.1
Host: blog.example.jp
Authorization: Basic dXNlcjpwYXNz
Content-Type: application/atom+xml; type=entry

<entry xmlns="http://www.w3.org/2005/Atom">
  <id>urn:uuid:1225c695-cfb8-4ebb-aaaa-80da344efa6a</id>
  <title>テスト日記</title>
  <author><name>yohei</name></author>
  <updated>2010-08-24T16:11:54Z</updated>
  <content>新しいエントリです。</content>
</entry>
```

第4部　ハイパーメディアフォーマット

> **レスポンス**
> ```
> HTTP/1.1 201 Created
> Location: http://blog.example.jp/entry/1235.atom
> Content-Type: application/atom+xml; type=entry
>
> <entry xmlns="http://www.w3.org/2005/Atom">
>   <id>tag:blog.example.jp,2010-08-24:entry:1235</id>
>   <title>テスト日記</title>
>   <author><name>yohei</name></author>
>   <updated>2010-08-24T13:11:55Z</updated>
>   <link href="http://blog.example.jp/entry/1235" rel="alternate"/>
>   <link href="http://blog.example.jp/entry/1235.atom" rel="edit"/>
>   <content>新しいエントリです。</content>
> </entry>
> ```

　エントリの生成が成功した場合は 201 Created が返ります。レスポンスの Location ヘッダには新しく作成したエントリの URI が入ります。レスポンスのエントリには、クライアントが POST したエントリには入っていない <link> 要素が追加されています。また、エントリの <id> 要素や <updated> 要素は、クライアントが生成した値を変更しています。このように AtomPub のサーバは、エントリのメタデータを自動的に追加・更新することがあります。

メディアリソースの操作

▶メディアリソースの作成

　エントリの作成はコレクションリソースへの POST で実現しました。しかし、メディアリソースはエントリではなく画像ファイルなどになります。<entry> 要素の XML 文書では画像本体を送ることができません。

　この場合は、メディアリソースの画像本体を POST します。まずは例を見てみましょう。

```
POST /media HTTP/1.1
Host: blog.example.jp
Content-Type: image/jpeg
Authorization: Basic dXNlcjpwYXNz
```

```
Slug: %E3%83%90%E3%83%A9

binary data...
```

　http://blog.example.jp/mediaはコレクションリソースです。このコレクションリソースはメディアリソースの投稿を受け付けます。このリクエストメッセージの本文には生のJPEGデータが入っています。

　第9章でも解説したSlugヘッダは、AtomPubが新たに定義したヘッダです。投稿するメディアリソースのURIやタイトルに使うヒントとなる[注4]文字列を%エンコードしたものです。この例ではUTF-8の「バラ」を%エンコードした文字列です。

　このリクエストが成功した場合のレスポンスは次のようになります。

```
HTTP/1.1 201 Created
Content-Type: application/atom+xml
Location: http://blog.example.jp/media/%E3%83%90%E3%83%A9.atom

<entry xmlns="http://www.w3.org/2005/Atom">
  <id>tag:blog.example.jp,2010-10-04:blog:media:%E3%83%90%E3%83%A9</id>
  <title>バラ</title>
  <author><name>test</name></author>
  <content type="image/jpeg"
    src="http://blog.example.jp/media/%E3%83%90%E3%83%A9.jpg"/>
  <link rel="edit-media"
    href="http://blog.example.jp/media/%E3%83%90%E3%83%A9.jpg"/>
  <link rel="edit"
    href="http://blog.example.jp/media/%E3%83%90%E3%83%A9.atom"/>
</entry>
```

　Locationヘッダにはメディアリソースに関連付けて作成されたメディアリンクエントリのURIが入り、レスポンスの本文にはメディアリンクエントリが入ります。メディアリンクエントリはrel属性がedit-mediaとeditの

注4　「ヒントとなる」はなかなか微妙な表現です。実際、このSlugヘッダの値はサーバがメディアリンクエントリのタイトルなどに使うかもしれないのですが、使わないかもしれません。たとえば、SlugヘッダにUTF-8でエンコードしたアラビア語が入ってきたとしましょう。内部のデータベースでは画像のタイトルをEUC-JPで保管していた場合、このSlugヘッダの値はそのままでは保管できません。サーバは何か適当な文字列を画像のタイトルに与えることになります。このSlugヘッダの扱いのように、AtomPubはクライアントからのリクエストの処理方法についてサーバ側に広い自由度を与えているプロトコルです。

2つの<link>要素を持ちます。edit-mediaリンクはメディアリソース(画像ファイル)の編集用URIです。editリンクはメディアリンクエントリ自身の編集用URIです。

▶メディアリソースの更新

画像データを更新したい場合は、edit-mediaリンクで参照できるURIにPUTを送ります。

```
リクエスト
PUT /media/%E3%83%90%E3%83%A9.jpg HTTP/1.1
Host: blog.example.jp
Authorization: Basic dGVzdDpwYXNz
Content-Type: image/jpeg

binary data...
```

```
レスポンス
HTTP/1.1 200 OK
```

13.5 サービス文書

1つのWeb APIがAtomPubで提供するコレクションリソースは、1つとは限りません。たとえば1つのブログサービスでも、複数ユーザのブログを提供したり、あるいはメディアリソース専用のコレクションリソースを持っていたりします。

AtomPubのサービス文書では、そのWeb APIが提供するコレクションリソースのメタデータを複数まとめて記述できます。サービス文書はコレクションリソースのリストを集めたホームページのようなものだと考えるとよいでしょう。

なお、サービス文書において、コレクションリソースをエントリリソースのようにCRUD操作する方法は、AtomPubの仕様では定義されていません。したがってここでは、コレクションリソースをすでに別の方法で作成

しているという前提で話を進めます。

まずサービス文書の例を見てみましょう。次の例ではhttp://blog.example.jp/atomsvcでサービス文書を提供しています。サービス文書はGETで取得できます。

リクエスト

```
GET /atomsvc HTTP/1.1
Host: blog.example.jp
```

レスポンス

```
HTTP/1.1 200 OK
Content-Type: application/atomsvc+xml

<service xmlns="http://www.w3.org/2007/app"
         xmlns:atom="http://www.w3.org/2005/Atom">
  <workspace>
    <atom:title>マイブログ</atom:title>
    <collection href="http://blog.example.jp/feed">
      <atom:title>サンプルブログ</atom:title>
      <categories fixed="no">
        <atom:category term="日常"/>
        <atom:category term="技術"/>
        <atom:category term="ネタ"/>
      </categories>
    </collection>
    <collection href="http://blog.example.jp/media">
      <atom:title>画像</atom:title>
      <accept>image/png</accept>
      <accept>image/jpeg</accept>
      <accept>image/gif</accept>
    </collection>
  </workspace>
</service>
```

メディアタイプ

先のレスポンスのContent-Typeヘッダに注目してください。application/atomsvc+xmlというメディアタイプを利用しています。これはサービス文

書を表現するメディアタイプです。

<service>要素

サービス文書は<service>要素をルートに持つXML文書です。

<service>要素などAtomPub仕様が定義している要素は、http://www.w3.org/2007/appという名前空間に所属します。これはAtomの名前空間（http://www.w3.org/2005/Atom）とは異なることに注意してください。本書では、サービス文書に登場するAtomの名前空間に所属する要素は「atom:」という接頭辞を付けて表現します。

<workspace>要素

<service>要素は子要素に必ず1つ以上の<workspace>要素を持ちます。

<workspace>要素はいくつかのコレクションリソースをまとめるためのものです。先の例では「サンプルブログ」コレクションリソースと「画像」コレクションリソースが含まれていました。

<workspace>要素はAtomから借りてきた<atom:title>要素を子要素として持ちます。すなわち、<workspace>要素にはタイトルを付けられます。先の例では「マイブログ」というタイトルでした。

<collection>要素

<workspace>要素は0個以上の<collection>要素を持ちます。

<collection>要素はAtomPubのコレクションリソースのメタデータを表現します。メタデータには以下が入ります。

- コレクションリソースのタイトル（<atom:title>要素）
- コレクションリソースのURI（<collection>要素のhref属性）
- コレクションリソースが許容するメディアタイプ（<accept>要素）
- コレクションリソースが許容するカテゴリ（<categories>要素）

<collection>要素にも<atom:title>要素で名前を付けられます。通常はフィードの<title>要素と同じ名前が入ります。<collection>要素のhref属性にはコレクションリソースのURIが入ります。コレクションリソースが許容するメディアタイプとカテゴリについては次項、次々項で詳述します。

<accept>要素

先の「画像」コレクションリソースには次の<accept>要素が含まれていました。

```
<collection href="http://blog.example.jp/media">
  <atom:title>画像</atom:title>
  <accept>image/png</accept>
  <accept>image/jpeg</accept>
  <accept>image/gif</accept>
</collection>
```

これは、画像ファイルをメディアリソースとして蓄積できるコレクションリソースです。<accept>要素はこのコレクションリソースが受け付け可能なメディアタイプを示します。この例の場合、「画像」コレクションリソースにはPNG、JPEG、GIFの3種類の画像を登録できることを示しています。

先の「サンプルブログ」コレクションリソースでは<accept>要素を省略していました。この場合は次の指定と同じ意味になります。

```
<collection href="http://blog.example.jp/feed">
  <accept>application/atom+xml; type=entry</accept>
</collection>
```

カテゴリ

「サンプルブログ」コレクションリソースには次の<categories>要素が含まれていました。

```
<categories fixed="no">
  <atom:category term="日常"/>
  <atom:category term="技術"/>
  <atom:category term="ネタ"/>
</categories>
```

 \<categories\>要素は、このコレクションリソースで利用可能なカテゴリを示します。この例の場合、「サンプルブログ」コレクションリソースでは「日常」「技術」「ネタ」の3つのカテゴリが利用可能であることを意味します。

 \<categories\>要素はfixed属性を持てます。fixed属性の値は「yes」または「no」になります。fixed属性がyesの場合、このコレクションのエントリには\<categories\>要素で指定したカテゴリのみを指定可能です。fixed属性がnoの場合、ここで指定したカテゴリ以外を持ったエントリも追加できます。fixed属性を指定しなかった場合のデフォルト値はnoです。

▶カテゴリ文書

 カテゴリは、サービス文書ではなく外部のカテゴリ文書で表現することもできます。カテゴリ文書のURIはサービス文書の\<categories\>要素のhref属性で指定します。href属性がある場合は\<categories\>要素は子要素を持てません。

```
<categories href="http://blog.example.jp/atomcat"/>
```

 上記のカテゴリ文書のURIをGETしてみましょう。

リクエスト
```
GET /atomcat HTTP/1.1
Host: blog.example.jp
```

レスポンス
```
HTTP/1.1 200 OK
Content-Type: application/atomcat+xml

<categories fixed="no"
            xmlns="http://www.w3.org/2007/app"
            xmlns:atom="http://www.w3.org/2005/Atom">
```

```
  <atom:category term="日常"/>
  <atom:category term="技術"/>
  <atom:category term="ネタ"/>
</categories>
```

カテゴリ文書は「application/atomcat+xml」というメディアタイプで識別します。カテゴリ文書のルート要素は<categories>要素で、子要素は<atom:category>要素となります。カテゴリをカテゴリ文書で表現する場合、fixed属性は参照先のカテゴリ文書で指定します。

▶ カテゴリの追加

AtomPubの仕様では、カテゴリ文書にカテゴリを追加する方法について明記していません。

これは、AtomPubのカテゴリはソーシャルブックマークの「タグ」に近い、と考えるとわかりやすいでしょう。ソーシャルブックマークでは、ブックマーク登録時に自分の好きなタグを付けられます。このとき、それまで利用したことのないタグを付けた場合は、そのタグを自動的に作成します。タグ一覧を編集してタグを追加し、ブックマーク時にプルダウンメニューからタグを選ぶわけではありません。

カテゴリ文書でfixed="no"が指定できるのであれば、ソーシャルブックマークのように、エントリの新規投稿時にクライアントが自由にカテゴリを付けるようにサーバを実装すべきです。

カテゴリ文書でfixed="yes"を指定した場合は、AtomPubとは別のインタフェースでカテゴリ情報を編集できるようにしなければなりません。残念ながらカテゴリ情報編集の標準APIはありませんので、必要であれば独自で設計します。

13.6
AtomPubに向いているWeb API

本章で解説したとおり、AtomPubはタイトルや更新日時といった基本的なメタデータを持ったリソースであるエントリをCRUDするWeb APIのた

めのプロトコルです。AtomPubに対応したフレームワークやライブラリは多数あるため、独自のプロトコルを定義するよりも実装が簡単になります。

実際、GoogleはAtomPubをベースとしたGDataを使って自社のさまざまなWebサービスのAPIを提供しています。AtomPubという共通のプロトコルを使って、ブログやカレンダー、スプレッドシート、アルバムなどを編集できるようになっているのです。

もちろんAtomPubは万能のプロトコルではありません。無理矢理AtomPubを当てはめても良いことはありません。参考までに、筆者が考えるAtomPubに向いているAPIと向いていないAPIをまとめてみました。

- AtomPubに向いているWeb API
    - ブログサービスのAPI
    - 検索機能を持つデータベースのAPI
    - マルチメディアファイルのリポジトリのAPI
    - タグを使ったソーシャルサービスのAPI
- AtomPubに向いていないWeb API
    - Cometを利用するような、リアルタイム性が重要なAPI
    - 映像のストリーム配信など、HTTP以外のプロトコルを必要とするAPI
    - データの階層構造が重要なAPI
    - 「タイトル」「作者」「更新日時」など、Atomフォーマットが用意するメタデータが不要なAPI

Web APIを開発するときは、Webサービスの特性に合わせてベースとなるプロトコルやデータフォーマットを選びましょう。

第14章
JSON

ここまではHTML、microformats、AtomというXML系のリソース表現を解説してきました。最後に紹介するフォーマットは、より軽量なデータ表現形式であるJSONです。JSONはXMLのように文書をマークアップすることには向いていませんが、ハッシュや配列といったプログラミング言語から扱いやすいデータ構造を記述できることが特徴です。

14.1 JSONとは何か

JSONはJavaScript Object Notationの略で、RFC 4627が規定するデータ記述言語です。その名が示すとおりJavaScriptの記法でデータを記述できる点が最大の特徴です。記法はJavaScriptですが、そのシンプルさから多くの言語がライブラリを用意しているため、プログラミング言語間でデータを受け渡せます。

Webサービスでは、ブラウザがJavaScriptを実行できるので相性が良いこと、XMLと比べてデータ表現の冗長性が低いことなどの利点から、Ajax通信におけるデータフォーマットとして活用されています。

14.2 メディアタイプ

JSONのメディアタイプは「application/json」です。

JSONは仕様上UTF-8、UTF-16、UTF-32のいずれかでエンコードすることになっているため最初の4バイトをチェックすれば自動的に文字エンコ

ーディングを特定できますが、HTTPヘッダなどのメディアタイプでcharsetパラメータも指定できます。以下のHTTPヘッダは、このメッセージのボディがUTF-8でエンコードしたJSONであることを意味します。

```
Content-Type: application/json; charset=utf-8
```

XMLやHTMLと同様に、特別な理由がない限りはUTF-8を使うのが無難です。

14.3 拡張子

JSONファイルには「.json」という拡張子を用いることが推奨されています。明示的にJSON表現を取得したい場合は、URIに「.json」を付けるようにリソースを設計するとよいでしょう。

14.4 データ型

JSONに組み込みで用意されているデータ型には次の6つがあります。

- オブジェクト
- 配列
- 文字列
- 数値
- ブーリアン
- null

以降ではこれらのデータ型について解説します。また、組み込み型としては用意されていませんが、Web APIを作るときに重要な日時とリンクについても解説します。

オブジェクト

オブジェクトは名前と値の集合です。名前と値の組をオブジェクトの「メンバ」と呼びます。JavaScriptではメンバの名前に識別子や数値もとれますが、JSONではメンバの名前は常に文字列です。メンバの値は、文字列や数値はもちろんオブジェクトや配列など、JSONのデータ型であれば何でも入れられます。

```
{
  "name": {
    "first": "Yohei",
    "last": "Yamamoto"
  },
  "blog": "http://yohei-y.blogspot.com",
  "age": 34,
  "interests": ["Web", "XML", "REST"]
}
```

オブジェクトは「{」で始まり「}」で終わります。メンバは「,」で区切り、メンバの名前と値は「:」で区切ります。

この例は、name、blog、age、interestsの4つのメンバを持つオブジェクトです。メンバはそれぞれ順に、オブジェクト、文字列、数値、配列を値として持っています。

配列

配列は順序を持った値の集合です。ゼロ個以上の値を持てます。

文字列の配列
```
["foo", "bar", "baz"]
```

オブジェクトの配列
```
[{"foo": "bar"}, {"hoge": "piyo"}]
```

配列の配列
```
[[10, 10], [40, 50]]
```

空配列
```
[]
```

複雑な配列
```
[{"foo": "bar"}, "baz", 100, true, null]
```

配列は「[」で始まり、「]」で終わります。値は「,」で区切ります。

文字列

JSONの文字列は必ず二重引用符(")で囲みます。どのような文字も「\uXXXX」という形式(「\u」に続けて4桁の16進数で表現したUnicode番号)でエスケープできます。また、バックスラッシュ(\)や改行といったコントロール文字は、特殊なエスケープ表記を持っています。

単純な文字列
```
"あいう"
```

エスケープ表記した「あいう」という文字列
```
"\u30A2\u30A4\u30A6"
```

バックスラッシュ (\\) と改行 (\n) を含む文字列
```
"foo\\bar\n"
```

数値

JSONの数値には整数と浮動小数点数の両方が含まれます。数値の表記は10進表記に限ります。

整数値
```
10
```

負の整数
```
-100
```

小数部のついた数値
```
30.1
```

指数
```
1.0e-10
```

ブーリアン

　値に真か偽をとるブーリアン型はリテラル[注1]で用意されています。「true」と「false」のように必ずすべてを小文字で書く必要があります。

null

　null値[注2]もリテラルで用意されています。必ず「null」と小文字で書く必要があります。

日時

　JSONには組み込み型としての日時型がありません。したがって日時を表現するときは開発者側で何らかの規定を用意しなければなりません。
　最も単純なのはUNIX時間[注3]を数値として表現する方法です。次の例は2009年2月14日8時31分30秒に相当します。

```
1234567890
```

　しかしUNIX時間の場合、そのままではタイムゾーンを扱えません。タイムゾーンを扱う必要がある場合は、JavaScriptのDateクラスのtoString( )関数で出力した文字列が利用できます。

```
"Mon Nov 01 2010 05:43:35 GMT+0900"
```

注1　プログラムのソースコードに直接記述する変数や定数以外の値のことです。
注2　プログラミング言語において、値がないことを意味する値です。
注3　1970年1月1日0時0分0秒からの経過秒数で日時を表す単位です。

しかしこの関数はJavaScript処理系によって出力が異なるという問題があります。上記の例はFirefox 3.6での出力ですが、Internet Explorer 8では次のようになります。

```
"Mon Nov 01 05:43:35 UTC+0900 2010"
```

そのため、より標準的なフォーマットで日時を格納するのが望ましいでしょう。以下はISO 8601フォーマットの日時の例です。

```
"2010-11-01T05:43:35+09:00"
```

リンク

ハイパーメディアフォーマットにはリンクが欠かせません。JSONでリンクを実現するには、単純にURIを文字列値として持つのが最も簡単です。

```
{
  "href": "http://example.jp/foo/bar"
}
```

URIは絶対URIにしておくほうが無難でしょう。相対URIも入れられますが、相対URIの解決に利用するベースURIをはっきりとさせる必要があります。

URIを値に持つメンバの名前はhrefやsrcといったHTMLやAtomで馴染みのあるものにすると、そのプロパティがリンクであることが理解しやすいでしょう。

14.5 JSONPによるクロスドメイン通信

JSONでリソース表現を提供する副次的効果として、JSONP（ジェイソンピー）(*JSON with Padding*)を利用できることがあります。

クロスドメイン通信の制限

　JSONPを説明する前に、なぜJSONPが必要になるのかの背景を説明します。

　Ajaxで用いるXMLHttpRequestというJavaScriptのモジュールは、セキュリティ上の制限からJavaScriptファイルを取得したのと同じサーバとしか通信できません。JavaScriptがあるサーバとは別のサーバと通信できてしまうと、ブラウザで入力した情報をユーザが知らない間に不正なサーバに送信できてしまうからです。ちなみに、このように不特定多数のドメインに属するサーバにアクセスすることを「クロスドメイン通信」(ドメインをまたがった通信の意)と呼びます。

　しかし、複数のドメインのサーバと通信できず、単一のドメインのみと通信をしなければならないのは大きな制限です。たとえば自サービスでは地図データと郵便番号データを保持せずに、それらを提供しているほかのWeb APIから適宜取得することができないからです。

<script>要素による解決

　XMLHttpRequestではクロスドメイン通信ができませんが、実は代替手段があります。HTMLの<script>要素を用いると、複数のサイトからJavaScriptファイルを読み込めるのです。

```
<html xmlns="http://www.w3.org/1999/xhtml">
  <head>
    <script src="http://example.jp/map.js"></script>
    <script src="http://example.com/zip.js"></script>
    ...
  </head>
  ...
</html>
```

　上記の例では複数のドメイン(example.jpとexample.com)からJavaScriptファイルを読み込んでいます。<script>要素は、歴史的理由により通常はブラウザのセキュリティ制限を受けません。

コールバック関数を活用するJSONP

JSONPは、ブラウザのこの性質を利用してクロスドメイン通信を実現する手法です。JSONPではオリジナルのJSONをクライアントが指定したコールバック関数名でラップして、ドメインの異なるサーバからデータを取得します。

図14.1にJSONPを使ったクロスドメイン通信の概略を示します。図中のexample.jpにあるtest.htmlは次の内容です。

```
<html xmlns="http://www.w3.org/1999/xhtml">
  <head>
    <title>クロスドメイン通信の例</title>
  </head>
  <body>
    <script type="text/javascript">
function foo(zip) {
  alert(zip["zipcode"]);
}
    </script>
    <script
      src="http://zip.ricollab.jp/1120002.json?callback=foo"
      ></script>
  </body>
</html>
```

図14.1 JSONPによるクロスドメイン通信

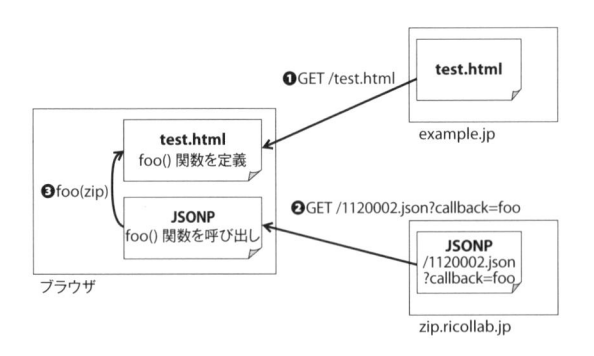

test.htmlには2つの<script>要素があります。1つめの<script>要素ではfooというJavaScriptの関数を定義しています。この関数は引数でハッシュを受け取り、その中のメンバであるzipcodeの値をalert関数で表示します。2つめの<script>要素では次章で設計する郵便番号検索サービスから郵便番号情報をJSONPで取得しています。

ブラウザでexample.jpのtest.htmlを取得しレンダリングすると、2つめの<script>要素にあるJSONPのURIを自動的にGETし、次のやりとりが行われます。

リクエスト
```
GET /1120002.json?callback-foo HTTP/1.1
Host: zip.ricollab.jp
```

レスポンス
```
HTTP/1.1 200 OK
Content-Type: application/javascript

foo({
  "zipcode": "1120002",
  "address": {
    "prefecture": "東京都",
    "city": "文京区",
    "town": "小石川"
  },
  "yomi":  {
    "prefecture": "トウキョウト",
    "city": "ブンキョウク",
    "town": "コイシカワ"
  }
});
```

リクエストしたURIにはcallbackというクエリパラメータでコールバック関数としてfooを指定しているため、レスポンスのボディにはfoo関数を呼び出すJavaScriptのコードが入っています。foo関数の引数にはリクエストURIで指定した郵便番号である1120002がJSONで入っています。これにより、1つめの<script>要素で定義したfoo関数を112-0002の郵便番号情報を引数にとって呼び出し、結果としてブラウザが「1120002」というアラー

トを表示します。

　foo関数を定義したHTMLファイルはexample.jpから、郵便番号情報はzip.ricollab.jpから取得していることに注目してください。これがJSONPでクロスドメイン通信を実現する方法です。

　この例ではコールバック関数を指定した<script>要素をHTMLに直接埋め込んでいますが、通常はユーザの入力に応じてJavaScriptでHTMLを操作して、動的に<script>要素を埋め込みます。

14.6 ハイパーメディアフォーマットとしてのJSON

　JSONはJavaScriptをベースにしたシンプルなデータフォーマットです。JavaScriptはもちろん、各種のプログラミング言語がライブラリを用意しています。XMLと比べると冗長性が低いという利点があるため、主にデータ表現のフォーマットとして利用されています。また、JSONPを使うとクロスドメイン通信ができるので、Ajaxでは必須の技術となっています。

　JSONはデータ記述に適したフォーマットですが、リソースを表現するフォーマットとして考えた場合はハイパーメディアフォーマットとしての側面を忘れてはいけません。JSONをハイパーメディアフォーマットとして使うためには、リンクを表現するメンバをきちんと入れる必要があります。ほかのリソースとの関係を考慮して、リンクをしっかりと入れた設計をすることが重要です。

第5部
Webサービスの設計

　　WebサービスやWeb APIのインタフェースはHTTPとURIを用いて設計・実装します。設計にはHTTPとURIの知識が必須ですが、それだけでは不十分です。第5部では、WebサービスやWeb APIをいかに設計するか、特にリソースをどのように設計するかについて解説します。

第15章
読み取り専用のWebサービスの設計

第16章
書き込み可能なWebサービスの設計

第17章
リソースの設計

第15章 読み取り専用のWebサービスの設計

本章ではリソース設計の第一歩として読み取り専用の郵便番号検索サービスを設計します。このサービスの設計を通して、URIによる名前付け、リソースの表現の選択、ハイパーリンクの活用など、リソース設計に必要なことを一通り解説します。

15.1 リソース設計とは何か

一口にWebサービスやWeb APIの設計と言っても、これはとても範囲が広い作業です。システム全体のシステム設計も必要ですし、内部の作り方を示すクラス設計やデータベース設計も必要です。

これらのうち本書で扱うのはリソース設計です。リソース設計とは、クライアントとサーバの間のインタフェースの設計、つまりWebサービスやWeb APIの外部設計です。どのようにリソースを分割し、URIで名前を付け、相互にリンクを持たせるかが設計の勘どころになります。

設計とは、システムをどのような構成でどのように開発するのかを検討し、図や文書に残す作業です。設計図、設計書を作る作業とも言えます。ではリソースの設計図とは何かと言えば、たとえば、リソースの種類、リソースの表現、リソースの操作方法、リソースとリソースのリンク関係などです。

リソースを設計する際にとても大切なことがあります。それは、WebサービスとWeb APIを分けて考えないことです。両者は人間用のインタフェースとプログラム用のインタフェースという違いこそあれ、どちらも同じWeb技術(URI、HTTP、ハイパーメディアフォーマット)を使ったインタ

フェースです。Webサービスで提供するものも、Web APIで提供するものも、結局はWeb上にあるリソースなのです。同じ技術を使って同じアーキテクチャのもとで作られているのに、なぜ両者を分ける必要があるのでしょうか。このため第5部では特に断りのない限り、Webサービスという言葉をWeb APIも含めた意味で使います。

15.2 リソース指向アーキテクチャのアプローチ

ソフトウェア開発の世界にはさまざまな設計手法が存在します。たとえばオブジェクト指向言語（Object Oriented Language, OOL）であればオブジェクト指向設計（Object Oriented Design, OOD）で設計を行い、ユースケースを作成したりクラス構成を決定したりします。また、リレーショナルデータベース管理システム（Relational Database Management System, RDBMS）であればER図（Entity Relationship Diagram, ERD）などを使いながら各種設計手法でテーブルのスキーマを決定します。しかし、リソース設計にはまだ一般的な設計手法が存在しません。

リソース設計の指針として唯一存在するのは、書籍『RESTful Webサービス』[注1]が推奨している「リソース指向アーキテクチャ」（Resource Oriented Architecture）の設計アプローチです。これは次のステップからなる設計方法です。

❶Webサービスで提供するデータを特定する
❷データをリソースに分ける

そして、各リソースに対して次の作業を行います。

❸リソースにURIで名前を付ける
❹クライアントに提供するリソースの表現を設計する
❺リンクとフォームを利用してリソース同士を結び付ける

注1 Leonard Richardson、Sam Ruby 著／山本陽平 監訳／株式会社クイープ 訳／オライリー・ジャパン、2007年

❻イベントの標準的なコースを検討する

❼エラーについて検討する

本章でもこのステップに基づいて設計を行います。

15.3 郵便番号検索サービスの設計

リソース設計の例として、本章ではWeb APIを中心としたシンプルな郵便番号検索サービスを対象にします。以降では、筆者がこのサービスを設計した道筋をたどることで、RESTfulなWebサービスのリソースをどのように設計するのかについて紹介します。

この郵便番号検索サービスの要件は次の通りです。

- 日本の郵便番号情報を提供する
    - 郵便番号情報は、郵便番号、住所、住所の読みから成る
    - 住所は、都道府県名、市区町村名、町域名から成る
- 郵便番号の前方一致で、郵便番号情報を検索できる
- 住所および住所の読みで、郵便番号情報を全文検索できる
- データはすべて読み取り専用である

第5部で解説するサービスは、筆者が所属する会社のサイト「ricollab」[注2]で公開している実在の郵便番号検索サービスをベースにしています。ただし、設計結果の細部は異なります。たとえば次章で解説する書き込み機能はricollabではサポートしていません。なお、ricollabサイトで公開しているAPI仕様[注3]は、設計結果の文書の例として参考になるでしょう。

注2 http://zip.ricollab.jp
注3 http://zip.ricollab.jp/api.html

> Column
アドレス可能性、接続性、統一インタフェース、ステートレス性

　書籍『RESTful Webサービス』ではRESTfulなWebサービスの性質として、アドレス可能性、ステートレス性、接続性、統一インタフェースの4つを挙げています[注a]。これら4つの性質を備えたアーキテクチャが「リソース指向アーキテクチャ」です。
　リソース指向アーキテクチャの各性質やRESTの各スタイルは、必ず守らなければならない法律ではありません。個々のWebサービスを設計するうえで、これらの性質やスタイルをきちんと理解して取捨選択することが大切です。
　筆者は、リソース指向アーキテクチャの4つの性質は重要度が異なると考えています。

アドレス可能性
　最も重要な性質はアドレス可能性です。アドレス可能性とはURIさえあればリソースを一意に指し示すことができる性質であり、URIのこの性質がなければ接続性と統一インタフェースは実現できません。

接続性
　次に重要なのは接続性です。リソースをリンクで接続し、1つのアプリケーションをなすという性質はハイパーメディアとしてのWebの根幹を支えています。リンクをたどれないWebサービスはとても使いづらいものになるでしょう。

統一インタフェース
　3番めに重要なのは統一インタフェースです。HTTPではGET/POST/PUT/DELETEが基本のメソッドですが、現実のWebサービスではほとんどGETとPOSTだけでまかなわれています。個別のWebサービスにどのメソッドを採用するのかは議論の分かれるところです。
　統一インタフェースは、リソースがアドレス可能で、かつきちんと接続されている状態があって初めて価値の出る性質なので、アドレス可能性や接続性より重要度が少し劣ります。

ステートレス性
　最後のステートレス性は、ほかの3つと比べるとさほど重要ではありません。これは現実のWebサービスではCookieによるセッション管理がほぼ必須であることが理由です。また、セッションを複数サーバで共有する手法が、かなりの規模までスケールすることもわかっています。ステートレス性にこだわるあまりWebサービスの使い勝手を損なってしまっては、元も子もないでしょう。

注a　これら4つの性質については第3章で解説しています。

15.4 Webサービスで提供するデータを特定する

リソース設計の最初の工程は、サービスで提供するデータを理解し特定する作業です。自分のサービスでどのようなデータを提供するのかを理解していなければ、リソースは設計できません。

このサービスで提供するデータは、日本郵便が公開している郵便番号のCSVデータをもとにします注4。CSVデータには1行に1つの郵便番号のデータが入っています。1行の各カラムには郵便番号とその住所のデータが入っています。表15.1に主要なデータを抜き出しました。

ここから、このサービスは次の3つのデータを持っていることがわかります。

- 7桁の郵便番号
- その郵便番号が表現する住所（都道府県名、市町村名、町域名）
- 住所のカタカナ読み

15.5 データをリソースに分ける

次のステップでは、データをリソースに分割します。このステップは簡

表15.1 日本郵便のCSVデータの主な内容

カラム番号	データ名	データ型
3	郵便番号（7桁）	半角数字
4	都道府県名	半角カタカナ
5	市区町村名	半角カタカナ
6	町域名	半角カタカナ
7	都道府県名	漢字
8	市区町村名	漢字
9	町域名	漢字

注4 http://www.post.japanpost.jp/zipcode/download.html

単そうですが、実はたいへん難しい工程です。このステップがうまくいけば、あとの工程は成功したも同然です。

リソースとは、Web上に存在する名前の付いた情報のことでした。では、このWebサービスで提供する情報は何でしょうか。

まず、何はなくとも郵便番号です。それぞれの郵便番号は、住所や住所の読み情報を持ちます。たとえば郵便番号「112-0002」は、「東京都文京区小石川」という情報を持っています。

また、本サービスには郵便番号や住所をキーワード検索する機能があります。しかし、検索は機能であって情報ではありません。機能をリソースに落とし込む場合、機能の結果をリソースとしてとらえることが重要です。たとえばこの場合は「検索結果」という情報がリソースになります。

地域に関する情報も必要です。地域情報は、「東京都」などの都道府県名、「文京区」などの市区町村名、「小石川」などの町域名の3つの階層から成ります。上位の地域は下位の地域の情報を持ち、たとえば「東京都」には東京に存在する23区と26市、4町、8村が含まれています。

最後に、クライアントがこのサービスを利用するときに最初にアクセスするスタート地点となるリソースが必要です。これはWebサイトで言えばトップページ(ホームページ)に当たります。

このWebサービスで提供するリソースをまとめると、次の4種類です。

- 郵便番号リソース
  1つの郵便番号に対応するリソース。その郵便番号の住所や読みも入っている
- 検索結果リソース
  郵便番号の一部や住所の一部で郵便番号を検索した結果のリソース
- 地域リソース
  都道府県、市区町村、町域のリソース。上位の地域は、下位の地域の情報を含んでいる
- トップレベルリソース
  このWebサービスのスタート地点。都道府県リソースへのリンクと、検索フォームを含んでいる

ここでは簡単に書きましたが、通常はこのステップを何回か繰り返し行

い、最適なリソース分割を求めます。実際に、このWebサービスで地域リソースを設計する際には、何回かの試行錯誤がありました[注5]。

15.6 リソースにURIで名前を付ける

次は、各リソースに対してURIで名前を付けていきます。

郵便番号リソース

まず郵便番号リソースのURIを考えましょう。郵便番号リソースは郵便番号で一意に識別できるので、URIには郵便番号を使うのが良さそうです。たとえば郵便番号「112-0002」は、

```
http://zip.ricollab.jp/1120002
```

というURIにすることにします。

ただ、7桁の郵便番号の表記には112-0002のような「-」で区切った表記も存在します。「-」はURIで使える文字列ですので、

```
http://zip.ricollab.jp/112-0002
```

というURIにすることも考えられます。それぞれの形式の利点と欠点は次のとおりです。

- 「-」なし（1120002）
  ○プログラムで扱いやすい
  ○短い
  ×人間にとって読みづらい
- 「-」あり（112-0002）
  ○人間にとって読みやすい
  ×プログラムで「-」の位置を気にしなければならない
  ×長い

注5 　より具体的なリソース導出方法の解説は第17章で行います。

今回のWebサービスでは、「-」なしのリソースが正規リソースで、「-」付きのリソースは代理リソースとしました。今回のシステムの用途(主にプログラム向けのWeb API)を考えると、プログラムから扱いやすいほうを正規のURIとしたほうがよい、と判断したためです。「-」付きの代理リソースにアクセスした場合は301 Moved Permanentlyで「-」なしのURIにリダイレクトします。

検索結果リソース

検索結果リソースは検索キーワードの入力を必要とします。一般にクライアントからの入力を受け取る場合はクエリパラメータを利用します。例を見てみましょう。

```
http://zip.ricollab.jp/search?q=小石川
```

/searchは検索クエリを受け取るリソースのURIです。このURIには検索クエリを表現する「q」というクエリパラメータが必ず付きます。検索キーワードを表現するクエリパラメータ名としては「q」以外にも「query」や「queryTerm」などが考えられますが、Googleなどの検索エンジンが採用している「q」がデファクトスタンダードになっています。

上記ではURIに漢字を直接書きましたが、実際はUTF-8で%エンコードするので、

```
http://zip.ricollab.jp/search?q=%E5%B0%8F%E7%9F%B3%E5%B7%9D
```

というURIになります。なお、第5部の以降では、%エンコードした文字列はわかりやすさのため%エンコード前の日本語文字列で表記します。

一部がパラメータとして変動するURIを記述する場合、「{」と「}」でパラメータ部分を囲むURI Templates[注6]という表記が一般的です。クエリパラメータで変動する部分を「query」とした場合、検索結果リソースのURIは次のようになります。

注6 http://bitworking.org/projects/URI-Templates/

```
http://zip.ricollab.jp/search?q={query}
```

地域リソース

地域リソースは各都道府県や市区町村を表現するリソースです。地域リソースは階層を持っており、都道府県の下には市区町村が、市区町村の下には町域が存在します。

階層構造をURIで表現する場合は「/」を利用します。たとえば「東京都」「文京区」「小石川」のURIはそれぞれ次のようになります。

```
http://zip.ricollab.jp/東京都
http://zip.ricollab.jp/東京都/文京区
http://zip.ricollab.jp/東京都/文京区/小石川
```

地域リソースのURIは次のようになります。

```
http://zip.ricollab.jp/{都道府県名}/{市区町村名}/{町域名}
```

トップレベルリソース

トップレベルリソースはこのWebサービスのスタート地点です。このようなリソースには通常一番ルートとなるURIを与えます。

```
http://zip.ricollab.jp
```

15.7 クライアントに提供するリソースの表現を設計する

次に、各リソースの表現形式を設計します。

現時点でのWeb上の代表的な表現形式を**表15.2**に示します。各表現形式にはそれぞれ得手不得手があります。必ずしもすべての表現を利用する必

要はありませんが、1つのリソースが複数の表現形式をサポートしていると便利です。

今回は郵便番号検索サービスですので、マルチメディア表現は必要ありません。XMLと軽量フォーマットの表現を利用することにします。

XML表現

XMLはほとんどのプログラミング言語がデフォルトで処理系を用意しており、表現として採用するには最適なものの一つです。

XML表現を選択する際に重要な指針があります。それは「独自フォーマットを作り出さない」ことです。XMLは自由にタグが作れるマークアップ言語であると教科書に書いてあるため、往々にして独自フォーマットを作ってしまいがちです。しかしXMLの本当の利点は、既存のフォーマットに不足があれば、あとからタグを足して拡張できることなのです。

ですから、XML表現を選択する場合は、まず既存のフォーマットを探してみましょう。2010年現在、その有力候補はXHTMLとAtomの2つです。

- XHTML

    XHTMLは基本的な文書構造を持ち、リンクやフォームといったハイパーメディアで必要となる機能を一通りそろえている。ブラウザで表示できることも大きな特長。microformatsを用いると文書構造以上の意味を持たせることもできる

表15.2 Web上の代表的な表現形式

分類	表現形式
XML表現	XHTML
	Atom
	独自XML
軽量フォーマット表現	JSON/JSONP
	YAML
	CSV
マルチメディア表現	画像(GIF、JPEG、PNG)
	映像(MPEG、WMV、MOV)
	マルチページ画像(PDF、TIFF)

- Atom

　Atomはブログや検索結果、ポッドキャストなどのリスト情報を表現するのに向いているフォーマットである。目的に応じて多様な拡張が存在することも大きな特長。しかし、ID（<id>要素）、タイトル（<title>要素）、著者（<author>要素）、更新日時（<updated>要素）が必須なので、著者や更新日時を持たないデータには適用しづらい

▶今回の選択

今回は次の理由から、XML表現としてXHTMLを採用しました。

- 郵便番号データには、Atomで必須の著者や更新日時がない
- いずれにせよブラウザで表示するフォーマットも用意したい

1つめの理由は単純です。郵便番号データには「著者」がいません。また、更新日時も難しい情報です。郵便番号の更新日時はいったいいつになるのでしょうか。市町村合併などで郵便番号を更新した日の午前0時なのでしょうか。あるいはシステム内のデータベースを修正した日時なのでしょうか。Atomを選択した場合はこれらについて悩むことになります。ただし検索結果リソースに関しては、著者や更新日時といった悩みがあっても、AtomとOpenSearchの組み合わせは魅力的でした。OpenSearchは検索結果情報を表現するデファクトスタンダードだからです。

次に2つめの理由です。今回の郵便番号検索サービスはWeb APIの提供が主ですが、ブラウザから最低限表示できると便利です。HTMLとは別のXML表現を提供することも考えたのですが、両者を統合できるXHTMLが総合的に一番良いと判断しました。

では、実際にどのようなXHTML表現にしたのかを紹介します。各データ構造の表現に適した標準のmicroformatsが見つからなかったため、独自にclass属性の値に意味を持たせてあります。

郵便番号リソースのXHTML表現（112-0002）

```
<html xmlns="http://www.w3.org/1999/xhtml">
  <head>
    <title>〒112-0002</title>
  </head>
```

```xml
    <body>
      <h1>〒112-0002</h1>
      <dl>
        <dt>番号</dt>
        <dd class="zipcode">1120002</dd>
        <dt>住所</dt>
        <dd class="address">
          <span class="prefecture">東京都</span>
          <span class="city">文京区</span>
          <span class="town">小石川</span>
        </dd>
        <dt>フリガナ</dt>
        <dd class="yomi">
          <span class="prefecture">トウキョウト</span>
          <span class="city">ブンキョウク</span>
          <span class="town">コイシカワ</span>
        </dd>
      </dl>
    </body>
</html>
```

検索結果リソースのXHTML表現（「112」の検索結果）

```xml
<html xmlns="http://www.w3.org/1999/xhtml">
  <head>
    <title>「112」の検索結果</title>
  </head>
  <body>
    <h1>「<span class="query">112</span>」の検索結果</h1>
    <p><span class="totalResults"
        >101</span>件中1件目から<span class="itemsPerPage"
        >10</span>件</p>
    <ul class="result">
      <li>
        <span class="zipcode">1120000</span>
        <span class="address">東京都文京区以下に掲載がない場合</span>
      </li>
      <li>
        <span class="zipcode">1120001</span>
        <span class="address">東京都文京区白山（2〜5丁目）</span>
      </li>
      ...
```

```
    <li>
      <span class="zipcode">1120013</span>
      <span class="address">東京都文京区音羽</span>
    </li>
   </ul>
  </body>
</html>
```

地域リソースのXHTML表現（東京都）

```
<html xmlns="http://www.w3.org/1999/xhtml">
  <head>
    <title>東京都の一覧</title>
  </head>
  <body>
    <h1 class="area"><span class="prefecture">東京都</span>の一覧</h1>
    <ul class="result">
      <li><span class="city">千代田区</span>
        (<span class="yomi">チヨダク</span>)</li>
      <li><span class="city">中央区</span>
        (<span class="yomi">チュウオウク</span>)</li>
      ...
      <li><span class="city">小笠原村</span>
        (<span class="yomi">オガサワラムラ</span>)</li>
    </ul>
  </body>
</html>
```

トップレベルリソースのXHTML表現については次節で解説します。

軽量フォーマット表現

次に、軽量フォーマット表現についても考えてみましょう。代表的なフォーマットとしてはJSON、YAML（*YAML Ain't a Markup Language*）[注7]、CSVがあります。各フォーマットの利点と欠点を**表15.3**に示します。

注7　リストやハッシュといったデータ構造を簡単に表現するためのテキストフォーマットです。プログラムの設定ファイルなどでよく利用します。

▶今回の選択

今回はJSONを選択しました。これはJavaScriptがメインのクライアントになる可能性が高かったことと、クロスドメイン通信としてのJSONPに魅力があったことが理由です。前章で解説したようにJSONにはJSONPという手法が存在し、JSONPを利用すればクロスドメイン通信を実現できます。今回の例で言えば、zip.ricollab.jp以外のサイトで提供しているHTML中のスクリプトからこのAPIを直接呼び出すためには、JSONPを利用するしかありません。

以下にそれぞれのリソースの例を示します。

郵便番号リソースのJSON表現（112-0002）
```
{
  "zipcode": "1120002",
  "address": {
    "prefecture": "東京都",
    "city": "文京区",
    "town": "小石川"
  },
  "yomi": {
    "prefecture": "トウキョウト",
    "city": "ブンキョウク",
    "town": "コイシカワ"
  }
}
```

表15.3 各軽量フォーマットの利点と欠点

フォーマット	利点／欠点	
JSON	○	JavaScriptとの相性抜群。配列やハッシュなどのデータ構造もある。文字エンコーディングはUTF-8、UTF-16、UTF-32のいずれかに固定
	×	YAMLに比べると書きづらい
YAML	○	読みやすさ、書きやすさは一番
	×	ライブラリが比較的少ない
CSV	○	表形式のデータには最適。読み込み可能なソフトも多数存在
	×	文字コードの扱いに難あり。エスケープ文字問題もある

検索結果リソースのJSON表現（「112」の検索結果）

```json
{
  "query": "112",
  "totalResults": 101,
  "itemsPerPage": 10,
  "result": [{
    "zipcode": "1120000",
    "address": "東京都文京区以下に掲載がない場合"
  },
  {
    "zipcode": "1120001",
    "address": "東京都文京区白山（2～5丁目）"
  },
  ...
  {
    "zipcode": "1120013",
    "address": "東京都文京区音羽"
  }]
}
```

地域リソースのJSON表現（東京都）

```json
{
  "area": {
    "prefecture": "東京都"
  },
  "result": [{
    "name": "千代田区",
    "yomi": "チヨダク"
  },
  {
    "name": "中央区",
    "yomi": "チュウオウク"
  },
  ...
  {
    "name": "小笠原村",
    "yomi": "オガサワラムラ"
  }]
}
```

今回、トップレベルリソースにはJSON表現を用意していません。これは、JSONには標準的なフォーム言語がないことが理由です。代替手段として、トップページのXHTML表現からJSON表現にもリンクできるように設計します。

URIで表現を指定する

今回のWebサービスで採用した表現はXHTMLとJSONです。リソースの表現はリクエストのAcceptヘッダでも指定できますが、URIでも指定できるようにしました。

郵便番号リソースと地域リソースでは、XHTML表現には「.html」、JSON表現には「.json」という拡張子を付けます。

たとえば112-0002という郵便番号リソースのXHTML表現とJSON表現のURIは次のようになります。

郵便番号リソースのXHTML表現のURI
```
http://zip.ricollab.jp/1120002.html
```

郵便番号リソースのJSON表現のURI
```
http://zip.ricollab.jp/1120002.json
```

地域リソースも同様です。

地域リソースのXHTML表現のURI
```
http://zip.ricollab.jp/東京都/文京区/小石川.html
```

地域リソースのJSON表現のURI
```
http://zip.ricollab.jp/東京都/文京区/小石川.json
```

JSONPでコールバック関数名を渡す場合は、クエリパラメータで次のように指定します。

郵便番号リソースのJSONPのURI
```
http://zip.ricollab.jp/1120002.json?callback={コールバック関数名}
```

> **地域リソースのJSONPのURI**
> http://zip.ricollab.jp/東京都/文京区/小石川.json?callback={コールバック関数名}

　検索結果リソースも同様に拡張子で表現したいところですが、クエリパラメータを受け取り検索結果を返すリソースなので、URIに拡張子が付くのは不自然です。このような場合は拡張子ではなくクエリパラメータで表現を指定します。クエリパラメータの名前はtypeにしました。typeを省略した場合のデフォルトはXHTML表現とします。

> **検索結果リソースのXHTML表現のURI**
> http://zip.ricollab.jp/search?q=小石川
> http://zip.ricollab.jp/search?q=小石川&type=html

> **検索結果リソースのJSON表現のURI**
> http://zip.ricollab.jp/search?q=小石川&type=json

> **検索結果リソースのJSONPのURI**
> http://zip.ricollab.jp/search?q=小石川&type=json&callback={コールバック関数名}

15.8 リンクとフォームを利用してリソース同士を結び付ける

　次は筆者が一番好きな工程です。ここまで設計してきたリソース同士をリンクで接続します。Web上に存在するリソースにはリンクが不可欠です。リンクなしでは価値が大きく減ってしまいます。

　なお、このWebサービスでは簡単のために省きますが、通常のWebページであれば、トップページへのリンクやパンくずリスト[注8]、グローバルナビ

注8　Webサイト内のWebページの位置を、構造を持ったリンクの一覧として表示する部分のことです。童話「ヘンゼルとグレーテル」で主人公が迷子にならないように通り道にパンくずを置いていったエピソードに由来していて、ユーザがWebサイトで迷子にならないようにするために用います。

ゲーション[注9]などを用意して、クライアントをほかのリソースへと導くことが多いでしょう。

検索結果リソース

まずはわかりやすい検索結果リソースについて考えてみましょう。

検索結果リソースは、特定のキーワードに合致する郵便番号と住所の一覧でした。検索結果の郵便番号はそれぞれ単体のリソースであり、URIを持ちます。ですので検索結果リソースから各郵便番号リソースへのリンクを張りましょう。

また、検索結果リソースは一度に表示する結果数に上限を設けました。このWebサービスではデフォルトで10件の郵便番号を表示します。したがって、検索結果数が多い場合は複数ページに分割します。この各ページもリンクによって接続します。

郵便番号「112」の検索結果リソースのXHTML表現を示します。上記で定義した2種類のリンク(郵便番号リソースへのリンクと、「次」の検索結果リソースへのリンク)が入っていることに注目してください。

検索結果リソースのXHTML表現（「112」の検索結果）

```
<html xmlns="http://www.w3.org/1999/xhtml">
  <head>
    <title>「112」の検索結果</title>
  </head>
  <body>
    <h1>「<span class="query">112</span>」の検索結果</h1>
    <p><span class="totalResults"
        >101</span>件中1件目から<span class="itemsPerPage"
        >10</span>件</p>
    <ul class="result">
      <li>
        <span class="zipcode">1120000</span>
        <a href="http://zip.ricollab.jp/1120000"
           class="address">東京都文京区以下に掲載がない場合</a>
      </li>
```

注9　各ページの上部などに共通で配置した、サイト全体の案内のことです。

```
    <li>
      <span class="zipcode">1120001</span>
      <a href="http://zip.ricollab.jp/1120001"
        class="address">東京都文京区白山（2～5丁目）</a>
    </li>
    ...
    <li>
      <span class="zipcode">1120013</span>
      <a href="http://zip.ricollab.jp/1120013"
        class="address">東京都文京区音羽</a>
    </li>
    </ul>
    <p><a href="http://zip.ricollab.jp/search?q=112&amp;page=2"
      rel="next">次へ</a></p>
  </body>
</html>
```

同じ検索結果のJSON表現も示します。こちらには「次へ」リンクの代わりにnextというメンバを追加しました。また、各検索結果にはlinkメンバがあり、郵便番号情報にリンクしています。

検索結果リソースのJSON表現（「112」の検索結果）

```
{
  "query": "112",
  "totalResults": 101,
  "itemsPerPage": 10,
  "next": "http://zip.ricollab.jp/search?q=112&type=json&page=2",
  "result": [{
    "zipcode": "1120000",
    "address": "東京都文京区以下に掲載がない場合",
    "link": "http://zip.ricollab.jp/1120000"
  },
  {
    "zipcode": "1120001",
    "address": "東京都文京区白山（2～5丁目）",
    "link": "http://zip.ricollab.jp/1120001"
  },
  ...
  {
    "zipcode": "1120013",
```

```
    "address": "東京都文京区音羽",
    "link": "http://zip.ricollab.jp/1120013"
  }]
}
```

地域リソース

地域リソースも検索結果リソースと同様です。その地域リソースが含む下位の地域リソースや郵便番号リソースにリンクします。

地域リソースのXHTML表現（東京都）
```
<html xmlns="http://www.w3.org/1999/xhtml">
  <head>
    <title>東京都の一覧</title>
  </head>
  <body>
    <h1 class="area"><span class="prefecture">東京都</span>の一覧</h1>
    <ul class="result">
      <li>
        <a href="http://zip.ricollab.jp/東京都/千代田区"
           class="name">千代田区</a>
        (<span class="yomi">チヨダク</span>)
      </li>
      <li>
        <a href="http://zip.ricollab.jp/東京都/中央区"
           class="name">中央区</a>
        (<span class="yomi">チュウオウク</span>)
      </li>
      ...
      <li>
        <a href="http://zip.ricollab.jp/東京都/小笠原村"
           class="name">小笠原村</a>
        (<span class="yomi">オガサワラムラ</span>)
      </li>
    </ul>
  </body>
</html>
```

地域リソースのJSON表現（東京都）

```
{
  "area": {
    "prefecture": "東京都"
  },
  "result": [{
    "name": "千代田区",
    "yomi": "チヨダク",
    "link": "http://zip.ricollab.jp/東京都/千代田区.json"
  },
  {
    "name": "中央区",
    "yomi": "チュウオウク",
    "link": "http://zip.ricollab.jp/東京都/中央区.json"
  },
  ...
  {
    "name": "小笠原村",
    "yomi": "オガサワラムラ",
    "link": "http://zip.ricollab.jp/東京都/小笠原村.json"
  }]
}
```

郵便番号リソース

次は郵便番号リソースです。今回のWebサービスの場合、郵便番号リソースは最終目的のリソースになることが多いため、ほかのリソースへのリンクは特に必要ないと思うかもしれません。しかし、次のように各地域リソースへのリンクを入れておくことで、クライアントはそのURIを利用して別のアプリケーション状態に遷移できます。

郵便番号リソースのXHTML表現（112-0002）

```
<html xmlns="http://www.w3.org/1999/xhtml">
  <head>
    <title>〒112-0002</title>
  </head>
  <body>
    <h1>〒112-0002</h1>
```

```html
    <dl>
      <dt>番号</dt>
      <dd class="zipcode">1120002</dd>
      <dt>住所</dt>
      <dd class="address">
        <!-- 東京都へのリンク -->
        <a href="http://zip.ricollab.jp/東京都"
           class="prefecture">東京都</a>
        <!-- 東京都/文京区へのリンク -->
        <a href="http://zip.ricollab.jp/東京都/文京区"
           class="city">文京区</a>
        <!-- 東京都/文京区/小石川へのリンク -->
        <a href="http://zip.ricollab.jp/東京都/文京区/小石川"
           class="town">小石川</a>
      </dd>
      <dt>フリガナ</dt>
      <dd class="yomi">
        <span class="prefecture">トウキョウト</span>
        <span class="city">ブンキョウク</span>
        <span class="town">コイシカワ</span>
      </dd>
    </dl>
  </body>
</html>
```

なお、郵便番号リソースのJSON表現にはリンクを入れませんでした。JSON表現の主な用途がAjaxなどのプログラムからのアクセスであるため、データの記述量を減らしたかったことが理由です。

トップレベルリソース

最後はトップレベルリソースです。トップレベルリソースからは、このWebサービスが提供するリソースへのリンクを用意します。先述したようにトップレベルリソースにはJSON表現がありませんので、XHTML表現についてのみ説明します。

▶地域リソースの一覧

郵便番号は10万件以上あるので、提供するすべてのリソースへのリンクをトップレベルリソースに入れることは非現実的です。このWebサービスの場合、47個しかない都道府県一覧を入れるのが無難でしょう。

```
<html xmlns="http://www.w3.org/1999/xhtml">
  <head><title>郵便番号検索</title></head>
  <body>
    <h1>都道府県一覧</h1>
    <ul>
      <li><a href="http://zip.ricollab.jp/北海道">北海道</a></li>
      ...
      <li><a href="http://zip.ricollab.jp/沖縄県">沖縄県</a></li>
    </ul>
  </body>
</html>
```

▶検索結果を生成するフォーム

検索結果リソースのURIは検索キーワードによって変化します。検索キーワードのようにユーザの入力によって変化するクエリパラメータを持つURIは、フォームを使って動的に生成します。

```
<html xmlns="http://www.w3.org/1999/xhtml">
  <head><title>郵便番号検索</title></head>
  <body>
    <h1>郵便番号検索</h1>
    <form method="GET" action="http://zip.ricollab.jp/search">
      <p>
        <input id="q" name="q" type="text"/>
        <input type="radio" id="type1" name="type" value="json"/> JSON,
        <input type="radio" id="type2" name="type" value="html"/> XHTML
        <input type="submit" id="submit" name="submit" value="検索"/>
      </p>
    <h1>都道府県一覧</h1>
    <ul>
      ...
    </ul>
    </form>
```

```
  </body>
</html>
```

このフォームには2つの入力項目があります。一つはqという名前の入力項目で、検索キーワードを入力します。もう一つはtypeという名前の入力項目で、ラジオボタン(type="radio")で検索結果の表現形式をJSONまたはXHTMLから選択します。

リソース間のリンク関係

図15.1に、各リソースのリンク関係をまとめました。このようにしてリンク関係を図に起こすと、孤立しているリソースの存在や、本来はリンクすべきリソースがリンクしていない、などのリンクの問題を把握しやすくなります。

図15.1 リソース間のリンク関係

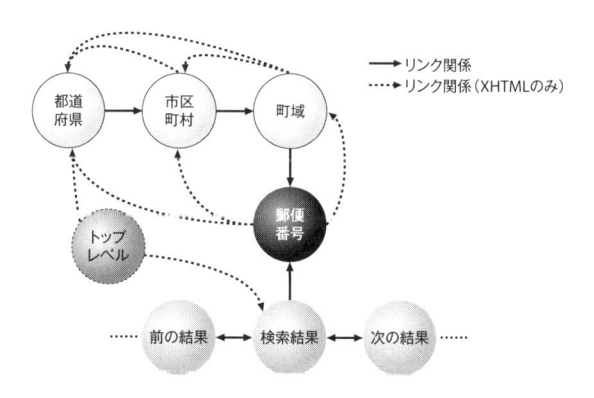

15.9 イベントの標準的なコースを検討する

このWebサービスの提供者側が想定する標準的な利用コースは次の3つです。

- 郵便番号を検索するコース
    - ❶フォームに郵便番号を入力
    - ❷検索結果リソースを取得
    - ❸目的の郵便番号リソースを取得
- 住所から郵便番号を検索するコース
    - ❶フォームに住所を入力
    - ❷検索結果リソースを取得
        - ・(必要であれば)ページをめくる
    - ❸目的の郵便番号リソースを取得
- 地域リソースの階層をたどりながら郵便番号を選択するコース
    - ❶都道府県リソースを選択し市区町村一覧を表示
    - ❷市区町村リソースを選択し町域一覧を表示
    - ❸町域リソースを選択し郵便番号一覧を表示
    - ❹目的の郵便番号リソースを取得

もちろんすべてのやりとりはステートレスですので、直接そのリソースを取得してもかまいません。ブラウザのアドレス欄にURIを入力すれば、郵便番号リソースや検索結果リソースを直接取得できます。

15.10 エラーについて検討する

今回のWebサービスは読み取り専用なのでエラーが起こる可能性はあまりないのですが、それでもいくつかのエラーケースが考えられます。その場合にどのようなステータスコードを返すのかを検討しておきましょう。

■ 存在しないURIを指定した

これは最もよくあるエラーです。たとえば、

```
http://zip.ricollab.jp/1234567
```

のような存在しないURIを指定した場合、404 Not Foundを返します。

■ 必須パラメータを指定していない

検索結果リソースは必ずqというクエリパラメータを指定することになっています。クライアント側の何らかのミスでこのパラメータが抜けてしまった場合は、400 Bad Requestを返すこととします。

■ サポートしないメソッドを使用した

今回設計したリソースはすべて読み取り専用ですので、GETとHEAD以外は受け付けません。そのようなメソッドを指定した場合は405 Method Not Allowedを返します。

15.11 リソース設計のスキル

本章では郵便番号検索サービスを例に、読み取り専用Webサービスのリソース設計について見てきました。リソースの設計にあたっては、『RESTful Webサービス』が提唱するステップに基づいて実際の設計を行いました。郵便番号検索はシンプルなWebサービスですが、それでもリソースの設計では考えなければならないことがたくさんありました。

リソース設計はスキルです。すなわち身につけることができます。本章で紹介したURI設計方法、表現選択の指針、リンクの設計などは、スキルの一部となりますのでぜひ身につけてください。

第16章 書き込み可能なWebサービスの設計

前章では読み取り専用の郵便番号検索サービスを設計しました。書き込み可能なWebサービスでもリソースの基本的な設計は読み取り専用の場合と同じなのですが、いくつか注意が必要なところがあります。本章ではWebサービスに書き込み機能を追加する方法について解説します。

16.1 書き込み可能なWebサービスの難しさ

現在のWebサービスは、ブログやソーシャルネットワークなど、書き込み可能なものがほとんどでしょう。ユーザはブラウザや専用クライアントから自分の日記やメッセージを作成します。

読み取り専用のWebサービスに比べると、ユーザからの書き込み処理があるWebサービスは考えなければならないことがたくさんあります。たとえば複数のユーザが同時に書き込みを行ったらどうなるのか、バックアップしたデータをリストアするときのように同時に複数のリソースを更新するためにはどうすればよいのか、複数の処理手順を必ず実行するにはどうしたらよいのか、などです。

以降では、Webサービスを書き込み可能に設計するときに気をつけなければいけないことについて解説していきます。

16.2 書き込み可能な郵便番号サービスの設計

本章では、前章で作成した読み取り専用の郵便番号検索サービスに、書

き込み機能を追加します。

本章で追加する機能は以下の通りです。

- 郵便番号リソースの作成
- 郵便番号リソースの更新
- 郵便番号リソースの削除
- バッチ処理
- トランザクション
- 排他制御

16.3
リソースの作成

まずは郵便番号サービスに、新しい郵便番号を追加できるようにしましょう。リソースの作成方法は2つあります。一つはファクトリリソース（*Factory resource*）へPOSTする方法で、もう一つはPUTで直接作成する方法です。

ファクトリリソースによる作成

ファクトリリソースとは、リソースを作成するための特別なリソースです。ファクトリリソースそれ自身はWebサービスによってあらかじめ用意しておき、POSTで新しいリソースを作成します。例を見てください。

リクエスト
```
POST / HTTP/1.1
Host: zip.ricollab.jp
Content-Type: application/json

{
  "zipcode": "9999999",
  "address": {
    "prefecture": "XX県",
    "city": "YY市",
```

```
    "town": "ZZ町"
  },
  "yomi": {
    "prefecture": "エックスエックスケン",
    "city": "ワイワイシ",
    "town": "ゼットゼットチョウ"
  }
}
```

レスポンス

```
HTTP/1.1 201 Created
Content-Type: application/json
Location: http://zip.ricollab.jp/9999999

{
  "zipcode": "9999999",
  "address": {
    "prefecture": "XX県",
    "city": "YY市",
    "town": "ZZ町"
  },
  "yomi": {
    "prefecture": "エックスエックスケン",
    "city": "ワイワイシ",
    "town": "ゼットゼットチョウ"
  }
}
```

　ここではトップレベルリソース（http://zip.ricollab.jp）をファクトリリソースとしました。トップレベルリソースに、追加する新しいリソースをJSON形式でPOSTしています。

PUTによる作成

　今回の場合、郵便番号によってリソースのURI（パス）があらかじめ決まっているので、郵便番号リソースはPUTでも作成できます。

リクエスト
```
PUT /9999999 HTTP/1.1
Host: zip.ricollab.jp
Content-Type: application/json

{
  "zipcode": "9999999",
  "address": {
    "prefecture": "XX県",
    "city": "YY市",
    "town": "ZZ町"
  },
  "yomi": {
    "prefecture": "エックスエックスケン",
    "city": "ワイワイシ",
    "town": "ゼットゼットチョウ"
  }
}
```

レスポンス
```
HTTP/1.1 201 Created
Content-Type: application/json

{
  "zipcode": "9999999",
  "address": {
    "prefecture": "XX県",
    "city": "YY市",
    "town": "ZZ町"
  },
  "yomi": {
    "prefecture": "エックスエックスケン",
    "city": "ワイワイシ",
    "town": "ゼットゼットチョウ"
  }
}
```

　PUTの場合、新しく作成したいリソースのURIにリクエストを直接送ります。また、作成するリソースのURIをクライアントがすでに知っているため、レスポンスメッセージにLocationヘッダは含めません。

一般的にはリソースの作成にはPOSTを使うのが無難ですが、今回の場合はPUTも魅力です。PUTで作成する場合、実装上の次の利点があるからです。

- POSTをサポートする必要がなくなるため、サーバ側の実装が簡単になる
- クライアントが作成と更新を区別しなくてよくなるので、クライアント側の実装が簡単になる

ただし、利点の裏には次の欠点もあります。

- クライアントがURI構造をあらかじめ知っておかなければならない
- リクエストの見た目上は、その操作が作成なのか更新なのかの区別がつかなくなる

16.4 リソースの更新

リソースの更新は基本的にPUTで行います。ただ、後述するバッチ更新はPOSTで行います。

バルクアップデート

PUTの最も基本的な使い方は、更新したいリソース全体をそのままメッセージボディに入れる方法です。例を見てください。

```
PUT /9999999 HTTP/1.1
Host: zip.ricollab.jp
Content-Type: application/json

{
  "zipcode": "9999999",
  "address": {
    "prefecture": "XX県",
    "city": "YY市",
    "town": "ZZ町"
  },
```

```
  "yomi": {
    "prefecture": "バツバツケン",
    "city": "ワイワイシ",
    "town": "ゼットゼットチョウ"
  }
}
```

　この例は、郵便番号「9999999」の読みを「エックスエックスケン」から「バツバツケン」に修正しています。修正する項目は1つだけですが、更新するリソース全体を送信しています。

　このようにリソース全体を送信する更新方法を「バルクアップデート」(Bulk Update)と呼びます。バルクアップデートはクライアントの実装が簡単になる反面、送受信するデータが大きくなるという欠点があります。

パーシャルアップデート

　バルクアップデートはネットワーク帯域をたくさん使ってしまうため、Ajaxなどの非同期通信で、ユーザからの入力の都度サーバにデータを送信するには不都合です。

　このような場合には部分的なデータを送信する方法があります。例を見てください。

```
PUT /9999999 HTTP/1.1
Host: zip.ricollab.jp
Content-Type: application/json

{
  "yomi": {
    "prefecture": "バツバツケン"
  }
}
```

　リソースの更新したい部分(県名の読み)だけを送信しています。

　このようにリソースの一部分だけを送信する更新方法を「パーシャルアップデート」(Partial Update)と呼びます。パーシャルアップデートは送受信するデータが少なくなる反面、GETしたリソースの一部を修正してそのまま

PUTする、という使い方ができなくなります。サーバ側でパーシャルアップデートをサポートする場合、通常はバルクアップデートもサポートするのが望ましいでしょう。

更新できないプロパティを更新しようとした場合

郵便番号は一度数字が決まると、対応する住所が変わることはあっても、番号そのものは変わりません。したがって郵便番号を更新しようとした場合は400 Bad Requestを返して、そのプロパティは更新できないことをクライアントに伝えるのがよいでしょう。

一方で、たとえば作成日時や更新日時などサーバ側で自動的に値を更新するプロパティの場合は、クライアントが更新をリクエストしてきたとしても、無視して200 OKを返すほうがよいでしょう。

16.5 リソースの削除

リソースの削除は作成や更新に比べると単純です。削除したいリソースのURIにDELETEを送り、リソースを削除します。

削除を設計するときに気をつけなければいけないのは、削除対象リソースの配下に子リソースが存在する場合です。たとえば郵便番号サービスの場合は地域リソースがこれに該当します。「東京都」リソースを削除したら、「東京都文京区」リソースはどうなるのでしょうか。

一般的には、親リソースに従属する子リソースは、親リソースの削除に伴って削除するべきです。たとえばブログエントリを削除した場合、そこに付随するコメント群を削除するのが一般的でしょう。

16.6 バッチ処理

大量の郵便番号を作成したり更新したりする場合は、リクエストを1回

1回送信すると、サーバへの接続回数が多くなりパフォーマンスが問題になることもあります。このようなときは、作成・更新したいリソースを一括で送信(バッチ処理)できるようにWebサービスを実装します。

バッチ処理のリクエスト

バッチ処理の例としてここでは一括更新を考えましょう。2つの郵便番号リソースを一括で更新するリクエストは次のようになります。

```
POST / HTTP/1.1
Host: zip.ricollab.jp
Content-Type: application/json

[
  {
    "zipcode": "9999998",
    "address": {
      "prefecture": "XX県",
      "city": "YY市",
      "town": "YY町"
    },
    "yomi": {
      "prefecture": "バツバツケン",
      "city": "ワイワイシ",
      "town": "ワイワイチョウ"
    }
  },
  {
    "zipcode": "9999999",
    "address": {
      "prefecture": "XX県",
      "city": "YY市",
      "town": "ZZ町"
    },
    "yomi": {
      "prefecture": "バツバツケン",
      "city": "ワイワイシ",
      "town": "ゼットゼットチョウ"
    }
```

```
    }
]
```

　この例ではJSONの配列をPOSTで http://zip.ricollab.jp/ に送信しています。リソースの更新にもかかわらずPOSTを使っているのは、PUTだと更新対象のリソースをURIで指定しなければならないからです。

バッチ処理のレスポンス

　このリクエストを受け付けたサーバは、JSON配列を分解しそれぞれの更新処理を行います。このときに問題になるのが、エラーが起きた場合の対処方法です。

　バッチ処理中に何かエラーが起きた場合、単純な実装では一部の処理だけが成功した状態になります。このような場合の設計方針には大きくわけて2つがあります。

　一つはバッチ処理をトランザクション(*Transaction*)化して、途中で失敗した場合は何も処理しないことをWebサービスの内部で保証することです。バッチ処理をトランザクション化する方法は次節で解説します。

　もう一つはどのリソースへの処理が成功してどのリソースへの処理が失敗したのかをクライアントに伝えることです。伝え方には、207 Multi-StatusとWebDAVの<D:multistatus>要素を組み合わせる方法と、200 OKと独自のフォーマットを組み合わせる方法の2つがあります。

▶207 Multi-Status ── 複数の結果を表現する

　207 Multi-StatusはHTTP 1.1の拡張であるWebDAVが定義しているステータスコードです。

　このステータスコードを使ったレスポンスの例を示します。

```
HTTP/1.1 207 Multi-Status
Content-Type: application/xml; charset="utf-8"

<D:multistatus xmlns:D="DAV:">
```

```
  <D:response>
    <D:href>http://zip.ricollab.jp/</D:href>
    <D:propstat>
      <D:status>HTTP/1.1 200 OK</D:status>
    </D:propstat>
    <D:propstat>
      <D:status>HTTP/1.1 500 Internal Server Error</D:status>
      <D:responsedescription>
        データベース接続エラーです。
      </D:responsedescription>
    </D:propstat>
  </D:response>
  <D:responsedescription>
    全2つのリクエスト中1つが成功しました。
  </D:responsedescription>
</D:multistatus>
```

いきなりXMLが出現して面食らってしまったかもしれません。これは207 Multistatusを表現するメッセージです。複数の<D:status>要素を使って、バッチ処理の一つ一つに対してステータスコードをそれぞれ返します。

▶独自の複数ステータスフォーマット

ただし、207 MultistatusはWebDAV仕様に強く結び付いたステータスコードのため、今回くらいの処理へのレスポンスにはオーバースペックだとも感じられるでしょう。その場合は、200 OKと<D:multistatus>要素に相当する独自のXMLやJSONを返しても大丈夫です。

以下に例を示します。

```
HTTP/1.1 200 OK
Content-Type: application/json

[
  {
    "status": "200 OK",
    "description": "成功しました。"
  },
  {
```

```
    "status": "500 Internal Server Error",
    "description": "データベース接続エラーです。"
  }
]
```

　この例ではバッチ処理の一つ一つに対してstatusとdescriptionというメンバを持ったオブジェクトの配列をJSONで返しています。これくらいシンプルな場合は、<D:multistatus>要素ではなくJSONを採用するほうがよいでしょう。

16.7
トランザクション

　さて、ここまでは単純な1回のPUTによるリソースの更新を扱ってきました。しかし実際のシステムでは、より複雑な処理、たとえば複数のリソースにまたがった変更をひとまとまりに扱う、いわゆるトランザクションが必要になるケースもあるでしょう。この場合、単純な条件付きリクエストでは解決できません。

　たとえば銀行口座で5万円を振り込む処理では、まず振り込み元の口座の残高を5万円減らし、振り込み先の口座の残高を5万円増やす処理が必要になります。このとき、どちらか片方が成功し、もう一方が失敗してしまうと、5万円を得したり損したりする人が出てきてしまいます。このようなことが起こらないように、2つとも処理が成功するか、失敗した場合は2つとも元の状態に戻すことを保証するのがトランザクションです。

解決すべき問題

　まずは問題を整理します。
　通常、トランザクションの例には先述した銀行システムなどを用いるのですが、ここでは簡単のためにリソースの一括削除を題材に考えます。郵

便番号サービスの郵便番号のうち、次の3つを一括削除しましょう[注1]。

- http://zip.ricollab.jp/1
- http://zip.ricollab.jp/2
- http://zip.ricollab.jp/3

複数のリソースを削除するためには、通常は個別にDELETEを送ります。しかし単純にDELETEを順番に発行すると、途中で失敗してしまう可能性があります。図16.1の場合、http://zip.ricollab.jp.jp/1のリソースだけを削除してしまっています。

そうではなく、/1、/2、/3すべてのリソースをまとめて削除するか、どれも削除しないことを保証するにはどのようにリソースを設計すべきでしょうか。

トランザクションリソース

トランザクションをRESTfulに実現する際の肝は、トランザクションリソースです。トランザクションリソースは、その名のとおりトランザクション情報を表現するリソースです。「HTTPはステートレスだからセッション状態を持てない。したがってトランザクションも実現できないのでは？」と思うかもしれませんが、リソースの状態はセッション状態（アプリケーション状態）ではないので、ステートレス性の原則には反しません。

図16.1 一括削除の必要性

```
クライアント                    サーバ
     |        DELETE /1          |
     |------------------------->|
     |         200 OK            |
     |<-------------------------|
     |        DELETE /2          |
     |------------------------->|
     |  500 Internal Server Error|
     |<-------------------------|
                    /1だけが削除された状態
```

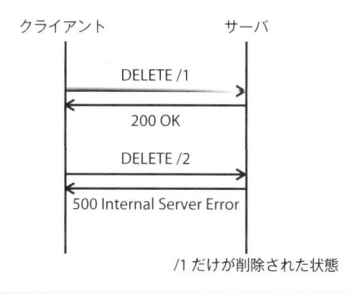

注1　実際には存在しない郵便番号ですが、簡単のために/1、/2、/3にしてあります。

このようにHTTPの統一インタフェースで実現できない処理に遭遇したときは、新たなリソースを導入して解決を図るのがRESTfulな設計の定石です。

ここではトランザクションリソースを、

```
http://zip.ricollab.jp/transactions
```

というファクトリリソースを利用して作成することにします。

▶トランザクションの開始

トランザクションリソースを作成してトランザクションを開始するには、ファクトリリソースにPOSTを送信します。

```
POST /transactions HTTP/1.1
Host: zip.ricollab.jp
```

トランザクションリソースの作成が成功すると、201 Createdと共に生成したリソースのURIがLocationヘッダに入って返ってきます。

```
HTTP/1.1 201 Created
Location: http://zip.ricollab.jp/transactions/308
```

▶トランザクションリソースへの処理対象の追加

次に、今生成したトランザクションリソースに削除したいリソースのURIを追加していきます。

POSTのボディやクエリパラメータにURIを指定してもよいのですが、ここでは簡単のためにトランザクションリソース (/transactions/308) の下に削除したいURIのパス (/1など) を直接追加して、PUTでリソースを生成することにします。

リクエスト (/1)

```
PUT /transactions/308/1 HTTP/1.1
Host: zip.ricollab.jp
```

レスポンス (/1)

```
HTTP/1.1 201 Created
Location: http://zip.ricollab.jp/transactions/308/1
```

同様に /2、/3 も追加します。ここまでが完了すると、/transactions/308 というトランザクションリソースに /1、/2、/3 の 3 つのリソースが関連付けられたことになります。

なお、今回は削除なのでリクエストのボディには何も入れませんでしたが、更新の場合はファクトリリソースへの POST のボディに更新する値を入れます。

▶トランザクションの実行

あとはこのトランザクションを実行するだけです。トランザクションリソースに処理を実行したい旨を伝えましょう。

今回はトランザクションリソースに PUT でコミットを伝えるデータを書き込むことで、コミットを表現することにします。ここでは簡単のために application/x-www-form-urlencoded 形式で commit=true という記法を用いています。

リクエスト

```
PUT /transactions/308 HTTP/1.1
Host: zip.ricollab.jp
Content-Type: application/x-www-form-urlencoded

commit=true
```

レスポンス

```
HTTP/1.1 200 OK
```

200 OK が返ってくればこのトランザクションは成功です。もし何らかの理由でトランザクションの実行が失敗した場合は 4xx か 5xx のステータスコードが返ってくるでしょう。

レスポンス（エラー時）

```
HTTP/1.1 500 Internal Server Error
```

▶トランザクションリソースの削除

すべてが成功した場合は、トランザクションリソースを削除しましょう。

リクエスト
```
DELETE /transactions/308 HTTP/1.1
Host: zip.ricollab.jp
```

レスポンス
```
HTTP/1.1 200 OK
```

これで、このトランザクションは完了です。http://zip.ricollab.jp/1、/2、/3すべてのリソースを削除しました。通常は、トランザクションリソースを削除したらトランザクションに関連したほかのリソース(http://zip.ricollab.jp/transactions/308/*)も同時に削除するようにサーバを実装します。

ところで、コミットする前にトランザクションリソースにDELETEを発行したらどうなるのでしょうか。DELETEが成功すれば200 OKが返り、トランザクションは実行されませんので、すべてのリソースはトランザクション開始前の状態と変わりません。

トランザクションリソース以外の解決方法

▶バッチ処理のトランザクション化

トランザクションリソースを導入しない解としては、バッチ処理を拡張する方法があります。

今回の例で言えば、複数リソースに対する削除リクエストをPOSTで一括して送信し、サーバ内の実装でこれらを必ずすべて削除するか、1つも削除しないかを保証するのです。

```
POST /batch HTTP/1.1
Host: zip.ricollab.jp
Content-Type: text/plain; charset=utf-8

DELETE /1
DELETE /2
DELETE /3
```

▶上位リソースに対する操作

　もう一つは、少し状況が限定的になりますが、上位リソースを操作して下位リソースを一括操作する方法があります。

　たとえば/entry/1というリソースの下に/entry/1/comment/1と/entry/1/comment/2の2つのリソースがあった場合、/entry/1を削除したら/entry/1/comment/1も/entry/1/comment/2も同時に削除できる、というふうにサーバを実装します。この場合もサーバの内部的に、これらを必ずすべて削除するか、1つも削除しないかを保証する必要があります。

16.8 排他制御

　1つのクライアントだけを想定したリソースの更新はとても単純です。しかし、通常のWebサービスでは複数のクライアントを相手にしなければなりません。そのときに必要になってくるのが排他制御（*Mutual Exclusion*）です。排他制御とは、複数のクライアントが同時に1つのリソースを編集して競合（*Conflict*）が起きないように、1つのクライアントのみが編集するように制御する処理のことを言います。前節までで説明したバッチ処理やトランザクションも、通常は排他制御を行いながら実行します。

　排他制御の方法は大きく分けて2つあります。一つは悲観的ロック（*Pessimistic Lock*）で、もう一つは楽観的ロック（*Optimistic Lock*）です。順に解説します。

解決すべき問題

　まずは問題を整理します。

　2つのクライアント（A、B）が、1つのリソース（http://zip.ricollab.jp/1120034）を編集しようとしているとします（図16.2）。このとき、クライアントAとクライアントBが同時にリソースを更新すると競合が発生します（図16.3）。

　この問題を悲観的ロックあるいは楽観的ロックで解決するにはどうすれ

ばよいのでしょうか。

悲観的ロック

まずは悲観的ロックです。悲観的ロックとは、ユーザをあまり信用せずに、競合が発生しないようにする排他制御の方法です。HTTPで悲観的ロックを実現するにはWebDAVのLOCK/UNLOCKメソッドを使う方法と、独自のロックリソースを使う方法があります。

図16.2 複数クライアントからのリソース編集

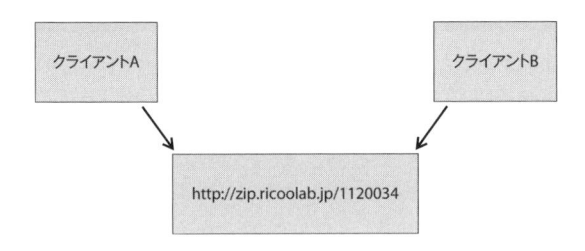

図16.3 リソース更新で競合が発生する

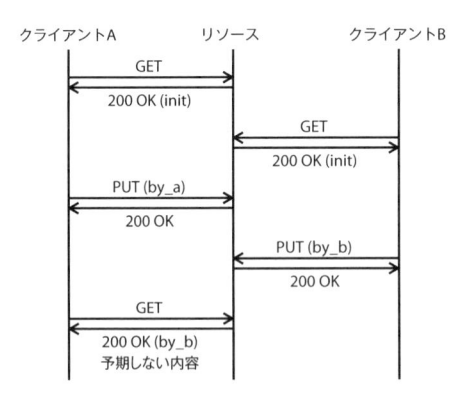

※「init」は初期の値を示す。「by_a」や「by_b」はそれぞれ
　クライアントA、Bが変更しようとした値を示す

▶LOCK/UNLOCK

HTTPで悲観的ロックを実現する1つめの方法は、WebDAVのLOCK/UNLOCKの利用です（図16.4）。

ロックのリクエストにはLOCKを使います。

```
LOCK /1120002 HTTP/1.1
Host: zip.ricollab.jp
Timeout: Second-3600
Content-Type: application/xml; charset=utf-8
Authorization: Basic ...

<D:lockinfo xmlns:D="DAV:">
  <D:lockscope><D:exclusive/></D:lockscope>
  <D:locktype><D:write/></D:/locktype>
</D:lockinfo>
```

このリクエストで指定しているロックの種類は次のとおりです。

- Timeoutヘッダ
    ロックがタイムアウトする時間（クライアント側の要求）を指定する。ここでは3,600秒（1時間）を指定している

図16.4 LOCK/UNLOCKによる競合の防止

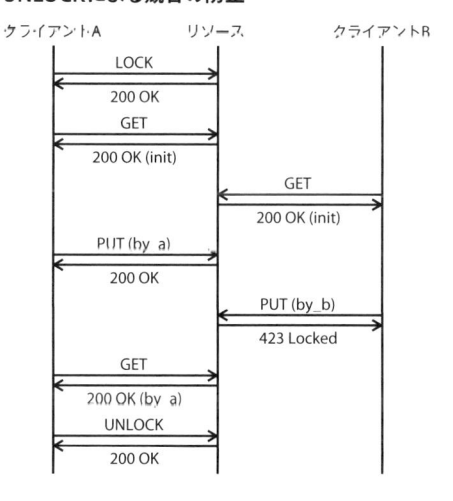

```
クライアントA        リソース         クライアントB
    |------LOCK------>|                    |
    |<----200 OK------|                    |
    |------GET------->|                    |
    |<--200 OK (init)-|                    |
    |                 |<------GET----------|
    |                 |---200 OK (init)--->|
    |----PUT (by_a)-->|                    |
    |<----200 OK------|                    |
    |                 |<----PUT (by_b)-----|
    |                 |----423 Locked----->|
    |------GET------->|                    |
    |<-200 OK (by_a)--|                    |
    |-----UNLOCK----->|                    |
    |<----200 OK------|                    |
```

- Authorization ヘッダ
    ロックするユーザの情報を指定する
- <D:lockscope>要素
    このロックが排他ロック(*Exclusive Lock*)なのか共有ロック(*Shared Lock*)なのかを指定する。排他ロックは<D:exclusive>要素を指定し、このリソースを一人のユーザのみ編集できるようにする。共有ロックは<D:shared>要素を指定し、自分がこのリソースを編集しようとしている旨を表明して競合を起きにくくする
- <D:locktype>要素
    ロックの種類を指定する。WebDAVでは書き込みロック(*Write Lock*)を指定する<D:write>要素のみを定義している

ロックが成功すると 200 OK とともに<D:prop>要素が返ってきます。

```
HTTP/1.1 200 OK
Content-Type: application/xml; charset=utf-8

<D:prop xmlns:D="DAV:">
  <D:lockdiscovery>
    <D:activelock>
      <D:lockscope><D:exclusive/></D:lockscope>
      <D:locktype><D:write/></D:locktype>
      <D:depth>Infinity</D:depth>
      <D:owner>
        <D:href>mailto:yoheiy@gmail.com</D:href>
      </D:owner>
      <D:timeout>Second-3600</D:timeout>
      <D:locktoken>
        <D:href>opaquelocktoken:e71d4fae-5dec-22d6-fea5</D:href>
      </D:locktoken>
    </D:activelock>
  </D:lockdiscovery>
</D:prop>
```

このXMLはあるリソースの子リソースとしてWebDAV仕様が定義したメタデータリソースです。LOCKの結果として、どのようなロックがリソースに対して行われたのかを示しています。

- **<D:activelock>要素**
  現在有効なロックの情報
- **<D:lockscope>要素、<D:locktype>要素**
  リクエストで指定したとおりのロックが行われていることがわかる
- **<D:depth>要素**
  URIの階層上、どこまでをロックしているかを示す。「Infinity」はロックしたリソースのパス以下すべてのサブリソースをロックしていることを示す
- **<D:owner>要素**
  このロックの所有者情報
- **<D:timeout>要素**
  このロックがタイムアウトする時間。「Second-3600」は3,600秒、すなわち1時間を意味する
- **<D:locktoken>要素**
  今後このロックを用いてリソースを操作するときは、Ifヘッダにこのロックトークン（opaquelocktokenスキームのURI）を指定する必要がある

ロック済みのリソースを編集するにはIfヘッダでロックトークンを指定しなければなりません。ロックトークンを指定せずにリソースを編集しようとすると、以下のように423 Lockedが返ります。

```
HTTP/1.1 423 Locked
```

ロックトークンを正しく指定してPUTを送信するとリソースを更新できます。次の例ではIfヘッダで先ほど取得したロックトークンを指定しています。Ifヘッダではいろいろな条件を指定できるので、ロックトークンを入れる場合は「(<」と「>)」でくくります。

リクエスト
```
PUT /1120002 HTTP/1.1
If: (<opaquelocktoken:e71d4fae-5dec-22d6-fea5>)
Content-Type: application/json

{
  "zipcode": "1120002",
  "address": {
    "prefecture": "東京都",
    "city": "文京区",
```

```
    "town": "大石川"
  },
  "yomi": {
    "prefecture": "トウキョウト",
    "city": "ブンキョウク",
    "town": "オオシカワ"
  }
}
```

レスポンス
```
HTTP/1.1 200 OK
```

更新が終了したらクライアントはロックを解除します[注2]。ロックの解除はUNLOCKを利用します。UNLOCKではロックトークンをLock-Tokenヘッダで指定します。

リクエスト
```
UNLOCK /1120034 HTTP/1.1
Host: zip.ricollab.jp
Content-Type: application/xml; charset=utf-8
Authorization: Basic ...
Lock-Token: opaquelocktoken:e71d4fae-5dec-22d6-fea5
```

レスポンス
```
HTTP/1.1 200 OK
```

▶ロックリソースの導入

LOCKはWebDAVのデータモデルに最適化しているため、それ以外のリソースに適用しようとするとオーバースペックな面があります。WebDAVのデータモデルを強制されることに違和感を持つかもしれません。

その場合は、LOCK相当の機能をWebサービスに組み込みましょう。ここではロックを表現する子リソースを新しく導入して、ロックを実現します。

注2 クライアントが何らかの理由でロックを解除できなかった場合は、タイムアウト時間の設定に従ってサーバ側でロックを解除します。

ロックリソースを導入したWebサービスでのやりとりを見てみましょう。
まずはロックリソースを作成します。

```
POST /1120034 HTTP/1.1
Host: zip.ricollab.jp
Content-Type: application/x-www-form-urlencoded
Authorization: Basic ...

scope=exclusive&timeout=300
```

このリクエストでは、ロックしたいリソースのURIに対してPOSTでロック情報を送っています。WebDAVのロックに比べると単純化しており、ロックの種類とタイムアウトだけを指定しています。

```
HTTP/1.1 201 Created
Location: http://zip.ricollab.jp/1120034/lock
Content-Type: application/json

{
  "locktype": "exclusive",
  "timeout": "2010-09-07T10:00:30Z",
  "owner": "yohei"
}
```

ロックした結果、ロック対象リソースの子リソースとしてロックリソースができました。このロックリソースが存在する間は、対象のリソースはロックしていることになり、ロックをかけたユーザだけが編集できます。

ロック中のリソースに、ほかのユーザがロックをかけようとしたときに返すステータスコードには、2つの候補が考えられます。一つはWebDAVが拡張したステータスコードである423 Lockedで、もう一つはHTTP 1.1の400 Bad Requestです。どちらを選ぶかは好みの問題ですが、筆者はより詳細なステータスコードである423 Lockedをお勧めします。

ロックの解除は、タイムアウトまたはロックリソースの削除で実現します。ロックリソースを削除する例を見てみましょう。

リクエスト
```
DELETE /1120034/lock HTTP/1.1
Host: zip.ricollab.jp
Authorization: Basic ...
```

レスポンス
```
HTTP/1.1 200 OK
```

楽観的ロック

　悲観的ロックはリソース編集の競合がけっして起きないようにするために、ロックの権限を持った人以外が編集できないように制限していました。しかし、この設計はシステムのスケールが大きくなるほど問題が発生します。少数のグループ内で運用しているファイル管理システムなら、どこの誰がファイルをロック中なのか簡単にわかるのですが、世界中の不特定多数のユーザが同時に編集する大規模なWikiのようなシステムでは、文書をロックしたままずっと編集できないなどの問題が発生するのです。

　これに対して、常に同じ文書を複数人が編集し続けることはあまりないという経験則から、通常の編集では文書をロックせずに、競合が起きたときに対処するしくみがあります。これを「楽観的ロック」と言います。今回の郵便番号データベースでも、そう頻繁に更新が起きるわけではないので楽観的ロックを採用するほうがよいでしょう。

　HTTPで楽観的ロックを実装するには、条件付きPUTと条件付きDELETEを利用します。

▶条件付きPUT

　図16.3では、クライアントBはクライアントAが先に修正していることを知らずにPUTを発行してしまったために競合が発生しました。これを防ぐには、クライアントが更新リクエストを発行する際に、自分が更新しようとしているリソースに変更がないかどうかを確認するしくみが必要です。

　これを実現するのが条件付きPUTです。第9章で解説した条件付きGETと同様に、条件付きPUTでもLast-ModifiedかETagの値を使います。ただ

し、リクエストヘッダに指定する「If-」ヘッダが異なります。条件付きGETではETagの値をチェックするのにIf-None-Match（もしマッチしなれば）を使いましたが、条件付きPUTではIf-Match（マッチすれば）を使います。同様にIf-Modified-Since（もし変更されていたら）はIf-Unmodified-Since（もし変更されていなければ）になります（**表16.1**）。

条件付きPUTのやりとりでは、ETagの値を得るためにまずリソースをGETで取得します。

リクエスト

```
GET /1120002 HTTP/1.1
Host: zip.ricollab.jp
```

レスポンス

```
HTTP/1.1 200 OK
Content-Type: application/json
ETag: sample-etag-value

{
  "zipcode": "1120002",
  "address": {
    "prefecture": "東京都",
    "city": "文京区",
    "town": "小石川"
  },
  "yomi": {
    "prefecture": "トウキョウト",
    "city": "ブンキョウク",
    "town": "コイシカワ"
  }
}
```

表16.1 条件付きGET/PUT/DELETEとヘッダの対応

メソッド	Last-Modified	ETag
GET	If-Modified-Since	If-None-Match
PUT/DELETE	If-Unmodified-Since	If-Match

次に、得られた ETag の値を使って条件付き PUT を実行します。リソースが変更されていなければ ETag の値は変わりませんので、リソースの更新は成功します。

リクエスト
```
PUT /1120002 HTTP/1.1
Host: zip.ricollab.jp
Content-Type: application/json
If-Match: sample-etag-value

{
  "zipcode": "1120002",
  "address": {
    "prefecture": "東京都",
    "city": "文京区",
    "town": "大石川"
  },
  "yomi": {
    "prefecture": "トウキョウト",
    "city": "ブンキョウク",
    "town": "オオシカワ"
  }
}
```

レスポンス
```
HTTP/1.1 200 OK
```

▶ 条件付き DELETE

PUT と同様に、DELETE も条件付きにできます。条件付き DELETE を利用すると、他人が修正したのを知らずにリソースを削除するミスを防止できます。

条件付き DELETE の場合も ETag の値や更新日時が必要です。それらの値を使って、条件付き PUT と同様に If-Match または If-Unmodified-Since ヘッダを用いてメソッドを条件付きにします。

リクエスト
```
DELETE /1120002 HTTP/1.1
Host: zip.ricollab.jp
```

```
Content-Type: application/json
If-Match: sample-etag-value
```

レスポンス
```
HTTP/1.1 200 OK
```

▶412 Precondition Failed ── 条件が合わない

条件付きPUTや条件付きDELETEを発行した際にリソースが変更されていた場合は、412 Precondition Failedが返ります。このステータスコードには、クライアントが指定した条件を満たせなかったという意味があります。

図16.5を見てください。クライアントAとクライアントBはそれぞれ、PUT（あるいはDELETE）を発行する前にGET（あるいはHEAD）を発行します。そして、そのレスポンスにあるETag（あるいはLast-Modified）ヘッダの値を、リクエストのIf-Match（あるいはIf-Unmodified-Since）に指定します。サーバはクライアントが指定した条件を見て、対象のリソースが変更されているかどうかをチェックします。リソースが変更されていなければ通常どおり更新や削除作業を行います。逆にリソースが変更されている場合は412 Precondition Failedを返します。

図16.5 条件付きPUTによる競合の防止

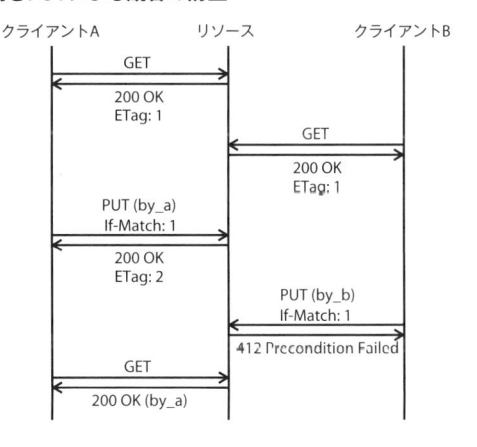

```
クライアントA          リソース              クライアントB
    │──────GET──────▶│                        │
    │◀──200 OK───────│                        │
    │    ETag: 1     │                        │
    │                │◀──────GET──────────────│
    │                │────200 OK─────────────▶│
    │                │    ETag: 1             │
    │──PUT (by_a)───▶│                        │
    │  If-Match: 1   │                        │
    │◀──200 OK───────│                        │
    │    ETag: 2     │                        │
    │                │◀──PUT (by_b)───────────│
    │                │   If-Match: 1          │
    │                │──412 Precondition Failed─▶│
    │──────GET──────▶│                        │
    │◀─200 OK (by_a)─│                        │
```

412 Precondition Failedが発生した場合の対処には次の3つの方法があります。

- **競合を起こしたユーザに確認をしたうえで、更新または削除する**
  前の更新を無視していきなり更新したり削除したりするのは問題なので、通常は何らかの方法でクライアントに競合の確認をする。クライアントの実装が一番簡単なのはユーザに確認したうえで処理を続行することだが、更新履歴を残していないと前の更新が消えてしまう問題がある
- **競合を起こしたデータを、競合リソースとして別リソースに保存する（PUTの場合のみ）**
  競合を起こしたほうの更新を、別のリソース（通常は元リソースの子リソース）として保存する。サーバ側からクライアントに確認を出し、ユーザが競合リソースを作成すると判断した場合に競合リソースを保存する実装が一般的である
- **競合を起こしたユーザに変更点を伝え、マージを促す（PUTの場合のみ）**
  履歴を管理している場合は、前の更新と今回の更新の差分をユーザに伝えることで、ユーザが競合の解消をしやすくできる。最も理想的な方法だが、履歴管理ができていないと実装できないことと、差分をとれるデータフォーマットを採用していなければならないことが難点である

16.9 設計のバランス

本章ではリソースの更新処理の設計について、さまざまな角度から各種の手法を紹介しました。1つの問題に対して複数の解決方法が存在し、どれを採用すればよいのかわからなくなることもあると思います。ある問題に対して最適な解決方法を見つけるのは至難の業です。Webサービスの規模、対象とする範囲、想定ユーザ、納期、必要な品質、サービスレベルなど、たくさんの要因が存在するからです。

設計はバランスをとる作業です。あちらを立てればこちらが立たず、ということがよくあります。過剰に品質を求めて納期が遅れては元も子もありませんし、かといって必要最低限の品質を満たせていないと後悔することになります。各種のパラメータを加味して、自分が最もバランスがとれていると感じるところに落ち着かせるのが設計作業です。

とはいえ、まったく指針がないのでは設計が進みません。経験のないうちは特にです。以下に、Webサービス設計において筆者が重要だと思っている項目を挙げて、本章は終わりにしようと思います。

- **なるべくシンプルに保つ**
  設計が複雑になってきたら、機能が無駄に増えてきたら、1段階メタな視点で全体を考え直すこと。不要な機能や、やり方を変えることで削除できる機能があるかもしれない。全体をシンプルに保つことは、設計バランスを考えるうえで最も重要である
- **困ったらリソースに戻って考える**
  HTTPメソッドでは実現できない機能があると感じたら、それが独立した別リソースで代替できないかを考える。検索機能を実現するSEARCHメソッドをHTTPに追加するのではなく、「検索結果リソース」をGETする、と考えることが重要である
- **本当に必要ならPOSTで何でもできる**
  更新にはPUTを用いるべきだとしても、たとえばバッチ処理のように複数リソースが対象となった時点で、PUTを使うのはあきらめてPOSTを用いるほうが賢明である

第5部　Webサービスの設計

第17章 リソースの設計

リソースの設計にはいまだ定石がないため、いざリソース設計を始めようとしても、何から手をつけてよいのかわからなくなります。特に、リソースを見いだすところ、すなわち何にリソースとして名前(URI)を与えるのかを判断するところは苦労します。これらの問題を解決するために本章では、既存の設計手法で得られた成果物をもとにリソースを設計する方法について紹介します。

17.1 リソース指向アーキテクチャのアプローチの落とし穴

本章で題材にするWebサービスは、第15章で紹介した郵便番号検索サービスです。

このWebサービスの設計では、『RESTful Webサービス』が推奨しているリソース指向アーキテクチャの設計アプローチを採用しました。このアプローチはWebサービス設計の記念碑的な第一歩です。Webサービスを設計するにあたって必要になる手順が整理されています。この手順に素直に従えるのであれば、そのまま設計を進めるのがよいでしょう。

しかし、リソース指向アーキテクチャの設計アプローチには罠が潜んでいます。1番めと2番めのステップ、つまり「Webサービスで提供するデータを特定」し、「データをリソースに分ける」方法がわからないのです。第15章では日本郵便がWebで公開しているCSVデータを観察し、「なんとなく」「それらしい」リソースを導き出しました。しかし、これは設計手法としてはあまりにも心もとないでしょう。

本章では、ある程度確立されている既存の設計手法で得られた成果物をもとにリソースを設計する方法について紹介します。対象とする成果物は次の3つです。

- 関係モデルのER図
- オブジェクト指向モデルのクラス図
- 情報アーキテクチャ

詳しくは後述しますが、それぞれの成果物には向き不向きがあります。実際はこれらを併用するようにしてください。リソースの導出は慣れるまでが大変ですが、誰でも獲得できるスキルです。

17.2 関係モデルからの導出

関係モデル（*Relational Model*）はRDBMSの基礎となっているデータモデルであり、数学的基盤を持っていることが特徴です。データの冗長性を排除するための正規化の手法が確立されており、効率的なデータベース設計ができます。

ここでは各種データベース設計手法によって関係モデルが完成していることを前提に、その成果であるER図からのリソースの導出を検討します。

郵便番号データのER図

対象とするER図を図17.1に示します。このER図には3つのテーブルがあります。

郵便番号テーブルは、郵便番号とその郵便番号が示す町域名とそのフリガナを持ちます。都道府県テーブルと市区町村テーブルは、それぞれ名前とフリガナを持ちます。

郵便番号テーブルは住所情報として都道府県IDと市区町村IDを参照します。市区町村テーブルは属する都道府県IDを参照します。

中心となるテーブルからのリソースの導出

図17.1のスキーマで中心となっているテーブルは郵便番号テーブルです。関係モデルからのリソース抽出の一つの定石は、中心となっているテーブルの1行を1リソースとすることです。この場合、郵便番号テーブルの1行、すなわち郵便番号の一つ一つがリソースとなります。これが郵便番号リソースです。

テーブルの行をリソースに切り出した場合は、そのテーブルの主キーをURIに組み込むと実装が簡単になるでしょう[注1]。この例で言えば、郵便番号テーブルの主キー(郵便番号ID)の値が123の行を示すリソースのURIは、

```
http://zip.ricollab.jp/123
```

となります。

ただし、今回は郵便番号自体が一意なので上記のような主キーを入れたURIは採用せずに、郵便番号自身を入れたURIを採用しました。こちらのほうが、クライアントから見たときのURIの可読性が向上しますし、URIが変わりにくくなります。

図17.1 郵便番号データのER図

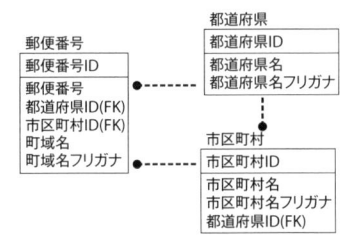

注1 主キーの値をURIに直接入れるのはRuby on Railsで一般化した方式ですが、これはサーバ内部のデータベース実装をクライアントにさらけ出しているため、サーバ側の都合によってURIが変更になりやすいという欠点を持っています。

リソースが持つデータの特定

　中心となるテーブルから抽出するリソースが決まったら、続いてそのリソースが持つデータを検討します。

　まず、その中心となったテーブルが持っている属性をリソースに持たせます。郵便番号データベースの例では、郵便番号テーブルが持つ「郵便番号」「町域名」「町域名フリガナ」属性を郵便番号リソースに持たせます。

　次に、そのテーブルが外部キーで参照している別のテーブルもたどり、その属性も郵便番号リソースに持たせます。つまり、都道府県テーブルと市区町村テーブルの正規化を崩し、すべてのデータを郵便番号リソースに入れます。この結果、郵便番号リソースは郵便番号、住所(都道府県、市区町村、町域)、住所のフリガナ(都道府県、市区町村、町域)の3つのデータを持つことが特定できます。

　関係モデルではデータの重複を省くために通常は正規化を行いますが、リソースの設計では、一つ一つのリソースを、それ自身ですべてを表現できるように自己記述的にするために、あえて正規化を崩します。これはWebが分散システムであることに起因します。ネットワーク帯域やサーバへの接続をできるだけ減らすために、なるべく一度のリクエストでクライアントが必要とするすべてのデータが取得できるようにリソースを設計するのです。冗長だと思っても、個々のリソースに必要な項目をすべて入れるようにしましょう。

検索結果リソースの導出

　中心となるテーブルからのリソース導出に並んで、関係モデルからのリソース導出のもう一つの大きな軸となるのが、検索結果リソースの導出です。関係モデルはその特性上、検索と強く結び付いています。RDBMSを利用する一番の目的は何か情報を検索するためでしょう。

　検索のような機能は、検索行為をモデル化するのではなく、「検索結果」をリソースとして表現します。検索結果リソースは、このデータベースから具体的に何を検索したいのか、というユーザの利用シナリオに基づいて

導出します。郵便番号データベースの場合、次の検索条件が考えられます。

- 住所の全部または一部による検索
- 郵便番号の全部または一部による検索

それぞれの検索条件をURIに入れるように設計します。ここでは、検索キーワードを一括で受け付けるように設計しました。具体的には、

```
http://zip.ricollab.jp/search?q={query}
```

の{query}部分に上記の箇条書きの項目をどれでも入れられるようにしてあります。

階層の検討

関係モデルが苦手とするデータ構造に階層構造があります。第15章の郵便番号検索サービスでは、都道府県リソースの下に市区町村リソースが、市区町村リソースの下に町域リソースがくるようURIを設計しましたが、関係モデルを見ただけではこの階層構造はなかなかわかりません。そのため、関係モデルの隠れた階層構造は別途ドキュメントなどから理解し、必要であればリソースの設計に反映します。

階層を検討すると、結果として階層そのものがリソースになることが多いです。今回の場合は都道府県、市区町村、町域という地域リソースの階層構造が導出できるでしょう。

トップレベルリソース

ER図からは直接導出できないリソースとして、トップレベルリソースがあります。これはほかのリソースへリンクする大本となるリソースです。トップレベルリソースには、今回のように検索結果リソースを持つWebサービスであれば、検索フォームが置かれるでしょう。

リンクによる結合

リソース間を結合するリンクの設計にはER図の関連が利用できます。

もう一度、図17.1を見てください。郵便番号は都道府県と市区町村へ、市区町村は都道府県への関連を持っています。この関連がリンクのヒントになります。

たとえば都道府県テーブルと市区町村テーブルの間の関連は、都道府県リソースから市区町村リソースへのリンクに相当します。

以上で、関係モデルからのリソースの導出は終わりです。

まとめ

関係モデルからは、郵便番号リソースと検索結果リソースの2つのリソースを導出できましたが、トップレベルリソースとURIの階層構造、そして地域リソースは直接導出できませんでした。また、リソース間のリンク関係にはER図の関連が使えることもわかりました。

関係モデルからリソースを導出する場合は、データの持つ階層構造を考えることと、トップレベルリソースの存在を忘れないことが重要です。また、関係モデルは正規化されていることが多いと思いますが、リソースを設計する際は正規化を崩してすべての情報を含めるようにすることも意識しましょう。

17.3
オブジェクト指向モデルからの導出

次はオブジェクト指向設計の成果からのリソースの導出を検討します。オブジェクト指向設計は対象システムの分析モデルをオブジェクト指向言語のクラスとインスタンスに対応付けます。オブジェクト指向設計の成果物としてはクラス図やシーケンス図があります。

郵便番号データのクラス図

図17.2に郵便番号データのクラス図を示します。

図17.2には5つのクラスが登場します。郵便番号情報を表現するZipcodeクラスと、それぞれ都道府県、市区町村、町域の名前とフリガナを保持するPrefecture、City、Townクラス、さらに郵便番号全体を管理するZipcodeManagerクラスです。Zipcodeクラスは郵便番号、都道府県、市区町村、町域のフィールドを持ちます。Prefecture、City、Townクラスはそれぞれ名前とフリガナを持ちます。

これらのクラスは階層構造を持ち、下位のクラスのリストへの参照と、上位のクラスへの参照を持ちます。ZipcodeManagerクラスは郵便番号を住所と郵便番号から検索できます(findByAddress、findByZipcode)。検索結果はZipcodeクラスのインスタンスのリストになります。また、ZipcodeManagerクラスは都道府県のリストを取得するメソッドを持ちます(getPrefectureList)。また、TownクラスとCityクラスはそれぞれ上位クラスへの参照を持ちます(getCity、getPrefecture)。

図17.2 郵便番号データのクラス図

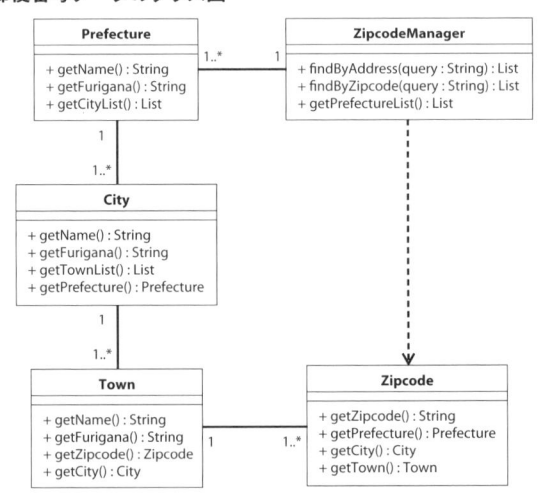

```
┌─────────────────────────────┐         ┌──────────────────────────────────────┐
│         Prefecture          │  1..*  1│           ZipcodeManager             │
├─────────────────────────────┤─────────├──────────────────────────────────────┤
│ + getName() : String        │         │ + findByAddress(query : String) : List│
│ + getFurigana() : String    │         │ + findByZipcode(query : String) : List│
│ + getCityList() : List      │         │ + getPrefectureList() : List         │
└─────────────────────────────┘         └──────────────────────────────────────┘
             │ 1                                         ╎
             │                                           ╎
             │ 1..*                                      ╎
┌─────────────────────────────┐                          ╎
│            City             │                          ╎
├─────────────────────────────┤                          ╎
│ + getName() : String        │                          ╎
│ + getFurigana() : String    │                          ╎
│ + getTownList() : List      │                          ╎
│ + getPrefecture() : Prefecture│                        ╎
└─────────────────────────────┘                          ╎
             │ 1                                         ╎
             │                                           ▼
             │ 1..*                     ┌──────────────────────────────────────┐
┌─────────────────────────────┐         │               Zipcode                │
│            Town             │         ├──────────────────────────────────────┤
├─────────────────────────────┤ 1   1..*│ + getZipcode() : String              │
│ + getName() : String        │─────────│ + getPrefecture() : Prefecture       │
│ + getFurigana() : String    │         │ + getCity() : City                   │
│ + getZipcode() : Zipcode    │         │ + getTown() : Town                   │
│ + getCity() : City          │         │                                      │
└─────────────────────────────┘         └──────────────────────────────────────┘
```

主要データクラスからのリソースの導出

まず、主要なデータを表現しているクラスを見つけます。

今回は、郵便番号を表現するZipcodeクラスが主要なクラスになります。この主要なデータを表現しているクラスのインスタンス一つ一つが、それぞれURIを持ったリソースとなります。Zipcodeクラスのインスタンスはたとえば112-0002という郵便番号情報ですので、郵便番号の一つ一つがURIを持った郵便番号リソースとなります。

今回の場合はクラスが5つしかないため簡単ですが、クラス数が多い場合はここで試行錯誤が必要となるかもしれません。

オブジェクトの操作結果リソース

注意しなければいけないのは、クラスのメソッドで表現している処理そのものをリソースとして切り出そうとしないことです。リソースはあくまでも処理結果であることに注意してください。たとえば検索メソッド（findByXX）は、すべてその結果をリソースとします。これは検索結果リソースとなります。

階層の検討

図17.2を見ると、PrefectureクラスとCityクラス、CityクラスとTownクラスはそれぞれ1対nのhas-a関係（あるクラスがほかのクラスの一部に属する関係）を持つことがわかります。このようなクラス間の包含関係はリソースの階層構造に反映できます。つまり、都道府県（Prefectureクラス）→市区町村（Cityクラス）→町域（Townクラス）という階層関係があります。この階層関係はリソースのURI構造に反映できます。URIの各階層はそれぞれ地域リソースになります。

オブジェクト指向モデルの場合はhas-a関係以外にも、is-a関係（あるクラスが別のクラスのサブクラスである関係）やクラス自身の継承関係など、クラス間の構造を表現している場合があります。そのような場合、リソー

スでも同様の階層を持てないかどうかを検討するのがよいでしょう。

トップレベルリソース

関係モデルと同様に、オブジェクト指向モデルにもトップレベルリソースを直接表現するクラスがありません。したがって、トップレベルリソースを別途意識して導出する必要があります。

リンクによる結合

リソースそのものを表現するオブジェクト（Zipcodeや検索結果のリストなど）は相互に参照を持ちます。この参照はそのままリンクとして表現できます。たとえば検索結果のリストからそれぞれのZipcodeクラスのインスタンスを参照しているところや、ZipcodeからPrefecture、City、Townを参照しているところは、そのままリンクにできます。

以上で、オブジェクト指向モデルからのリソースの導出は終わりです。

まとめ

オブジェクト指向モデルからは郵便番号リソース、検索結果リソース、地域リソースを導出できましたが、トップレベルリソースは導出できませんでした。また、リソース間のリンク関係には、オブジェクト指向モデルのクラス間の関係が使えることもわかりました。

オブジェクト指向モデルからリソースを導出するときに重要なのは、クラスの持つメソッドを操作結果リソースへと変換することです。これにより、クラスの持つ豊富なメソッドをHTTPの限定されたメソッドに置き換えられるのです。

関係モデルと比較するとオブジェクト指向モデルはより詳細な情報を含んでいます。個別のクラスへの操作を示すメソッドも定義できるからです。

17.4 情報アーキテクチャからの導出

情報アーキテクチャは関係モデルやオブジェクト指向モデルに比べると新しい概念です。まずはWikipediaから定義を引用してみましょう。

> 情報アーキテクチャ (Information Architecture) は、知識やデータの組織化を意味し、「情報をわかりやすく伝え」「受け手が情報を探しやすくする」ための表現技術である。ウェブデザインの発展に伴い、従来のグラフィックデザイン (平面デザイン) に加え、編集・ビジュアルコミュニケーション・テクノロジーを融合したデザインが要求されるようになった。情報アーキテクチャはこれらの要素技術を組み合わせた、わかりやすさのためのデザインである。
>
> ——「情報アーキテクチャ」『Wikipedia日本語版』
> http://ja.wikipedia.org、2010年2月17日22:20 (UTC)

この定義は少し難しいですが、筆者なりに定義すると次のようになります。Webデザインというのは、従来の紙の上の2次元のグラフィックデザインと比べて、ユーザの操作やページ遷移、ネットワーク通信、アプリケーションの実行など、より複雑なデザインが必要となっています。情報アーキテクチャはこの複雑なデザインを、図書館情報学などの情報分類の観点から整理して、受け手にとって情報を探しやすくしたり、わかりやすく伝えたりするための技術です。

情報アーキテクチャについての詳しい解説は書籍『Web情報アーキテクチャ 第2版』[注2]を参照してください。

日本郵便のWebサイトの情報アーキテクチャ

郵便番号検索サービスの情報アーキテクチャの例として、ここでは日本

注2 Louis Rosenfeld、Peter Morville 著／篠原稔和 監訳／ソシオメディア株式会社 訳／オライリー・ジャパン、2003年

郵便の郵便番号検索サイト[注3]を利用します。

以降では日本郵便の郵便番号検索サイトの情報アーキテクチャを順に見ていくことで、どのようにページが分けられているのか、ページ間のリンク関係はどうなっているのかを調べていきます。

トップページ

日本郵便のサイトのトップページ(図17.3)には検索方法として、

- 全国地図からの検索
- 住所での検索
- 郵便番号での検索

が用意されています[注4]。

全国地図からの検索

全国地図から都道府県名のリンクを選択すると、五十音順に市区群が並んだページに移動します。市区群のページは市区町村のページと対になってリンクしており、市区町村のページに移動してまた戻れるようになっています。市区郡と市区町村のページでは、その地域内の郵便番号が一覧され、それぞれ個別の郵便番号表示ページ(図17.4)にリンクしています。

住所での検索

住所での検索を利用するには、プルダウンで都道府県名を選択し、住所の一部を検索フォームに入力します。検索結果では条件にマッチした地域の一覧を表示し、町域へとリンクします。

注3　http://www.post.japanpost.jp/zipcode/
注4　このページには、郵便番号検索以外にもグローバルナビゲーションや郵便番号データのダウンロードなどが用意されていますが、ここでは簡単のために検索機能のみに焦点を当てます。

第17章 リソースの設計

図17.3 日本郵便のトップページ
※http://www.post.japanpost.jp/zipcode/

図17.4 日本郵便の郵便番号表示ページ

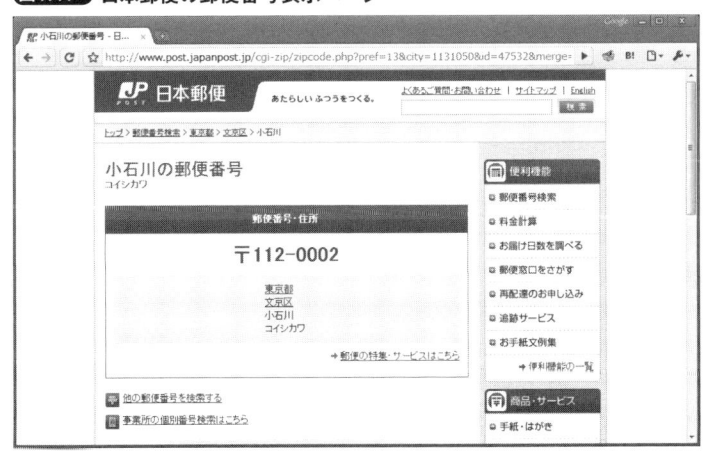

郵便番号での検索

郵便番号での検索も、同様に検索フォームに郵便番号を入力します。検索結果では条件にマッチした地域の一覧を表示し、町域へとリンクします。

パンくずリスト

市区町村などの各ページには、パンくずリストがあります（図17.5）。これによって市区町村から上位の都道府県に戻れるようになっています。

まとめ

最終的に得られた日本郵便の各ページのリンク関係を図17.6に示します。それぞれの円はWebページ、すなわちリソースを表現しています。

いかがでしょうか。第15章で設計した郵便番号検索サービスのリソースのリンク関係（図17.7）と比べてみてください。市区群ページが存在する以外は、両者がほぼ同じ構造をしていることがわかると思います。このように、よく設計された情報アーキテクチャを持つWebサイトの構造は、ほぼそのままWebサービスに適用できます。

これは情報アーキテクチャとリソース指向アーキテクチャが相互に補完関係にあるからです。リソース指向アーキテクチャが苦手としたのは情報を分類しリソースに分けるところでした。情報アーキテクチャは情報の分類手法なので、リソース指向アーキテクチャが苦手なところをうまく補完できます。逆に、情報アーキテクチャだけではWebサービスの設計は完了しません。情報を分類したとしてもそれらがどのような操作を受け付け、

図17.5 パンくずリスト

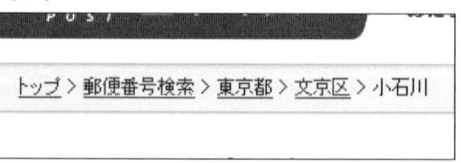

第17章　リソースの設計

全体としてどのようなハイパーメディアシステムを構成するのかがわからないからです。

　情報アーキテクチャとリソース指向アーキテクチャを融合させるアプローチは、関係モデルやオブジェクト指向モデルをもとにするよりも筋が良いと筆者は考えています。ただし、設計手法としての完成度はまだ低いので、これから実践と研究を繰り返して成長していく分野だと思います。

図17.6　日本郵便のサイトのリンク関係

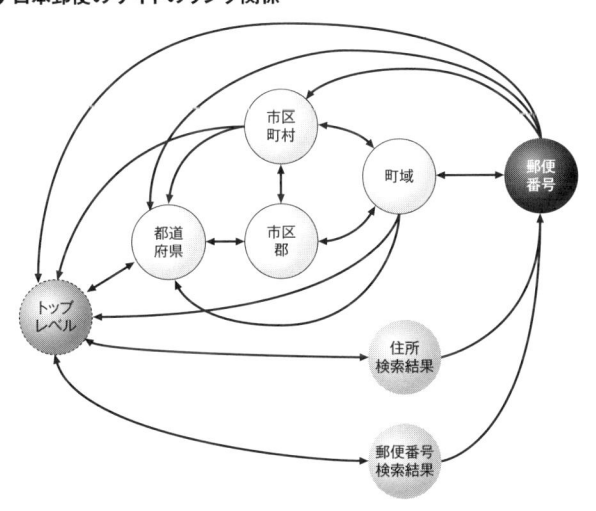

図17.7　第15章で設計したリソースのリンク関係（再掲:図15.1）

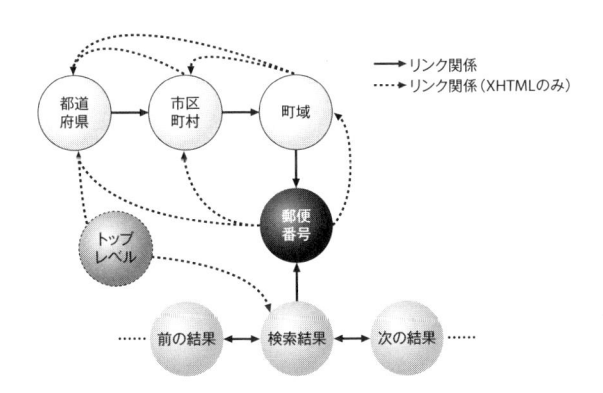

17.5 リソース設計で最も重要なこと

　本章ではリソースの設計について検討し、既存の3つの手法(関係モデル、オブジェクト指向モデル、情報アーキテクチャ)からリソースを導出する方法を紹介しました。特に、情報アーキテクチャはリソース設計と相性が良いことがわかりました。また、関係モデルやオブジェクト指向モデルからでも、いくつかの点について気をつければリソースが導出できることがわかります。

　第15章の冒頭でも述べましたが、リソースを設計するときにはWebサービスとWeb APIを分けて考えないことがとても重要です。WebサービスとWeb API、主に人を相手にするのかプログラムを相手にするのかという用途は異なるかもしれませんが、実は両者の違いは少ないのです。Web API用として作ったリソースがWebサービスで使えることが多々あります。逆もまたしかりです。

　最後にもう一度書きますが、WebサービスとWeb APIを分けて考えない、これが、リソース設計で最も重要な考え方です。

付録

　本書でこれまで紹介したもの以外にも、HTTPではさまざまなステータスコードとヘッダが利用できます。付録Aと付録BではHTTPとその関連仕様が定義しているステータスコードとヘッダを解説します。また、付録Cでは本書の内容を補足する参考文献を紹介します。

付録A
ステータスコード一覧
付録B
HTTPヘッダ一覧
付録C
解説付き参考文献

付録A ステータスコード一覧

付録Aでは、HTTP 1.1（RFC 2616）が定義するステータスコードすべてと、WebDAV（RFC 4918）が定義している主なステータスコードを解説します。それぞれのステータスコードについて、レスポンスのボディに何が入るのか、関連するメソッドやヘッダには何があるのかも解説します。なお、本文で例が登場したステータスコードやほとんど使うことのないステータスコードについてはやりとりの具体例を省略してあります。

A.1 1xx（処理中）

100 Continue

- ボディ　　　　　：なし
- 関連メソッド　　：すべて
- リクエストヘッダ：Expect

Expectヘッダに100-continueという値を入れてリクエストを送信すると、リクエストヘッダを送りきった時点でサーバが100 Continueを返します。これにより無駄に巨大なリクエストを送信しなくて済むようになります。

1GバイトのMPEGビデオをPOSTする例で考えてみましょう。

まず、クライアントはExpectヘッダを付けてリクエストを送ります。

```
POST /foo/bar HTTP/1.1
Host: example.jp
Expect: 100-continue
Content-Type: video/mpeg
```

```
Content-Length: 1073741824
```

クライアントはヘッダを送ったところで待機します。

サーバはこのリクエストを処理できると判断した場合、100 Continueを返します。

```
HTTP/1.1 100 Continue
```

クライアントはこれを受けて改めてPOSTを送りなおします。このリクエストにはExpectヘッダを含めません。

```
POST /foo/bar HTTP/1.1
Host: example.jp
Content-Type: video/mpeg
Content-Length: 1073741824

1GBのデータ...
```

サーバはExpectヘッダに100-continueを指定したリクエストを処理できないと判断した場合、エラーを返します。たとえば送信したデータが大き過ぎるときは413 Request Entity Too Largeを返し、サポートしていないメディアタイプのときは415 Unsupported Media Typeを返します。

サーバがExpectヘッダに対応していない場合は417 Expectation Failedを返します。

```
HTTP/1.1 417 Expectation Failed
Content-Type: text/plain; charset=utf-8

100 Continueはサポートしていません。
```

101 Switching Protocols

- ボディ   ：なし
- 関連メソッド   ：すべて
- レスポンスヘッダ：Upgrade

付録

利用するプロトコルをHTTP 1.1からアップグレードするときに用います。Upgradeヘッダには利用できるプロトコルが入ります。HTTP 1.1より新しいプロトコルはまだないので、現時点では利用することはありません。

A.2
2xx（成功）

200 OK

- ボディ ：GETの場合はリソースの表現、そのほかのメソッドの場合は処理結果
- 関連メソッド：すべて

リクエストが成功したことを示します。

201 Created

- ボディ ：新規作成されたリソースの表現、あるいは処理結果の説明
- 関連メソッド ：POST、PUT
- レスポンスヘッダ：Location

リクエストが成功し、新しいリソースを作成したことを示します。リクエストがPOSTだった場合、LocationヘッダにはRetry-AfterリソースのURIが絶対URIで入ります。

202 Accepted

- ボディ ：処理結果が得られるリソースへのリンクや予測処理時間
- 関連メソッド ：すべて
- レスポンスヘッダ：Location、Retry-After

クライアントからのリクエストは受け入れられたものの、サーバ側で処理が完了していないことを示します。典型的には、POSTやPUTでリソー

スを作成・更新したときに、その処理に非常に時間がかかりそうな場合に返します。

次のリクエストとレスポンスを見てください。ブログのインデックスの再構築をPOSTで要求している例です。

リクエスト

```
POST /blog/index HTTP/1.1
Host: example.jp
Content-Type: application/x-www-form-urlencoded

rebuild=true
```

レスポンス

```
HTTP/1.1 202 Accepted
Location: http://example.jp/blog/index/837
Retry-After: Sat, 30 Jan 2010 14:15:10 GMT
Content-Type: application/xhtml+xml; charset=utf-8

<html xmlns="http://www.w3.org/1999/xhtml">
  <head><title>処理を受け付けました</title></head>
  <body>
    <p>
      処理を受け付けました。
      <a href="http://example.jp/blog/index/837">結果</a>
      は2010年1月30日14時15分（GMT）ごろ取得可能になる予定です。
    </p>
  </body>
</html>
```

インデックスの再構築には時間がかかるので、サーバはとりあえず202 Acceptedを返しています。レスポンスメッセージのLocationヘッダは実行結果を示すリソースのURIです。Retry-Afterヘッダには、LocationヘッダのURIへGETを送信するタイミングを指定します。

クライアントはRetry-Afterヘッダで指定された時間後にLocationヘッダで指定されたURIを取得して処理結果を得ます。

203 Non-Authoritative Information

- ボディ 　　　　　：GET の場合はリソースの表現、そのほかのメソッドの場合は処理結果
- 関連メソッド　　：すべて

レスポンスヘッダがオリジナルのサーバから提供されたものではないことを示します。たとえばそのリソースについてプロキシが注釈をヘッダで与えた場合などに利用します。それ以外の意味は 200 OK と同じです。

204 No Content

- ボディ 　　　　　：なし
- 関連メソッド　　：POST、PUT、DELETE

リクエストが成功したものの、クライアントに返すコンテンツがないことを示します。典型的には、DELETE へのレスポンスや Ajax で処理を行った場合などに利用します。

205 Reset Content

- ボディ 　　　　　：なし
- 関連メソッド　　：すべて

リクエストが成功したので、ブラウザの画面をリセットして次の入力動作に移れることを示します。たとえば帳票入力フォームをブラウザで表示しているときにこのステータスコードが返ったら、ブラウザはすべての入力項目をリセットして再入力が簡単にできる状態にします。

リクエスト
```
POST /foo/bar HTTP/1.1
Host: example.jp
Content-Type: application/x-www-form-urlencoded

hoge=piyo
```

レスポンス
```
HTTP/1.1 205 Reset Content
```

206 Partial Content

- ボディ　　　　　：指定された範囲のリソース表現
- 関連メソッド　　：GET
- リクエストヘッダ：Range、If-Range
- レスポンスヘッダ：Content-Range

GETの際にRangeヘッダでリソースの範囲をバイトで指定すると、リソースの一部だけを取得できます。これを「部分的GET」(*Partial GET*)と呼びます。

このステータスコードは部分的GETが成功したことを示します。レスポンスのContent-RangeヘッダにはRangeヘッダで指定した部分が入ります。

次の例では、1,500バイトのリソースの最初の500バイトを取得しています。

リクエスト
```
GET /foo HTTP/1.1
Host: example.jp
Range: bytes=0-499
```

レスポンス
```
HTTP/1.1 206 Partial Content
Content-Length: 1500
Content-Range: bytes 0-499/1500
Content-Type: text/plain; charset=utf-8

/fooの最初の500バイト...
```

207 Multi-Status

- ボディ　　　　　：WebDAVが定義するマルチステータスを表現するXML文書

- 関連メソッド ： POST

WebDAVにおいて、バッチ処理のように処理結果のステータスが複数ある場合に利用します。207という数字は成功を意味しますが、それぞれの結果が成功したかどうかはボディのXMLを見ないとわかりません。

A.3
3xx（リダイレクト）

300 Multiple Choices

- ボディ ： 候補のURIのリスト
- 関連メソッド ： すべて

指定したURIに対してコンテントネゴシエーションを行った結果、サーバ側では候補を絞り切れなかったときに、クライアントに複数の候補へのリンクを返すために用います。

リクエスト

```
GET /foo HTTP/1.1
Host: example.jp
```

レスポンス

```
HTTP/1.1 300 Multiple Choices
Content-Type: application/xhtml+xml

<html xmlns="http://www.w3.org/1999/xhtml">
  <head><title>Resource List</title></head>
  <body>
    <h1>Resource List</h1>
    <ul>
      <li><a href="http://example.jp/foo.ja">Japanese</a></li>
      <li><a href="http://example.jp/foo.en">English</a></li>
      <li><a href="http://example.jp/foo.fr">French</a></li>
    </ul>
  </body>
</html>
```

301 Moved Permanently

- ボディ 　　　　　　：移動先のURIへのリンクを含んだHTMLなど
- 関連メソッド 　　　：すべて
- レスポンスヘッダ 　：Location

指定したリソースが新しいURIに移動したことを示します。移動先のURIはLocationヘッダで示します。

302 Found

- ボディ 　　　　　　：移動先のURIへのリンクを含んだHTMLなど
- 関連メソッド 　　　：POST
- レスポンスヘッダ 　：Location

仕様上は、リクエストしたURIが存在しなかったので、クライアントはLocationヘッダが示す別のURIに、メソッドを変えずにリクエストを再送信する必要があることを示します。ただし、実際のWebサービスでは303 See Otherの用途で使われてしまいました。

本来の302 Foundの意味のステータスコードは307 Temporary Redirectedとして再定義されたので、現在はこのステータスコードを利用することは推奨されていません。

303 See Other

- ボディ 　　　　　　：移動先のURIへのリンクを含んだHTMLなど
- 関連メソッド 　　　：POST
- レスポンスヘッダ 　：Location

リクエストに対する処理結果がLocationヘッダで示されるURIからGETで取得できることを示します。典型的には、ブラウザのフォームからPOSTで処理を行ったレスポンスとして、結果画面にリダイレクトするときに使います。

付録

304 Not Modified

- ボディ　　　　　　：なし
- 関連メソッド　　　：GET
- リクエストヘッダ　：If-Modified-Since、If-None-Match
- レスポンスヘッダ　：ETag、Last-Modified

条件付きGETのときに、リソースが更新されていなかったことを示します。

305 Use Proxy

- ボディ　　　　　　：プロキシが必要であることを説明するHTMLなど
- 関連メソッド　　　：すべて
- レスポンスヘッダ　：Location

このリソースにアクセスするためには、指定されたプロキシを通す必要があることを示します。レスポンスのLocationヘッダにプロキシのURIが入ります[注1]。

307 Temporary Redirected

- ボディ　　　　　　：移動先のURIへのリンクを含んだHTMLなど
- 関連メソッド　　　：すべて
- レスポンスヘッダ　：Location

リクエストしたURIが存在しなかったので、クライアントはLocationヘッダが示す別のURIに、メソッドを変えずにリクエストを再送信する必要があることを示します。このステータスコードは302 Foundが本来持つべきだった意味を再定義し、正しく利用するようにHTTP 1.1で追加されました。しかし結局、このステータスコードを正しく実装しているブラウザは

注1　次の番号306というステータスコードの意味を定義している仕様はありません。過去にHTTPの拡張仕様でこの番号のステータスコードを定義しようとしたのですが、仕様が完成しないまま策定活動が終了してしまったため、この番号は未使用となりました。

ほとんどありません。

リクエスト
```
POST /old HTTP/1.1
Host: example.jp
Content-Type: text/plain; charset=utf-8

Hello, World!
```

レスポンス
```
HTTP/1.1 307 Temporary Redirected
Content-Type: application/xhtml+xml; charset=utf-8
Location: http://example.jp/new

<html xmlns="http://www.w3.org/1999/xhtml">
  <head><title></title></head>
  <body>
    <p><a href="http://example.jp/new"
      >http://example.jp/new</a>に再度投稿してください。</p>
  </body>
<html>
```

リクエスト
```
POST /new HTTP/1.1
Host: example.jp
Content-Type: text/plain; charset=utf-8

Hello, World!
```

レスポンス
```
HTTP/1.1 201 Created
Content-Type: text/plain; charset=utf-8
Location: http://example.jp/new/1

Hello, World!
```

A.4
4xx（クライアントエラー）

400 Bad Request

- ボディ 　　　　：エラーの理由を説明する文書
- 関連メソッド ：すべて

リクエストの構文が間違えていることを示します。また、ほかの4xx系エラーコードに適さないエラーの場合にも利用します。

クライアントに未知の4xx系ステータスコードが返ってきた場合、400 Bad Requestと同じ扱いをするよう仕様で定められています。

401 Unauthorized

- ボディ 　　　　　　：エラーの理由を説明する文書
- 関連メソッド 　　 ：すべて
- リクエストヘッダ ：Authorization
- レスポンスヘッダ ：WWW-Authenticate

適切な認証情報を持たずにリソースにアクセスしようとしたことを示します。レスポンスにはWWW-Authenticateヘッダが含まれ、そこで認証方式を指定します。

402 Payment Required

- ボディ 　　　　：お金の払い方を説明した文書
- 関連メソッド ：すべて

このリソースを操作するには料金が必要であることを示します。このステータスコードは実際には利用されていません。

403 Forbidden

- ボディ 　　　　：エラーの理由を説明する文書
- 関連メソッド 　：すべて

401 Unauthorizedはクライアントが適切な認証情報を提示しなかったことを示しますが、403 Forbiddenはそれ以外の理由でリソースを操作できないことを示します。たとえば特定のIPアドレスのみからアクセスできる場合などに用います。

リクエスト
```
GET /private HTTP/1.1
Host: example.jp
```

レスポンス
```
HTTP/1.1 403 Forbidden
Content-Type: text/plain; charset=utf-8

このリソースへのアクセスは禁止されています。
```

ただし、403 Forbiddenを返すとそのリソースが存在することはクライアントに明らかになってしまいます。リソースの存在自体を隠したいときは404 Not Foundを使うこともできます。

404 Not Found

- ボディ 　　　　：エラーの理由を説明する文書
- 関連メソッド 　：すべて

指定したリソースが見つからなかったことを示します。

405 Method Not Allowed

- ボディ 　　　　　　：エラーの理由を説明する文書
- 関連メソッド 　　　：すべて
- レスポンスヘッダ ：Allow

リクエストしたURIが指定したメソッドをサポートしていないことを示します。レスポンスにはAllowヘッダが含まれ、このURIがサポートしているメソッドの一覧が示されます。

このステータスコードは、たとえばAtomPubのコレクションリソースにPUTやDELETEを送った場合に返されるはずです。

リクエスト
```
DELETE /blog HTTP/1.1
Host: example.jp
```

レスポンス
```
HTTP/1.1 405 Method Not Allowed
Allow: GET, POST, HEAD
```

406 Not Acceptable

- ボディ　　　　　　：候補のURIのリスト
- 関連メソッド　　　：すべて
- リクエストヘッダ　：Accept、Accept-Charset、Accept-Language、AcceptEncoding、Accept-Range

クライアントがAccept-*ヘッダで指定した表現が返せないことを示します。レスポンスボディには300 Multiple Choicesと同様にサーバが用意できる選択肢の一覧が入ります。

リクエスト
```
GET /foo HTTP/1.1
Host: example.jp
Accept-Language: ja
```

レスポンス
```
HTTP/1.1 406 Not Acceptable
Content-Type: application/xhtml+xml; charset=utf-8

<html xmlns="http://www.w3.org/1999/xhtml">
  <head><title>Resource List</title></head>
  <body>
```

```
    <h1>Resource List</h1>
    <ul>
      <li><a href="http://example.jp/foo.en">English</a></li>
      <li><a href="http://example.jp/foo.fr">French</a></li>
    </ul>
  </body>
</html>
```

407 Proxy Authentication Required

- ボディ　　　　　：エラーの理由を説明する文書
- 関連メソッド　　：すべて
- リクエストヘッダ：Proxy-Authorization
- レスポンスヘッダ：Proxy-Authenticate

プロキシ認証が必要であることを示します。レスポンスのProxy-Authenticateヘッダには認証方式が入ります。クライアントはその認証方式に従ってProxy-Authorizationヘッダに認証情報を入れてリクエストを再送信します。

リクエスト
```
GET http://example.jp/ HTTP/1.1
```

レスポンス
```
HTTP/1.1 407 Proxy Authentication Required
Proxy-Authenticate: Basic realm="Company Proxy"
```

リクエスト
```
GET http://example.jp/ HTTP/1.1
Proxy-Authorization: Basic dXNlcjpwYXNzd29yZA==
```

レスポンス
```
HTTP/1.1 200 OK
Content-Type: application/xhtml+xml; charset=utf-8

...
```

408 Request Timeout

- ボディ　　　　　　：エラーの理由を説明する文書
- 関連メソッド　　　：すべて
- レスポンスヘッダ　：Connection

クライアントがリクエストをいつまでたっても送信しきらないため、サーバ側でタイムアウトしたことを示します。

たとえば次のようなリクエストを送ったとしましょう。

```
POST /foo/bar HTTP/1.1
Host: example.jp

...
```

クライアントからのリクエストがサーバの期待する時間内に終わらない場合、サーバは408 Request Timeoutを返して接続を切ることができます。

```
HTTP/1.1 408 Request Timeout
Content-Type: text/plain; charset=utf-8
Connection: close
```

リクエストが10分以内に終わらなかったのでタイムアウトしました。

409 Conflict

- ボディ　　　　　　：エラーの理由を説明する文書
- 関連メソッド　　　：PUT、POST、DELETE
- レスポンスヘッダ　：Location

リクエストが要求したリソースに対する操作が、リソースの現在の状態と矛盾していることを示します。たとえば空ではないディレクトリを削除しようとしたり、リソースの名前をすでにほかで使われているものに変更しようとしたりした場合など、ほかのリソースと競合する状態であるときに利用します。

次は、ユーザ名をold_nameからnew_nameに変更しようとしたものの、

new_nameというユーザがすでに存在していた場合の例です。

リクエスト
```
PUT /users/old_name HTTP/1.1
Host: example.jp
Content-Type: application/json

{
  "name": "new_name"
}
```

レスポンス
```
HTTP/1.1 409 Conflict
Content-Type: text/plain; charset=utf8
Location: http://example.jp/users/new_name

new_nameというユーザはすでに存在します。
```

Locationヘッダには競合の原因となったリソースのURIが入ります。

410 Gone

- ボディ　　　　：エラーの理由を説明する文書
- 関連メソッド　：すべて

このリソースが以前は存在したが、現在は存在しないことを示します。期間限定のプロモーションサイトなどで利用することを意図しています。

411 Length Required

- ボディ　　　　：エラーの理由を説明する文書
- 関連メソッド　：すべて
- リクエストヘッダ：Content-Length

クライアントがContent-Lengthヘッダを送信しなければならないことを示します。クライアントはContent-Lengthヘッダを入れればリクエストを再送信できます。

付録

リクエスト
```
POST /foo/bar HTTP/1.1
Host: example.jp
Content-Type: video/mpeg

...
```

レスポンス
```
HTTP/1.1 411 Length Required
Content-Type: text/plain; charset=utf-8

Content-Lengthヘッダを指定してください。
```

412 Precondition Failed

- ボディ　　　　　　：エラーの理由を説明する文書
- 関連メソッド　　　：PUT、POST
- リクエストヘッダ　：If-Match、If-None-Match、If-Unmodified-Since
- レスポンスヘッダ　：ETag、Last-Modified

条件付きリクエストでクライアントが指定した事前条件が、サーバ側で合わないことを示します。楽観的ロックで利用します。

413 Request Entity Too Large

- ボディ　　　　　　：エラーの理由を説明する文書
- 関連メソッド　　　：すべて
- レスポンスヘッダ　：Connection

サーバが処理できないほどリクエストメッセージが巨大であることを示します。サーバはクライアントからの接続を切断します。

リクエスト
```
POST /foo/bar HTTP/1.1
Host: example.jp
Content-Type: video/mpeg
```

```
Content-Length: 1073741824

...
```

レスポンス

```
HTTP/1.1 413 Request Entity Too Large
Content-Type: text/plain; charset=utf-8
Connection: close

ボディが巨大過ぎます。アップロード可能な最大サイズは100Mバイトです。
```

414 Request-URI Too Long

- ボディ 　　　　：エラーの理由を説明する文書
- 関連メソッド　：すべて

サーバが処理できないほどリクエストのURIが長過ぎることを示します。

リクエスト

```
GET /search?q=very+large+query+term.......................... HTTP/1.1
Host: example.jp
Content-Type: video/mpeg
Content-Length: 1073741824

...
```

レスポンス

```
HTTP/1.1 414 Request-URI Too Long
Content-Type: text/plain; charset=utf-8

URIが長過ぎます。
```

415 Unsupported Media Type

- ボディ 　　　　　　：エラーの理由を説明する文書
- 関連メソッド　　　：PUT、POST
- リクエストヘッダ：Content-Type

クライアントが指定したメディアタイプをサーバがサポートしないことを示します。たとえば画像登録 Web API などで、サーバがサポートする画像形式は JPEG と PNG だけなのに、クライアントが GIF 形式の画像を登録しようとしたときなどに用います。

> リクエスト

```
POST /blog/media HTTP/1.1
Host: example.jp
Content-Type: image/gif

binary data
```

> レスポンス

```
HTTP/1.1 415 Unsupported Media Type
Content-Type: text/plain; charset=utf-8

GIF形式の画像はサポートしていません。サポートしている形式はJPEGとPNGです。
```

416 Requested Range Not Satisfiable

- ボディ　　　　　：エラーの理由を説明する文書
- 関連メソッド　　：GET
- リクエストヘッダ：Range

クライアントが Range ヘッダで指定した範囲が、リソースのサイズと合っていないことを示します。

> リクエスト

```
GET /foo/bar HTTP/1.1
Host: example.jp
Range: bytes=1500-1999
```

> レスポンス

```
HTTP/1.1 416 Requested Range Not Satisfiable
Content-Type: text/plain; charset=utf-8

指定された範囲はリソースのサイズを超えています。
```

417 Expectation Failed

- ボディ　　　　　：エラーの理由を説明する文書
- 関連メソッド　　：すべて
- リクエストヘッダ：Expect

クライアントが指定したExpectヘッダをサーバが理解できないことを示します。クライアントがリクエストのExpectヘッダで100-continueを指定したにもかかわらず、サーバが100-continueを扱えない場合に用います[注2]。

422 Unprocessable Entity

- ボディ　　　　：エラーの理由を説明する文書
- 関連メソッド　：POST、PUT

WebDAVにおいて、クライアントが送信したXMLが構文としては正しいけれど意味的に間違っていることを示します。

このような場合、HTTP 1.1で定義された範囲のステータスコードであれば400 Bad Requestを使います。WebDAV以外のWebサービスやWeb APIでも、エラーコードの意味をより限定したい場合は422 Unprocessable Entityを使うとよいでしょう。

リクエスト
```
PUT /foo/bar HTTP/1.1
Host: example.jp
Content-Type: application/json

{
  "username": "bob"
}
```

レスポンス
```
HTTP/1.1 422 Unprocessable Entity
```

注2　次の番号418は、RFC 2324が定義した418 I'm a teapotというジョークのステータスコードです(8.3節を参照)。続く419、420、421の3つのステータスコードの意味を定義している仕様はありません。306と同様に、これらのステータスコードも未使用となっています。

```
Content-Type: text/plain; charset=utf-8

必須プロパティ"password"がありません。
```

423 Locked

- ボディ　　　：エラーの理由を説明する文書
- 関連メソッド：PUT、COPY、MOVE、LOCK

　WebDAVにおいて、ロックしたリソースを操作しようとしたことを示します。

424 Failed Dependency

- ボディ　　　：エラーの理由を説明する文書
- 関連メソッド：すべて

　WebDAVにおいて、クライアントが要求したメソッドが依存しているほかのメソッドが失敗したため、もとのリクエストも失敗したことを示します。

A.5 5xx（サーバエラー）

500 Internal Server Error

- ボディ　　　：エラーの理由を説明する文書
- 関連メソッド：すべて

　サーバ側でエラーが発生したことを示します。また、ほかの5xx系エラーコードに適さないエラーの場合にも利用します。

　クライアントに未知の5xx系ステータスコードが返ってきた場合、500 Internal Server Errorと同じ扱いをするよう仕様で定められています。

501 Not Implemented

- ボディ ： エラーの理由を説明する文書
- 関連メソッド ： すべて

リクエストされたメソッドを、このURIでサーバが実装していないことを示します。Web APIなどの仕様上は実装されるべきメソッドとして定義されているにもかかわらず、諸般の都合でサーバが実装していない場合に返ります。サーバがこのメソッドを実装すればクライアントは同じリクエストを繰り返し送れるため5xx系になっています。

たとえばAtomPubでは仕様上エントリを削除できますが、AtomPubを実装したサーバがDELETEを実装していない場合などに、このステータスコードが返ります。

リクエスト
```
DELETE /blog/133 HTTP/1.1
Host: example.jp
```

レスポンス
```
HTTP/1.1 501 Not Implemented
```

502 Bad Gateway

- ボディ ： エラーの理由を説明する文書
- 関連メソッド ： すべて

プロキシが上流サーバにリクエストを送ったものの、処理が正常に終了しなかったことを示します。

503 Service Unavailable

- ボディ ： エラーの理由を説明する文書
- 関連メソッド ： すべて
- レスポンスヘッダ ： Retry-After

メンテナンスなどでサービスを提供できないことを示します。レスポンスのRetry-Afterヘッダでサービス再開時期を通知することもできます。

504 Gateway Timeout

- ボディ 　　　：エラーの理由を説明する文書
- 関連メソッド ：すべて

プロキシが上流サーバにリクエストを送ったものの、接続できなかったことを示します。

505 HTTP Version Not Supported

- ボディ 　　　：エラーの理由を説明する文書
- 関連メソッド ：すべて

クライアントが送信したリクエストのHTTPバージョンを、サーバがサポートしていないことを示します。

付録B HTTPヘッダ一覧

　付録Bでは、HTTP 1.1が規定するヘッダすべてと、HTTP 1.1以外の拡張が定義したヘッダのうちよく使われているものを解説します。それぞれのヘッダについて、利用するメッセージ（リクエスト／レスポンス）、値、関連するメソッドやステータスコードには何があるのかを解説します。

B.1 サーバ情報

Date

- 利用するメッセージ：リクエスト、レスポンス
- 値　　　　　　　　：日時

メッセージを生成した日時を示します。

```
Date: Tue, 06 Jul 2010 03:21:05 GMT
```

Retry-After

- 利用するメッセージ　：レスポンス
- 値　　　　　　　　　：日時または数値（秒）
- 関連ステータスコード：202 Accepted、503 Service Unavailable

クライアントに再度アクセスしてほしい時間を示します。

```
Retry-After: 3600
```

Server

- 利用するメッセージ：レスポンス
- 値　　　　　　　：サーバソフトウェアの名称とバージョン

サーバのソフトウェア情報を示します。

```
Server: Apache/1.3.37 (Unix)
```

Set-Cookie

- 利用するメッセージ：レスポンス
- 値　　　　　　　：文字列

セッション情報などをサーバ側からクライアントに設定するときに利用します。Cookieの仕様はRFC 2965で定義されています。

以下はログイン後にCookieでセッションIDを付与している例です。

リクエスト
```
POST /login HTTP/1.1
Host: example.jp
Content-Type: application/x-www-form-urlencoded

name=foo&password=bar
```

レスポンス
```
HTTP/1.1 303 See Other
Location: http://example.jp/foo
Set-Cookie: sessionid=ab32441213; expires=Sat, 30-Jan-2010 14:00:00 GMT;
 path=/
```

sessionidというCookieにab32441213という値を結び付けています。expiresはCookieの有効期限です。pathはこのCookieが有効なサーバ上のURIのパスです。この例の場合はhttp://example.jp以下すべてになります。

B.2 クライアント情報

Cookie

- 利用するメッセージ：リクエスト
- 値　　　　　　　：文字列

Set-Cookieヘッダで指定されたCookie情報を示します。Cookieの仕様はRFC 2965で定義されています。

```
Cookie: sessionid=ab32441213
```

Expect

- 利用するメッセージ　：リクエスト
- 値　　　　　　　　　：100-continue
- 関連ステータスコード：100 Continue、417 Expectation Failed

クライアントが期待するサーバの振る舞いを示します。HTTP 1.1ではクライアントが100 Continueを期待するときのみに利用します。

```
Expect: 100-continue
```

From

- 利用するメッセージ：リクエスト
- 値　　　　　　　　：メールアドレス

クライアントを操作している人のメールアドレスを示します。セキュリティ上の理由から現在では使われていません。

```
From: yoheiy@gmail.com
```

Referer

- 利用するメッセージ：リクエスト
- 値　　　　　　　：URI

ブラウザでリンクをクリックしたときに、クリック元のURIを示します。英単語としては「Referrer」が正しいつづりですが、歴史的理由から仕様ではスペルミスのほうが正しいとされています。

```
Referer: http://example.jp/foo/bar
```

User-Agent

- 利用するメッセージ：リクエスト
- 値　　　　　　　：クライアントソフトウェアの名称とバージョン

クライアントのソフトウェア情報を示します。

```
User-Agent: Mozilla/5.0 (Windows; U; Windows NT 6.0; en-US)
```

B.3 リソース情報

Content-Encoding

- 利用するメッセージ：リクエスト、レスポンス
- 値　　　　　　　：圧縮方式

ボディの圧縮方法を示します。

```
Content-Encoding: gzip
```

Content-Language

- 利用するメッセージ：リクエスト、レスポンス
- 値　　　　　　　　：言語タグ

ボディを記述している自然言語を示します。

```
Content-Language: ja-JP
```

Content-Length

- 利用するメッセージ：リクエスト、レスポンス
- 値　　　　　　　　：10進数の値（バイト）

ボディのサイズをバイトで示します。

```
Content-Length: 1024
```

Content-MD5

- 利用するメッセージ：リクエスト、レスポンス
- 値　　　　　　　　：MD5ハッシュ値

ボディのMD5ハッシュ値を示します。転送中にボディが破損していないかのエラー検出に利用できます。

```
Content-MD5: 0fde218e18949a550985b3a034abcbd9
```

Content-Type

- 利用するメッセージ：リクエスト、レスポンス
- 値　　　　　　　　：メディアタイプ

ボディのメディアタイプを示します。

```
Content-Type: application/xhtml+xml
```

ボディの文字エンコーディングはcharsetパラメータで示します。

```
Content-Type: text/plain; charset=utf-8
```

Content-Location

- 利用するメッセージ：レスポンス
- 値　　　　　　　：URI

リクエストで指定したURI以外からもリソースを取得できるときに、そのURIを示します。

たとえばhttp://example.jp/fooというリソースの英語表現と日本語表現をhttp://example.jp/foo.en と http://example.jp/foo.jaで用意しているとしましょう。このとき、各言語表現にアクセスしたクライアントに、正規のURIであるhttp://example.jp/fooを知らせるのがContent-Locationヘッダです。

リクエスト
```
GET /foo.ja HTTP/1.1
Host: example.jp
```

レスポンス
```
HTTP/1.1 200 OK
Content-Type: text/plain; charset=utf-8
Content-Location: http://example.jp/foo

こんにちは！
```

Content-Locationヘッダで示すURIのことを「正規化されたURI」(*Canonical URI*) と呼びます。

Last-Modified

- 利用するメッセージ：レスポンス

- 値　　　　　　　　：日時

リソースの最終更新日時を示します。

```
Last-Modified: Tue, 06 Jul 2010 03:21:05 GMT
```

Location

- 利用するメッセージ：レスポンス
- 値　　　　　　　　：URI

リダイレクト時の移動先のURI、または新規作成時のURIを示します。

```
Location: http://example.jp/blog/1
```

Host

- 利用するメッセージ：リクエスト
- 値　　　　　　　　：ホスト名とポート番号

リクエストしたURIのホスト名とポート番号を示します。

```
Host: example.jp:8080
```

B.4 コンテントネゴシエーション

Accept

- 利用するメッセージ　：リクエスト
- 値　　　　　　　　　：メディアタイプの優先度
- 関連ステータスコード：300 Multiple Choices、406 Not Acceptable

クライアントが理解できるメディアタイプを指定します。

```
Accept: application/xml,text/plain
```

Accept-Charset

- 利用するメッセージ　：リクエスト
- 値　　　　　　　　　：文字エンコーディングの優先度
- 関連ステータスコード：300 Multiple Choices、406 Not Acceptable

クライアントが理解できる文字エンコーディングを指定します。

```
Accept-Charset: utf-8,shift_jis
```

Accept-Encoding

- 利用するメッセージ　：リクエスト
- 値　　　　　　　　　：圧縮方式の優先度
- 関連ステータスコード：300 Multiple Choices、406 Not Acceptable

クライアントが理解できる圧縮方式を指定します。

```
Accept-Encoding: gzip
```

Accept-Language

- 利用するメッセージ　：リクエスト
- 値　　　　　　　　　：言語タグの優先度
- 関連ステータスコード：300 Multiple Choices、406 Not Acceptable

クライアントが理解できる自然言語を指定します。

```
Accept-Language: ja,en
```

Vary

- 利用するメッセージ：レスポンス
- 値　　　　　　　　：Accept-*ヘッダのリスト

サーバがコンテントネゴシエーションを行えるヘッダを示します。

たとえばサーバが次のようなVaryヘッダを返した場合、このサーバはメディアタイプと自然言語についてコンテントネゴシエーションが行えることをクライアントは理解できます。

```
Vary: Accept, Accept-Language
```

クライアントはVaryヘッダの値に基づいて、1つのURIに対して複数の表現をキャッシュできます。

たとえばhttp://example.jp/fooというURIが日本語表現と英語表現を持っているとします。このURIが次のようなヘッダを返したとしましょう。

```
Vary: Accept-Language
Content-Language: ja
```

クライアントは、このリソースは自然言語(Accept-Languageヘッダ)によって内容が変化することを理解し、日本語表現をローカルにキャッシュします。同じリソースへの次のリクエストでAccept-Languageヘッダの値にenを指定して、Content-Languageヘッダの値がenで返ってきたとしても、日本語表現のキャッシュは破棄せず、新たに英語表現もキャッシュします。

Varyヘッダに「*」が指定されたときは特別な意味を持ちます。これはコンテントネゴシエーションが行われたものの、レスポンスをキャッシュすべきでないことを意味します。

B.5
条件付きリクエスト

ETag

- 利用するメッセージ ：レスポンス
- 値　　　　　　　　：ETagの値を示す文字列

リソースが更新されたら変化する値であるETagを示します。

```
ETag: "qa3311fa"
```

If-None-Match

- 利用するメッセージ ：リクエスト
- 値　　　　　　　　：ETag
- 関連メソッド　　　：GET

提示したETagと合致しなかったときにリソースを取得することを示します。

```
If-None-Match: qa3311fa
```

If-Modified-Since

- 利用するメッセージ ：リクエスト
- 値　　　　　　　　：日時
- 関連メソッド　　　：GET

提示した日時以降にリソースが更新されていたらリソースを取得することを示します。

```
If-Modified-Since: Tue, 06 Jul 2010 03:21:05 GMT
```

If-Match

- 利用するメッセージ ： リクエスト
- 値 ： ETag
- 関連メソッド ： PUT、DELETE
- 関連ステータスコード： 412 Precondition Failed

提示したETagと合致したらリクエストを実行することを示します。

```
If-Match: qa3311fa
```

If-Unmodified-Since

- 利用するメッセージ ： リクエスト
- 値 ： 日時
- 関連メソッド ： PUT、DELETE
- 関連ステータスコード： 412 Precondition Failed

提示した日時以降リソースが更新されていなかったらリクエストを実行することを示します。

```
If-Unmodified-Since: Tue, 06 Jul 2010 03:21:05 GMT
```

B.6 部分的GET

Range

- 利用するメッセージ ： リクエスト
- 値 ： 取得したい部分（バイト）
- 関連メソッド ： GET

クライアントが部分的GETでリソースの一部を取得したいときに、その幅をバイトで指定します。

```
Range: bytes=0-499
```

If-Range

- 利用するメッセージ：リクエスト
- 値　　　　　　　　：ETagまたは日時
- 関連メソッド　　　：GET

クライアントがリソースの一部を保持していて、そのリソースの別の部分をほしい場合、If-MatchヘッダやIf-Unmodified-SinceヘッダとRangeヘッダを組み合わせて、条件付きGETと部分的GETを一緒に発行できます。

```
GET /foo/bar HTTP/1.1
Host: example.jp
Range: bytes=0-499
If-Match: qa3311fa11
```

しかしこのリソースが更新されていた場合、If-Matchヘッダの条件が合わないため、次のように412 Precondition Failedが返るでしょう。

```
HTTP/1.1 412 Precondition Failed
```

このような場合、クライアントは最新版のリソースを取得するために再度リクエストを送らなければなりません。

If-MatchヘッダではなくIf-Rangeヘッダを指定することで、再度リクエストを送る処理を省略できます。If-Rangeヘッダを指定した次のようなリクエストを送った場合、リソースが更新されていても412 Precondition Failedは返ってこず、リソースの最新版全体が返ります。

リクエスト

```
GET /foo/bar HTTP/1.1
If-Range: qa3311fa11
Range: bytes=0-499
```

レスポンス

```
HTTP/1.1 200 OK
Content-Type: text/plain; charset=utf-8
ETag: db3dae1a13
```

Accept-Range

- 利用するメッセージ　：レスポンス
- 値　　　　　　　　　：bytesまたはnone
- 関連メソッド　　　　：GET、HEAD
- 関連ステータスコード：206 Partial Content

リクエストしたリソースが部分的GETできるかどうかを示します。

```
Accept-Range: bytes
```

「bytes」は部分的GETを許可することを示します。「none」は部分的GETが行えないことを明示的に示します。

Content-Range

- 利用するメッセージ　：レスポンス
- 値　　　　　　　　　：バイト幅
- 関連メソッド　　　　：GET
- 関連ステータスコード：206 Partial Content

部分的GETで取得したボディがリソースのどの部分に該当するかをバイト幅で示します。

```
Content-Range: bytes 0-499/1500
```

B.7
キャッシュ

Pragma

- 利用するメッセージ：リクエスト、レスポンス
- 値　　　　　　　　：no-cache

もともとは実装の特別な振る舞いを示すヘッダでしたが、歴史的理由から値にはno-cacheだけをとり、このリソースがキャッシュできないことを示します。

```
Pragma: no-cache
```

Cache-Control

- 利用するメッセージ：リクエスト、レスポンス
- 値　　　　　　　　：仕様で定められたコントロール識別子no-cache、max-age=xxxxxなど

クライアントとサーバが従うべきキャッシュ方法を示します。

```
Cache-Control: no-cache
```

Expires

- 利用するメッセージ：レスポンス
- 値　　　　　　　　：日時

レスポンスのボディがキャッシュとして新鮮でなくなる日時を示します。

```
Expires: Tue, 06 Jul 2010 03:21:05 GMT
```

Age

- 利用するメッセージ ：レスポンス
- 値 ：経過時間(秒)

プロキシなどのHTTPキャッシュがオリジナルのサーバで生成されてからの経過時間を示します。

```
Age: 3600
```

B.8
認証

WWW-Authenticate

- 利用するメッセージ ：レスポンス
- 値 ：認証方式
- 関連ステータスコード：401 Unauthorized

401 Unauthorizedを返す際に、サーバがサポートする認証方式を示します。

```
WWW-Authenticate: Basic realm="Example.jp"
```

Authorization

- 利用するメッセージ ：リクエスト
- 値 ：認証情報
- 関連ステータスコード：401 Unauthorized

認証する際に、認証情報を提示します。

```
Authorization: Basic dXNlcjpwYXNzd29yZA==
```

Proxy-Authenticate

- 利用するメッセージ ：レスポンス
- 値 ：認証方式
- 関連ステータスコード：407 Proxy Authentication Required

407 Proxy Authentication Requiredを返す際に、プロキシがサポートする認証方式を示します。

```
Proxy-Authenticate: Basic realm="Example.jp proxy"
```

Proxy-Authorization

- 利用するメッセージ：リクエスト
- 値 ：認証情報

プロキシ認証する際に、認証情報を提示します。

```
Proxy-Authorization: Basic dXNlcjpwYXNzd29yZA==
```

X-WSSE

- 利用するメッセージ：リクエスト
- 値 ：認証情報

WSSE認証を行う際に、認証情報を提示します。認証情報の計算のしかたはWS-Securityに基づき、その計算結果の値を入れるのがこのX-WSSEヘッダです。草の根で開発されたヘッダです。

```
X-WSSE: UsernameToken Username="test", PasswordDigest="pKKkpKSmpKikqqSrp
K2krw==", Nonce="88akf2947cd33aa", Created="2009-05-10T09:45:22Z"
```

B.9 チャンク転送

Transfer-Encoding

- 利用するメッセージ：リクエスト、レスポンス
- 値　　　　　　　　：chunked

チャンク転送を行っていることを示します。

```
Transfer-Encoding: chunked
```

Trailer

- 利用するメッセージ：レスポンス
- 値　　　　　　　　：ヘッダ名のリスト

チャンク転送時のtrailer(メッセージの末尾に付けるヘッダ値)に含まれているヘッダを示します。

たとえばサーバ側でレスポンス開始時にはContent-Lengthヘッダの値がわからないためチャンク転送を使ったけれど、レスポンス終了時にはContent Lengthヘッダの値がわかるような場合は、次の例に示すようにTrailerヘッダにContent-Lengthヘッダを指定して、メッセージの末尾にtrailerとしてContent-Lengthヘッダを挿入します。

```
HTTP/1.1 200 OK
Content-Type: text/plain; charset=utf-8
Transfer-Encoding: chunked
Trailer: Content-Length

10
The brown fox ju

10
mps quickly over
```

```
e
 the lazy dog.

0
Content-Length: 16
```

TE

- 利用するメッセージ：リクエスト
- 値　　　　　　　　： trailer

クライアントが認識するTransfer-Encodingヘッダを指定します。実際はチャンク転送時のtrailerをクライアントが受け付けるかどうかだけしか指定できません。「Accept-Transfer-Encodingヘッダ」のほうがふさわしい名前だったと言われています。

```
TE: trailer
```

B.10 そのほか

Allow

- 利用するメッセージ　：レスポンス
- 値　　　　　　　　　：メソッド名のリスト
- 関連メソッド　　　　：OPTIONS
- 関連ステータスコード：405 Method Not Allowed

リソースがサポートするメソッドのリストを示します。OPTIONSへのレスポンスか405 Method Not Allowedで返ります。

```
Allow: GET, HEAD, POST
```

Connection

- 利用するメッセージ：リクエスト、レスポンス
- 値　　　　　　　：close

このメッセージのあとにTCPの接続を切ることを示します。

```
Connection: close
```

Max-Forwards

- 利用するメッセージ：リクエスト
- 値　　　　　　　：数値(回数)
- 関連メソッド　　　：TRACE、OPTIONS

TRACEメソッド(本書では解説していません)やOPTIONSメソッドで、中継サーバなどに残り何回転送できるかを示します。

```
Max-Forwards: 3
```

Upgrade

- 利用するメッセージ　：リクエスト、レスポンス
- 値　　　　　　　　　：プロトコル名のリスト
- 関連ステータスコード：101 Switching Protocols

クライアントが指定した場合は自分がサポートしているプロトコルを、サーバが指定した場合は101 Switching Protocolsで変更したいプロトコルを示します。HTTP 1.1より新しいプロトコルはまだないので、現時点では利用することはありません。

Via

- 利用するメッセージ：リクエスト、レスポンス

- 値 ：仲介者のホスト名、ポート番号、プロトコルバージョン

サーバとクライアントの間にプロキシなどの仲介者がいる場合に、仲介者それぞれのホスト名とプロトコルバージョンを記録します。

次の例は、クライアントとwww.example.comというサーバの間に、イントラネットのプロキシ(intra-proxy.example.jp)とリバースプロキシ(rp.example.com)がある場合のViaヘッダです。ホスト名の前の数字は、そのサーバとの通信で利用したHTTPのバージョンを示します。

```
Via: 1.1 intra-proxy.example.jp, http 1.1 rp.example.com (ProxyServer/1.2)
```

Warning

- 利用するメッセージ：レスポンス
- 値 ：エラーコードとテキストフレーズ

プロキシなどの仲介者が追加したステータスコードの補足です。このヘッダ専用の3桁のエラーコードとテキストフレーズで構成します。

```
Warning: 110 Response is stale
```

Content-Disposition

- 利用するメッセージ：リクエスト、レスポンス
- 値 ：文字列

ファイル名を示します。詳細な仕様はRFC 2183(電子メールメッセージに添付ファイルのファイル名などを示すための仕様)で定義していますが、ASCII文字以外のファイル名の扱いにバグがあり、正しく実装できません。

```
Content-Disposition: attachment; filename="rest.txt"
```

Slug

- 利用するメッセージ：リクエスト
- 値　　　　　　　　：%エンコードした文字列
- 関連メソッド　　　：POST

リソースを新規作成するときに、新しく作成するURIに利用できる文字列のヒントとなる文字列を示します。AtomPub(RFC 5023)が定義したヘッダです。

```
Slug: %E3%83%86%E3%82%B9%E3%83%88
```

X-HTTP-Override

- 利用するメッセージ：リクエスト
- 値　　　　　　　　：HTTPメソッド名
- 関連メソッド　　　：POST

POSTでPUT/DELETEを代用するときに、本来指定したかったメソッド名を示します。RFCなどの正式な仕様はありませんが、GDataプロトコルで定義されています。

```
X-HTTP-Method-Override: PUT
```

付録C
解説付き参考文献

▶村井純 著『インターネット』岩波書店、1995年

　日本のインターネット第一人者によるインターネットの解説書です。新書であるため一般向けに平易な言葉で書かれています。出版が1995年と古いのが難点ですが、インターネット技術がどのように発展してきたかについての歴史を学べます。

▶Andrew S. Tanenbaum、Maarten van Steen 著／水野忠則 他訳『分散システム 第2版 ── 原理とパラダイム』ピアソン・エデュケーション、2009年

　分散システムの教科書です。分散システムの基礎から応用までを幅広く扱っています。分散システムの具体例としてCORBAやWebも登場しますので、両者を比較して学ぶために最適です。著者の一人Tanenbaum（タネンバウム）教授は教育用UNIXクローンOSであるMinix（ミニックス）の開発者でもあり、コンピュータサイエンスの世界的な権威です。

▶松本吉弘 監訳『ソフトウェアエンジニアリング基礎知識体系 ── SWEBOK 2004』オーム社、2005年

　SWEBOK（*Software Engineering Body of Knowledge*）の翻訳です。SWEBOKとは、IEEEとACM（*Association for Computing Machinery*）が共同で策定中のソフトウェア工学の知識体系です。本書でのアーキテクチャスタイルやアーキテクチャパターンの定義はこの書籍の定義に基づいています。

▶Balachander Krishnamurthy、Jennifer Rexford 著／稲見俊弘 訳『Web プロトコル詳解 ── HTTP/1.1、Web キャッシング、トラフィック特性分析』ピアソン・エデュケーション、2002年

残念ながら本書執筆時点では絶版の書籍です。HTTP 1.1 を詳しく解説した唯一の書籍でした。本書との一番の違いはHTTP 1.1 の実装面を深く解説している点です。特に副題にもあるキャッシュやトラフィック分析については参考になるでしょう。

▶Leonard Richardson、Sam Ruby 著／山本陽平 監訳／株式会社クイープ 訳『RESTful Web サービス』オライリー・ジャパン、2007年

REST についての世界で初めての書籍です。RESTful な Web API の設計に関してリソース指向アーキテクチャを提唱し、リソースを設計する手法について解説しています。本書とは違い HTTP や URI の解説は最低限に済ませ、REST に焦点を当てているのが特徴です。

▶Louis Rosenfeld、Peter Morville 著／篠原稔和 監訳／ソシオメディア株式会社 訳『Web 情報アーキテクチャ 第 2 版 ── 最適なサイト構築のための論理的アプローチ』オライリー・ジャパン、2003年

情報アーキテクチャ、特に Web サービスの情報アーキテクチャを解説した本格的な書籍です。Web を使って情報を発信するときにどのように情報を整理して配置すべきなのかを検討・提案しています。技術面だけでなく、戦略策定やプロジェクト運営など経営的視点があることも特徴です。

あとがき

　本書ではWebらしいWebサービスの設計をテーマに、Webのアーキテクチャ、HTTPやURI、ハイパーメディアフォーマットなどの仕様、そして具体的なWebサービスの設計について解説してきました。本書で扱っている技術はどれも2000年前後に完成したもので、今後もそれほどぶれは生じないでしょう。

　しかし一方でWebの世界は進化し続けています。最後に、今後の動向について2010年初めの時点で筆者が感じている3つの点について記しておきます。

　1つめはリアルタイム性の追求です。Twitterに代表されるマイクロブログの登場により、Web上の情報は従来の永続的なものだけでなく、今現在の情報も含まれるようになってきました。更新したつぶやきをすぐにほかの人に伝えたい、検索結果に反映したい、といった要望が強くなっています。このような課題を解決する技術の基本となるプロトコルがXMPP（*Extensible Messaging and Presence Protocol*）です。XMPPはチャットのようなメッセージ交換を実現するためのHTTPとは独立したプロトコルです。XMPPサーバを通じてクライアント同士がメッセージを送り合い、メッセージがすぐに相手に到達します。リアルタイム性を重視したプラットフォームとしてGoogle Waveがありますが、WaveプロトコルもバックエンドでXMPPを使っています。

　2つめはアプリケーションプラットフォームとしてのHTML5です。第10章のコラムでも紹介しましたが、HTML5を使うとブラウザ上でリッチなUIを実現できます。HTML5時代のアプリケーションは、基盤となるHTML

をブラウザに読み込み、ユーザの操作に基づいて裏でWebサービスとデータをやりとりしながらUIを組み立てる手法が普通になるでしょう。

3つめはHTTPの更新です。HTTP 1.1は10年以上前に策定されました。とてもよくできたプロトコルですが、一方で設計の古さが目立ちますし、現在のブロードバンド環境を活かしきっているとは言えません。そこで、たとえばGoogleはSPDY[注1]（スピーディ）というプロトコルを提案しています。SPDYはSSLを使ってセッション層を追加し、HTTPを高速化しようという試みです。またRoy FieldingはRESTの原則に従ったWaka[注2]という新しいプロトコルを提案しています。これらのプロトコルがすぐにHTTP 1.1を置き換えるわけではありませんが、2010年代に進化する可能性は十分あるでしょう。

　　未来を予測する最善の方法は、自ら未来を創ることだ。
　　（The best way to predict the future is to invent it.）
　　────Alan Kay、http://www.smalltalk.org/alankay.html

これはパーソナルコンピュータの概念を初めて提唱したAlan Kay（アラン ケイ）の有名な言葉です。Webの未来を創るのは本書を手に取ってくださったみなさんです。本書が未来を創るみなさんの一助になることを願っています。

注1　http://dev.chromium.org/spdy
注2　http://en.wikipedia.org/wiki/Waka_%28protocol%29

索引

ステータスコード

100 Continue .... 312、337
101 Switching Protocols .... 313、353
200 OK .... 79、92、114、123、314
201 Created .... 91、95、115、314
202 Accepted 314
203 Non-Authoritative Information 316
204 No Content .... 94、96、316
205 Reset Content 316
206 Partial Content .... 317、347
207 Multi-Status .... 276、317
300 Multiple Choices .... 318、324
301 Moved Permanently .... 59、116、319
302 Found 319
303 See Other .... 117、319
304 Not Modified .... 147、320
305 Use Proxy 320
306（欠番）... 320
307 Temporary Redirected 319
400 Bad Request .... 118、267、289、322
401 Unauthorized .... 119、135、322、349
402 Payment Required 322
403 Forbidden 323
404 Not Found .... 104、119、121、267、323
405 Method Not Allowed ..... 267、323、352
406 Not Acceptable .... 133、324
407 Proxy Authentication Required
  .... 325、350
408 Request Timeout 326
409 Conflict 326
410 Gone 327
411 Length Required 327
412 Precondition Failed ...... 293、328、345
413 Request Entity Too Large ...... 313、328
414 Request-URI Too Long 328
415 Unsupported Media Type ... 313、328
416 Requested Range Not Satisfiable
  330
417 Expectation Failed .... 313、331
418 I'm a teapot .... 113、331
419~421（欠番）...................................... 331
422 Unprocessable Entity 331
423 Locked .... 287、289、332
424 Failed Dependency 332
500 Internal Server Error .... 119、332
501 Not Implemented 333
502 Bad Gateway 333
503 Service Unavailable .... 120、333
504 Gateway Timeout 334
505 HTTP Version Not Supported 334

HTTPヘッダ

Accept .... 61、132、341
  ~ヘッダに応じたフォーマット 122
Accept-* .... 324、343
Accept-Charset .... 61、133、342
Accept-Encoding 342
Accept-Language .... 60、133、342
Accept-Range 347
Accept-Transfer-Encoding 352
Age 349
Allow .... 98、324、352
Authorization .... 137、141、286、349
Cache-Control .... 145、348
Connection .... 149、353
Content-Disposition .... 150、354
Content-Encoding 338
Content-Language .... 131、339
Content-Length .... 78、327、339、351
  ~とチャンク転送 134
Content-Location 340
Content-MD5 339
Content-Range .... 317、347
Content-Type .... 79、128、339
  ~ヘッダのcharsetパラメータ 131
Date .... 126、335
ETag .... 146、290、344、346
  ~の計算 148

Expect	312、331、337
Expires	127、144、348
From	337
Host	77、341
If	287
If-Match	291、345
If-Modified-Since	100、127、146、291、344
If-None-Match	147、291、344
If-Range	346
If-Unmodified-Since	100、127、291、345
Keep-Alive	149
Last-Modified	127、146、290、340
Location	59、91、115、341
Lock-Token	288
Max-Forwards	353
Pragma	144、348
Proxy-Authenticate	325、350
Proxy-Authorization	325、350
Range	317、330、345
Retry-After	120、127、315、334
Server	336
Set-Cookie	336
Slug	151、223、355
TE	352
Timeout	285
Trailer	351
Transfer-Encoding	78、134、351
Upgrade	314、353
User-Agent	155、338
Vary	343
Via	353
Warning	354
WWW-Authenticate	119、135、322、349
X-HTTP-Override	355
X-WSSE	141、350

記号・数字

"	234
#	44、167
$	33
%エンコーディング	47、150、223、249
UTF-8の〜	151
&	44、159
&amp;	159
&apos;	159
&gt;	159
&lt;	159
&quote;	159
*	77、343
/	132
.atom	190
.html	61、156、257
.ja	61
.json	61、232、257
.txt	61
/	45、61、128
://	43
;	61
?	44
@	44
_methodパラメータ	99
\	234
+xml接尾辞	129、196
100-continue	312、331

A

A9	211
\<abbr\>要素	165、182
\<accept\>要素	226
ACM	356
action属性	170
\<address\>要素	162
adr	179
Ajax	24、98、237、273、316
alternateリンク関係	173、195
Amazon	3、22、211
amplee	216
Apache	56、59、124、140
Apache Abdera	216
API	4、39
API仕様	244
appendixリンク関係	173
application/atom+xml	122、130、190、204、227
application/atomcat+xml	130、229
application/atomsvc+xml	130、225
application/javascript	130
application/json	130、231
application/msword	130、133
application/pdf	129
application/vnd.ms-excel	130
application/vnd.ms-powerpoint	130
application/xhtml+xml	79、122、128、130、155

application/xml .... 130、196
application/x-shockwave-flash 130
application/x-www-form-urlencoded
.... 99、130、171、281
application/zip 130
applicationタイプ 129
Architectural Styles and the Design of
　Network-based Software Architectures
.... 19
Architecture of the World Wide Web.
　Volume One 64
ARPANET 8
ASCII文字 47
Atkinson, Bill 11
Atom（*Atom Syndication Format*）
.... 20、121、174、182、188、215、226、251
　〜の拡張 200
　〜のメディアタイプ 190
　〜のリソースモデル 188
　〜のリンク 194
　〜のリンク関係 195
　〜の論理モデル 188
<atom:category>要素 229
<atom:title>要素 226
Atom License Extension 205
Atom Publishing Protocol（*AtomPub*）
.... 121、141、151、215、333、355
　〜に向いているWeb API 229
　〜の意義 215
Atom Threading Extensions .... 161、201
Atomフィード 116
audio/mpeg .... 129、195
audioタイプ 129
<author>要素 .... 192、199
AutoPagerize 186
<a>要素 .... 165、168、178、180

B

Baker, Mark 22
Base64 .... 137、141、197
<base>要素 47
Basic認証 .... 135、137
Berners-Lee, Tim ...... 15、18、53、63、71、154
<blockquote>要素 162
blogger API 216
<body>要素 157
bookmarkリンク関係 173

Bray, Tim 185

要素 165
Bush, Vannevar 10
by-nc 205
by-sa 177
bytes 347
Bエンコーディング 150

C

<categories>要素 226
<category>要素 193
CERN（欧州原子核研究機構） 15
CGI .... 54、140
chapterリンク関係 173
charsetパラメータ .... 129、131、190、232
chunked .... 134、351
<cite>要素 165
class属性 .... 166、180
close .... 149、353
cnonce 139
<code>要素 165
<collection>要素 226
Comet .... 24、230
compound microformats 180
CONNECTメソッド 88
contentsリンク関係 173
<content>要素 195
<contributor>要素 .... 192、199
Cookie .... 32、56、336
Cool URIs don't change
　（クールなURIは変わらない） 53
COPYメソッド 332
copyrightリンク関係 173
CORBA .... 13、21、39、356
Creative Commons .... 177、205
CRLF 79
CRUD（*Create, Read, Update, Delete*）
.... 89、215、219、224
CSS .... 18、166
CSV（カンマ区切り） .... 92、197、246、254
currentリンク関係 209

D

<D:activelock>要素 287
<D:depth>要素 287
<D:exclusive>要素 286
<D:lockscope>要素 286

<D:locktoken>要素	287
<D:locktype>要素	286
<D:multistatus>要素	276
<D:owner>要素	287
<D:prop>要素	286
<D:shared>要素	286
<D:timeout>要素	287
<D:write>要素	286
DCE	13
DCOM	13、21、39
DEC	13
DELETEメソッド	88、96、221、274
〜がべき等でなくなる例	108
〜の代用	98
〜のレスポンス	96
〜もべき等	103
<del>要素	165
Description Document	212
<dfn>要素	165
Digest認証	135、137
〜の利点と欠点	140
Dijkstra	27
<div>要素	162
<dl>要素	162
DNS	43、70、74

E

edit-mediaリンク関係	223
editリンク関係	219、223
elemental microformats	179
<email>要素	193
<em>要素	165
en	60、132
enclosureリンク関係	195
<entry>要素	191、195、222
ER図	243、297
〜の関連	301
EUC-JP	49、223
exampleタイプ	129
exampleドメイン	43
expires	336

F

false	235
favicon	200
<feed>要素	189、199、206
<fh:archive>要素	211
<fh:complete>要素	208
Fielding, Roy	19、22、36
filenameパラメータ	150
Firefox	74、186、236
firstリンク関係	209
fixed属性	228
<form>要素	162、170
fr	63
FTP	9、29、81

G

GData	100、230、355
<generator>要素	199
geo	179
GETメソッド	71、77、88、219
〜が安全でなくなる例	105
〜とPOST	98
〜の誤った利用方法	106
〜は安全	104
フォームによる〜	169
glossaryリンク関係	173
GMT（グリニッジ標準時）	127
Google	12、100、180
Gopher	9
Go To Statement Considered Harmful	27
Greasemonkey	186
gzip	342

H

<h1>〜<h6>要素	162
has-a関係	303
hAtom	179、182、186
hAudio	179
hCalendar	179、181
hCard	179
HEADメソッド	88、96
〜は安全	104
<head>要素	47、157
helpリンク関係	173
hListing	179
hMedia	179
hNews	179
hProduct	179
hRecipe	179
hreflang属性	194
href属性	168
hResume	179

hReview	179
HTML	18、79、154、172
〜4.01	154
〜5	155、358
〜の構造	20
〜のフォーム	98
〜のメディアタイプ	156
〜の文字エンコーディング	156
〜のリンク	168
〜のリンク関係	172
ハイパーメディアフォーマットとしての〜	172
HTMLヘッダ	162
HTMLヘルプ	3
HTMLボディ	163
<html>要素	157
HTTP	4、18、31、67、358
〜0.9	71
〜1.0	19、71
〜1.1	5、19、72、312、335、357
〜のシンプルさ	87
〜のバージョン	71
〜のポート番号	70
HTTP Bis	73
HTTPS	138、140
httpsスキーム	138
HTTP認証	119、135
HTTPヘッダ	71、78、96、125、335
HTTPボディ	78、134
〜の圧縮方法	338
HTTPメソッド	71、77、88、139、219
サポートしない〜	267
〜の一覧	97
〜の誤用	105
ほかの〜では実現できない機能	93
リソースがサポートしている〜の取得	88、97
HTTPメッセージ	76、79
HyperCard	11
HyperTalk	11

I

IANA	50、114、128、209
IBM	13、18、21、178
<icon>要素	200
ID	191
Identity Provider (IdP)	142
IDL	13
id属性	45、166、170
<id>要素	191、222
IEEE	356
IETF	18、71
<iframe>要素	12
image/gif	130、227
image/jpeg	130、227
image/png	130、227
imageタイプ	129
<img>要素	12、165、169
indexリンク関係	168、173
Informational	72
inode番号	148
<ins>要素	165
Internet Explorer	50、150、155、236
Internet Standard	72
IP	68
IPアドレス	43、74
is-a関係	303
isbnスキーム	52
ISO(国際標準化機構)	126
ISO 639(言語コード)	132
ISO 3166(地域コード)	132
ISO 8601(日時フォーマット)	193、236
〜形式	182、193
ISO 8859-1(ラテン1西ヨーロッパ)	126、130
Issues in Network Computing: June 2007	185

J

ja	60、132
Java	55、102
JavaScript	35、155、231、255
Javaアプレット	35
JP	132
JPN	132
jpn	132
JPドメイン	43
jsessionid	56
JSON	4、20、231、254
〜のメディアタイプ	231
〜のリンク	236
ハイパーメディアフォーマットとしての〜	240
JSONP	236、251、255
JSON表現	257
JST(日本時間)	127

K

- <kbd>要素 ... 165
- Kernighan, Brian ... 8

L

- label属性 ... 194
- lastリンク関係 ... 209
- LDRize ... 186
- length属性 ... 195
- libwww-perl ... 19
- <link>要素 ... 160、168
- Live HTTP Headers ... 74
- livedoor Reader ... 186
- <li>要素 ... 182
- LOCKメソッド ... 284、332
- <logo>要素 ... 200

M

- max-age ... 145、348
- MD5 ... 139
- Memex ... 10
- Message-Idヘッダ ... 126
- message/rfc822 ... 129
- messageタイプ ... 129
- MetaWeblog API ... 216
- <meta>要素 ... 162
- microformats ... 20、172、174、251
  - compound〜 ... 180
  - elemental〜 ... 179
  - 〜自体のスキーマ ... 179
  - 〜とRDFの比較 ... 177
  - 〜の可能性 ... 185
- Microsoft ... 18、21
- MIMEヘッダ ... 150
- MIMEメディアタイプ ... →メディアタイプ
- mod_rewrite ... 56、59、124
- model/vrml ... 129
- modelタイプ ... 129
- Morville, Peter ... 305
- Mosaic ... iii、15
- MOVEメソッド ... 332
- multipart/related ... 129
- multipartタイプ ... 129
- MVC (*Model-View-Controller*) ... 25

N

- <name>要素 ... 193
- <nav>要素 ... 155
- NCSA（米国立スーパーコンピュータ応用研究所） ... 15
- Nelson, Ted ... 10
- Netscape Navigator ... 18、71
- next-archiveリンク関係 ... 210
- nextリンク関係 ... 168、173、209
- NFS ... 14
- no-cache ... 144、348
- nonce ... 139、141
- null ... 235

O

- OASIS ... 21
- OAuth ... 142
- <object>要素 ... 165、169
- <ol>要素 ... 162
- ONC RPC ... 13
- opaque ... 139
- opaquelocktokenスキーム ... 287
- OpenID ... 142
- OpenSearch ... 201、211、252
- OPTIONSメソッド ... 88、97、352
- <os:itemsPerPage>要素 ... 201、213
- <os:Query>要素 ... 213
- <os:startIndex>要素 ... 201、213
- <os:totalResults>要素 ... 201、212

P

- P2P ... 37
- Perl ... 19、55
- PHP ... 55
- POSTメソッド ... 88、92、221、295
  - GETメソッドと〜 ... 98
  - 安全でもべき等でもない〜 ... 105
  - 〜とPUTメソッドの使い分け ... 95
  - 〜の誤用 ... 106
  - フォームによる〜 ... 171
- Prescod, Paul ... 22
- prev-archiveリンク関係 ... 210
- previousリンク関係 ... 209
- prevリンク関係 ... 168、173
- <pre>要素 ... 162
- profileパラメータ ... 141
- <published>要素 ... 193、199、221
- PUTメソッド ... 88、93、220、272
  - POSTメソッドと〜の使い分け ... 95

～がべき等でなくなる例 ... 107
～の代用 ... 98
～による作成 ... 270
～はべき等 ... 101
\<p\>要素 ... 162

Q

q= ... 132
qop ... 139
Query Element ... 212
qvalue ... 132
qクエリパラメータ ... 249
\<q\>要素 ... 165

R

RDF ... 174、176
　～の問題点 ... 177
RDFa ... 184
realm ... 136、139
Referer ... 338
ref属性 ... 203
related ... 195、203
rel-directory ... 179
rel-enclosure ... 179
rel-home ... 179
rel-license ... 178、184、205
rel-nofollow ... 179
rel-payment ... 179
rel-tag ... 179
rel属性 ... 168、172
repliesリンク関係 ... 203
Response Element ... 212
REST ... 19、25、72、216、357
　SOAP対～ ... 22
　～形式 ... 23
　～の2つの側面 ... 38
　～の意義 ... 40
　～の誤解 ... 22
　～はおもちゃ ... 23
　～否定派 ... 23
　～を最も特徴づけるアーキテクチャスタイル ... 34
RESTful ... 40、357
　～な設計の定石 ... 280
RESTful Webサービス ... 178、243、245、296、357
rev属性 ... 172

RFC ... 18
RFC 822（メールフォーマット） ... 126
RFC 1123（RFC 822の置き換え） ... 127
RFC 1945（HTTP 1.0） ... 71
RFC 2045（メッセージフォーマット） ... 128
RFC 2046（メディアタイプ） ... 128
RFC 2047（メールヘッダでの非ASCII文字の扱い） ... 150
RFC 2068（HTTP 1.1初版） ... 72
RFC 2183（Content-Dispositionヘッダ） ... 354
RFC 2231（MIMEパラメータでの非ASCII文字の扱い） ... 150
RFC 2324（418 I'm a teapotを定めたジョークRFC） ... 113、331
RFC 2426（vCard） ... 179
RFC 2445（iCalendar） ... 179
RFC 2606（例示用ドメイン名） ... 43
RFC 2616（HTTP 1.1） ... 18、68、72、312
RFC 2965（Cookie） ... 336
RFC 3023（XMLメディアタイプ） ... 129
RFC 3339（日時情報） ... 193
RFC 3986（URI） ... 42
RFC 4151（tagスキーム） ... 191
RFC 4287（Atom Syndication Format） ... 188
RFC 4627（JSON） ... 231
RFC 4646（言語タグ） ... 131
RFC 4647（言語タグの比較方法） ... 131
RFC 4685（Atom Threading Extensions） ... 201、204
RFC 4918（WebDAV） ... 312
RFC 4946（Atom License Extension） ... 205
RFC 5005（Feed Paging and Archiving） ... 207、213
RFC 5023（Atom Publishing Protocol） ... 151
Richardson, Leonard ... 178、243
ricollab ... 244
\<rights\>要素 ... 207
robots exclusion ... 179
role属性 ... 213
Rosenfeld, Louis ... 305
RPC ... 13、21、39
RSS ... 20、188、212
　～1.0 ... 174
Ruby ... 55
Ruby on Rails ... 56、99、124、298

Ruby, Sam..................................178、243

S
<samp>要素.....................................165
scheme属性.....................................194
<script>要素........................162、237、239
<section>要素..................................155
sectionリンク関係...............................173
selfリンク関係..................................195
Service Provider（SP）..........................142
<service>要素..................................226
SGML..22、154
SHA-1...141
SHA-224...141
SHA-256...141
Shift_JIS...................................49、133
SOAP....................................21、72、106
　　～形式..23
　　～対REST.....................................22
source属性......................................203
SPDY..359
src属性...197
SSL...137
startリンク関係.................................173
<strong>要素...................................165
Struts...55
stylesheetリンク関係............................173
Subjectヘッダ...................................126
subsectionリンク関係............................173
<subtitle>要素.................................199
<sub>要素......................................165
<summary>要素..................................192
Sun Microsystems....................13、18、185
SunRPC...13
<sup>要素......................................165
SVG..129、196
SWEBOK..356

T
<table>要素....................................162
tagスキーム.....................................191
target属性......................................170
TCP...........................44、68、70、74
　　～コネクション...............................149
TCP/IP..9、68
Technorati......................................178
telnet..9

term属性..194
text/css..130
text/csv...................................130、197
text/html.............................130、132、155
text/plain.................................122、129
text/xml...................................130、196
textタイプ.................................129、131
The brown fox jumps quickly over
　　the lazy dog................................134
thr:count属性..............................161、203
<thr:in-reply-to>要素..........................202
<thr:total>要素................................204
thr:updated属性.................................203
title属性..................................182、195
<title>要素....................................162
TLS..137、192
TRACEメソッド...............................88、353
true..235
Twitter.....................................95、358
type属性...........................192、195、203
typeパラメータ.................190、220、265

U
ULCODC$SS..37
<ul>要素..................................162、181
Unicode番号................................159、234
UNIX時間..235
UNIX戦争...13
UNLOCKメソッド.............................284、288
unspecifiedリンク...............................206
<updated>要素.....................193、199、222
<update>要素...................................221
URI..................4、18、41、248、257、264
　　変わらない～.................................54
　　きれいな～...................................53
　　クリック元の～..............................338
　　正規の～....................................340
　　存在しない～................................267
　　ターゲット～................................170
　　～で使用できる文字..........................47
　　動的に～を生成...............................44
　　～の決定権...................................95
　　～の構造.....................................63
　　～の構文.....................................43
　　～の設計.....................................53
　　～の内部構造.................................64
　　～の長さ制限.................................50

～の不透明性 63
～のユーザビリティ 57
～は寿命が長い 64
編集用～ .... 219、224
良い～ 53
～をクライアント側で組み立てる .... 64、170
URI Templates 249
URIエンコーディング 47
URI空間 .... 136、139
URIスキーム .... 43、50
uri属性 199
URIフラグメント .... 44、77、166
<uri>要素 193
URL 52
URL Template Syntax 212
URLエンコーディング 47
URN 52
urnスキーム 52
US 132
UsernameToken 141
UTF-8 .... 49、129、156、160、223、231
～の%エンコーディング 151
UTF-16 .... 160、231、255
UTF-32 .... 231、255
UUCP 9

V

<var>要素 165
version属性 199
video/mp4 129
videoタイプ 129
Vote Links 179

W

W3C .... 18、21、61
Waka 359
Web .... 1、31、356
～以前のインターネット 8
～以前のハイパーメディア 10
～がなぜこんなにも成功したのか 19
～における意味論 176
～のアーキテクチャ .... iii、19、22、64
～のアーキテクチャスタイル .... 25、27
～のコンセプト 19
～の重要性 24
～の成功理由 110
～の誕生 15
～の歴史 8
ハイパーメディアとしての～ 17
分散システムとしての～ 17
～らしさ .... iv、22
Web 2.0 23
Web API .... 4、20、172、216、230
Webサービスと～を分けて考えない
.... 187、242、310
～のエラー 121
～の認証 141
WebDAV .... 51、276、312、331
～が定義するマルチステータス 317
～のLOCK/UNLOCKメソッド 312
Webサービス .... 4、27
書き込み可能な～ 268
～設計 295
～とWeb APIを分けて考えない
.... 187、242、310
～のスタート地点 250
～やWeb APIの仕様書 92
読み取り専用の～ 242
Webサイト 3
Web情報アーキテクチャ 第2版 .... 305、357
Webプロトコル詳解 357
Wiki .... 3、95、290
WordPress 199
<workspace>要素 226
WS-* .... 21、72
WS-ReliableMessaging 21
WS-Security .... 21、141、350
～Extension 141
WSSE認証 .... 135、141、350
WS-Transaction 21
www-stat 19

X

Xanadu 10
XFN 179
xFolk .... 179、186
XHTML .... 51、128、160、195、251
～1.0 154
～1.1 154
～5 155
～のメディアタイプ 155
xhtml .... 192、195
XHTML表現 257
XMDP 179

索引

XML関連

XML	4、18、129、156
〜1.0	160
〜1.1	160
独自〜	251
〜の基礎知識	156
〜の仕様	156
〜の内容	196
〜のバージョン	160
〜のメディアタイプ	129
〜表現	251
XML::Atom::Server	216
xml:base属性	47
XMLHttpRequest	98、237
xmlns	160
XML RPC	106、216
XML宣言	159
XMPP	358
XOXO	179
x-接頭辞	129

Y

Yahoo!	3、142
YAML	251、254

あ

アイコン	200
アーカイブ済みフィード	208、210
アーキテクチャ	25、37
Webの〜	19、22、64
アーキテクチャスタイル	19、22、216、356
Webの〜	25、27
〜の重要性	25
アーキテクチャパターン	25、356
アクセス権不正	119
アクセスを制限	135
新しいURI	116
圧縮方式	342
アドレス可能性	29、245
アドレス欄	47、64、266
アプリケーション状態	14、32、80、279
リンクをたどることで〜が遷移する	172
アプリケーション状態エンジンとしてのハイパーメディア	38
アプリケーション層	70
アプリケーションプロトコル	21
アポロ	13
アメリカ英語(en-us)	60、133
アメリカ国防総省国防高等研究計画局（ARPA）	8
アルファベット	47、49
アンカータグ	168
アンカーテキスト	168
安全	101、104

い

石田晴久	8
異種分散環境	14
一方向	127
緯度	61
イベントシステム	25
イベントの標準的なコース	266
意味論	175
Webにおける〜	176
イリノイ大学	15
入れ子	157
インターネット	68、356
Web以前の〜	8
インターネット層	69
インタフェース	14
〜の下位互換性	40
〜の柔軟性	34
〜の設計	242
〜の粒度	39
〜バージョンアップ	14
インデックス	213
インライン要素	163、165

え

永久にキャッシュ可能	145
英語(en)	60、132
永続的	52
エイリアスリソース	108
エスケープ済みHTML	195
エラー	121、266
〜検出	339
エラーケース	266
エントリ	189、215、217、220
〜の表現	203
〜のメタデータ	191
エントリリソース	189、219

お

大文字のセマンティックWeb	174、186
オブジェクト	233

オブジェクト指向言語.................243
オブジェクト指向設計.................243
オブジェクト指向モデル...............301
親要素...............................157

か

改ざん...............................139
開始タグ.............................157
階層............................43、61
階層化システム...................35、37
階層型プロトコル......................69
階層構造.............45、230、250、300
　　リソースの〜.....................303
外部設計.............................242
外部マークアップ.....................201
書き込み可能なWebサービス............268
書き込みロック.......................286
隠しパラメータ........................99
拡張子...............54、156、190、232、257
　　プログラミング言語に依存した〜....54
　　リソースの表現を特定する〜........60
拡張性...................110、200、216、221
拡張要素........................201、212
拡張リンク............................17
画像....................29、75、200、251
カテゴリ........................193、217、227
　　〜の追加.........................229
カテゴリ文書...............130、217、219
　　外部の〜.........................228
　　〜のメディアタイプ...............229
必ず無視する.........................201
空要素...............................158
カリフォルニア大学アーバイン校.........19
関係モデル...........................297
神崎正英.............................53
関数呼び出し...............13、39、106
完全な表現...........................108
完全フィード....................208、210

き

偽...................................235
基幹システム..........................23
木構造...............................157
機能の結果...........................247
逆方向リンク.........................172
キャッシュ...............33、37、143、348
　　永久に〜可能.....................145

〜の有効期限........................144
〜をさせない場合....................146
競合.................................283
競合リソース.........................294
共通鍵暗号...........................138
共有ロック...........................286
きれいなURI..........................53

く

空行..................................79
クエリパラメータ........44、77、249、264
クエリ文字列..........................44
クライアント.....................31、73
クライアントエラー...................112
クライアント／キャッシュ／
　　ステートレスサーバ...............33
クライアント／サーバ....26、31、37、73
クライアント／ステートレスサーバ......32
クラス図.............................301
クラス設計...........................242
グリニッジ標準時（GMT）..............127
クールURI............................53
クロスドメイン通信...................255
グローバル属性..................161、204
グローバルナビゲーション........258、306

け

計算理論.............................175
形式的...............................175
継承関係.............................303
経度..................................61
軽量フォーマット................251、254
言語..................................61
言語学における意味論.................175
言語コード...........................132
言語タグ........................131、194
検索キーワード..................264、300
検索結果...............201、211、259
　　〜の表現形式.....................265
　　〜リソース........247、249、259、299、303
　　〜を生成するフォーム.............264
検索順位.............................180
検索フォーム.........................300

こ

公開鍵証明書.........................138
公開日時.............................193

更新できないプロパティ................................274
更新日時...193、201
　　リソースの〜.....................................97、147
　　〜を条件として入れる.............................100
構造化文書.......................................20、22、154
小飼弾...111
国際化...216
コードオンデマンド..................................35、37
コネクション.....................................70、73、149
コーヒーポット...113
小文字のセマンティックWeb...............174、185
子要素...157
子リソース...88、91、274、288
コールバック関数.................................238、257
コレクションリソース..........................188、226
コンテントネゴシエーション..60、132、318、341
コンポーネント..26
　　〜間の独立性..113

さ

サーバ..31、73
　　〜の内部実装...96
　　〜のバージョンアップ.............................113
サーバエラー...113
サービス再開時期...120
サービス停止...120
サービス文書..........130、217、219、224、226
　　〜のメディアタイプ.................................225
サブタイプ...128、130、196
作法..25
サマータイム...128

し

視覚障害者..182
市区町村名...244、246
市区町村リソース...300
シーケンス図...301
自己記述的メッセージ..............................83、85
システム設計...242
自然言語..131
持続的接続...72、149
実体参照..158
篠原稔和...305、357
集中システム..6
終了タグ..157
主キー...298
主語..176

述語..176
順方向リンク...172
条件付きDELETE...........................127、290、292
条件付きGET.................................127、146、320
条件付きPUT...127、290
条件付きリクエスト............100、328、344
情報アーキテクチャ...................305、308、357
情報分類..305
上流サーバ..334
ショートカット...108
処理結果..114
処理中...112
知らない要素・属性.......................................220
シングルサインオン.....................................142

す

推測できない...139
スクリーンリーダー......................................182
スケーラビリティ...85
少しずつ転送...134
スタイル..166
スタイルシート......................................75、130
スタートライン..79
ステータスコード...............79、111、277、312
　　〜の誤用..123
　　〜の実装..124
　　〜の重要性..111
ステータスライン....................................79、111
ステートフル....................................32、37、81
　　〜の欠点...83
ステートフルサーバ.......................................84
ステートレス...80、266
　　〜の欠点...85
　　〜の利点...83
ステートレスサーバ.........................32、37、84
ステートレス性.....................80、101、245、279
ストリーム配信..230
スパム...180

せ

正規化...299
正規のURI..340
正規リソース...249
正常終了..112
静的ファイル......................................124、134
　　〜のETag..148
制約..26、80

セキュリティ ... 23、237
　～強度 ... 137
設計 ... 26、96
　URIの～ ... 53、65
　書き込み可能なWebサービスの～ ... 268
　ステータスコードを意識して～する ... 123
　～作業 ... 37
　～のバランス ... 294
　読み取り専用のWebサービスの～ ... 242
　リソースの～ ... 296
　リンクの～ ... 173
セッション ... 81
　～ID ... 56、336
　～管理 ... 32
　～状態 ... 81、279
　～情報 ... 336
接続性 ... 39、245
絶対URI ... 45、51、77、116、236
絶対パス ... 45
接頭辞 ... 160、201、208、212、226
セマンティクス ... 175
セマンティックWeb ... 174、185
セミコロン ... 61
セレクトボックス ... 170

そ

送信の重複 ... 104
相対URI ... 45、51、236
　～を解決する ... 46
相対パス ... 45、81
属性 ... 158
　～の名前空間 ... 161
疎結合 ... 113
ソケット ... 70
ソーシャルブックマーク ... 194
　～のタグ ... 229
ソフトウェアエンジニアリング基礎知識体系
　... 25、356
粗粒度 ... 39

た

ダイジェスト ... 139
タイトル ... 189
タイプ ... 128、197
タイムアウト ... 285、287
タイムスタンプ ... 139
タイムゾーン ... 128、235

代理リソース ... 249
タグ ... 154、194
単方向リンク ... 12、17

ち

地域コード ... 132
地域リソース ... 247、250、261
　～の一覧 ... 264
地域を特に指定しない英語 (en) ... 133
チャレンジ ... 138
チャンク ... 134
チャンク転送 ... 72、78、134、351
仲介者 ... 354
抽象度 ... 26
中心となるテーブル ... 298
町域名 ... 244、246
町域リソース ... 300
帳票入力フォーム ... 316
著者 ... 189、192、201、252

つ

通信エラー ... 86
次のアーカイブ ... 210
次の検索結果リソースへのリンク ... 259
次のページ ... 168
月別のアーカイブ ... 210

て

テキスト ... 29、61、79
テキスト入力 ... 170
テキストフレーズ ... 79、112
デザインパターン ... 25
データ型 ... 14、232
データ構造 ... 254
データストレージ ... 31
データベース ... 85
　～設計 ... 242
データを同期する ... 83
手続き ... 13
デフォルト名前空間 ... 161
テーブル ... 297
転送 ... 20

と

統一インタフェース ... 33、37、40、245
統一／階層化／クライアント／キャッシュ／
　ステートレスサーバ ... 35

索引

統一／階層化／コードオンデマンド／
クライアント／キャッシュ／
ステートレスサーバ(ULCODC$SS) 36
統一／クライアント／キャッシュ／
ステートレスサーバ 34
統一リソース識別子 42
同期型のプロトコル 74
動詞 .... 56、106
盗聴 138
独自の複数ステータスフォーマット 277
独自フォーマット 251
時計を持っていないサーバ 147
図書館情報学 305
トップページ .... 218、247、306
トップレベルリソース .... 247、263、300、304
都道府県一覧 264
都道府県名 .... 244、246
都道府県リソース 300
ドラッグ&ドロップ 155
トラックバック 12
トランザクション .... 23、276、278
トランザクションリソース 279
トランスクルージョン 12
トランスポート層 70
トランスポートプロトコル 21
トリプル 176

な

ナビゲーションブロック 155
名前 .... 27、193、233
名前解決 74
名前空間 .... 51、160
　デフォルト〜 161
名前の衝突 .... 160、184

に

二重引用符(") 234
日時 .... 141、189、235
日本語(ja) .... 60、132
日本時間(JST) 127
日本郵便 246
日本レジストリサービス(JPRS) 43
認可の委譲 142
認証 .... 85、137、349
認証情報 .... 119、135、325、349
認証方式 .... 119、137、325、349

ね

ネットニュース .... 9、24
ネットワークインタフェース層 69
ネットワーク帯域 .... 33、85、147

の

ノード 37

は

排他制御 283
排他ロック 286
バイト .... 49、134
バイナリデータ .... 79、197
ハイパーテキスト .... 6、10、68
ハイパーテキストコーヒーポット
制御プロトコル 113
ハイパーメディア .... 5、10、38、154
　Web以前の〜 10
　〜としてのWeb 17
ハイパーメディアシステム .... 5、54
ハイパーメディアフォーマット .... 7、20、153
　〜としてのHTML 172
　〜としてのJSON 240
パイプ&フィルタ 25
パイプライン化 149
配列 .... 233、255
パケット 69
バーシャルアップデート 273
パス .... 43、77
パスワード .... 44、85、137、139
パスワードダイジェスト .... 141、143
パターン 25
バックスラッシュ(\) 234
ハッシュ .... 148、254
　〜関数 .... 137、141
　〜値 .... 137、139
バッチ処理 .... 274、276、318
　〜のトランザクション化 282
バッドノウハウ .... 126、129
パフォーマンス 85
パラメータ .... 118、132
バルクアップデート 273
パンくずリスト .... 258、308
万能メソッド 106

ひ

ピア 37

悲観的ロック	283
非同期通信	273
表形式	255
表現	20
〜の種類	61
標準化	18、21
平文	137、140
ヒントとなる文字列	223、355

ふ

ファイルサイズ	134
ファイルシステム	45、148
ファイル保存確認のダイアログ	155
ファイル名	45、55、354
〜の文字エンコーディング	150
リソースの〜	150
ファクトリリソース	269、280
フィード	188、198、215
フォーム	99、212、258、264
〜によるGET	169
〜によるPOST	171
〜認証	32
〜の文字エンコーディング	50
負荷分散	14、34
複合アーキテクチャスタイル	31
副作用	101、104
複数次元	61
複数のURIを持つリソース	29
浮動小数点数	234
不透明	64、139
URIの〜性	63
不特定多数のクライアント	17、83
部分的GET	317、345、347
ブラウザ	2、64、73、266
〜戦争	18、72
〜対応	19
フランス語（fr）	63
ブーリアン	235
プレスリリース	60
プレーンテキスト	107、130、195
プロキシ	34、99、333、354
〜が必要	320
〜での文字エンコーディング変換	50
〜認証	325、350
〜へのリクエスト	77
ブログ	180、188、207、252
ブログサービス	210、217、224、230

プログラミング言語C	8
プログラミング言語に依存した拡張子	54
プログラム意味論	175
ブロックレベル要素	162
プロトコル	31、51、68、314
アプリケーション〜	21
階層型〜	69
同期型の〜	74
トランスポート〜	21
〜の可視性	36
メール〜	127
リクエスト／レスポンス型の〜	73
プロトコルバージョン	77、79、112、354
分散オブジェクト	13、21、39
分散システム	5、25、39、299
〜としてのWeb	17
〜の失敗	21
分散システム 第2版	356
文書フォーマット	5

へ

ページ化フィード	208
ページ遷移	305
ページ番号	201
ページランク	12
ベースURI（基底URI）	46、236
べき等	101、104、107
ベクタ画像	196
ヘッダ・ボディ形式	126
編集用URI	219、224
編集リンク	219
ヘンゼルとグレーテル	258
返答	203
返答総数	204

ほ

ホスティングサービス	140
ホスト名	43、192、341、354
ポッドキャスト	195、252
ポート番号	44、70、77、341
HTTPSの〜	138
HTTPの〜	70
ホームページ	247

ま

マイクロアーキテクチャパターン	25
前のアーカイブ	210

前のページ 168
前のページへのリンク 209
マークアップ言語 .... 20、154
マッシュアップ 23
マトリクスURI 61
マルチページ画像 251
マルチメディア表現 251

み
未知のステータスコード 113
密結合 64

め
名詞 .... 28、56
メタ 78
メタ言語 156
メタデータ .... 78、96、167、176
　興味深い〜の大部分はコンテンツ
　　の中にある 178
メッセージダイジェスト 137
メディアタイプ .... 79、128、132、330、339
　Atomの〜 190
　HTMLの〜 156
　JSONの〜 231
　XHTMLの〜 155
　XMLの〜 129
　カテゴリ文書の〜 229
　サービス文書の〜 225
メディアリソース .... 189、198、219、222
メディアリンクエントリ .... 189、198、219、223
メール .... 8、24、70、126
　〜プロトコル 127
メールアドレス .... 192、337
メンテナンス 120
メンバ 233
メンバリソース .... 188、219

も
目的語 176
文字 .... 47、126、234
文字エンコーディング .... 61、129、255、342
　％エンコーディングの〜 49
　HTMLの〜 156
　HTTPメッセージの〜 79
　JSONの〜 231
　XMLの〜 160
　ファイル名の〜 150
　フォームの〜 50
　プロキシでの〜変換 50
　メールの〜 126
文字参照 158
文字化け 130
文字列 234

や
やかん（teapot） 113
山本陽平 .... 178、243

ゆ
優先度 .... 60、132
郵便番号 .... 244、246
郵便番号検索サービス .... 244、268
郵便番号リソース .... 247、262
ユーザインタフェース .... 3、31
ユーザエージェント 73
ユーザ情報 .... 44、85
ユーザスクリプト 186
ユーザ名 .... 44、137、139
ユースケース 243

よ
様式 25
要素 157
呼び出し回数 39
読み取り専用のWebサービス 242

ら
ライセンス .... 178、205
　複数〜 206
　〜を指定しない 206
ライセンスリンク .... 205、207
ラジオボタン .... 170、265
楽観的ロック .... 283、290、328
ラテンアルファベット 126

り
リアルタイム性 .... 230、358
リクエスト .... 31、73、127、137
　〜成功 114
　〜の構文 118
　〜の間違い 118
　〜の有効期間 139
リクエストURI 77
リクエストメッセージ 75

リクエストライン	77、79	JSONの〜	236
リクエスト／レスポンス	111、127	〜機構	216
〜型のプロトコル	73	〜切れ	17、53
リソース	27、42、176、247、295	〜で接続	258
エイリアス〜	108	〜の意味	168、171
〜がサポートしているメソッドの取得	88、97	〜の設計	173
競合〜	294	〜をたどる	38
子〜	88、91、274、288	〜をたどることでアプリケーションの状態が遷移する	172
正規〜	249	リンク関係	171、180
代理〜	249	Atomの〜	195
トランザクション〜	279	HTML 4.x/XHTM 1.xの〜	173
〜の意味	176	OpenSearchの〜	213
〜の上書き	95	アーカイブ間の関係を示す〜	210
〜の大きさ	97	ページ間の関係を示す〜	209
〜の階層構造	303		

れ

レガシーシステム	35
レスポンス	31、73、127
レスポンスメッセージ	76、78

ろ

ローカルストレージ	143、155
ローカル属性	161
ログイン	81
ログインページ	57
ロゴ	200
ロック	283
悲観的〜	284
楽観的〜	290、328
〜リソース	284、288
ロードバランサ	34

〜の恒久的な移動	116
〜の更新日時	97、146
〜の状態	20、29、101、279
〜の設計	216、242、267、296、310
〜の存在	323
〜の名前	28、52、56、64
〜のファイル名	150
〜の場所	52
〜の範囲	317
〜の表現	29、128、131、187、250
〜の表現を特定する拡張子	60
〜の不在	119
〜のメタデータ	148
〜の例	27
ファクトリ〜	269、280
複数のURIを持つ〜	29
〜モデル	217
ロック〜	284、288
リソース指向アーキテクチャ	243、245、308、357
〜のアプローチ	296
リダイレクト	59、112、117、249、319、341
リテラル	235
リバースプロキシ	354
リファクタリング	55
流儀	25
粒度	25、39
リレーショナルデータベース管理システム（RDBMS）	243
リンク	6、11、38、301、304
Atomの〜	195
HTMLの〜	168

●著者プロフィール

山本 陽平 Yamamoto Yohei

1975年生まれ。株式会社リコーグループ技術開発本部にてWebに関連した研究開発に従事。個人のブログではWebやXMLに関連する記事を書いている。好きなプログラミング言語はJavaとRuby。好きなHTTPメソッドはGET、ステータスコードは200 OK、ヘッダはContent-Type。

ブログ：http://yohei-y.blogspot.com

❖デザイン......................西岡裕二（志岐デザイン事務所）
❖レイアウト...................逸見育子（技術評論社制作業務部）
❖本文図版......................加藤久（技術評論社制作業務部）
❖編集............................稲尾尚徳（WEB+DB PRESS編集部）

WEB+DB PRESS plusシリーズ
Webを支える技術
HTTP、URI、HTML、そしてREST

2010年 5 月 1 日　初版　第 1 刷発行
2025年 3 月26日　初版　第18刷発行

著者.............................山本 陽平
発行者..........................片岡 巌
発行所..........................株式会社技術評論社
　　　　　　　東京都新宿区市谷左内町21-13
　　　　　　　電話　03-3513-6150　販売促進部
　　　　　　　　　　03-3513-6175　第 5 編集部
印刷／製本...................日経印刷株式会社

●定価はカバーに表示してあります。
●本の一部または全部を著作権法の定める範囲を超え、無断で複写、複製、転載、あるいはファイルに落とすことを禁じます。
●造本には細心の注意を払っておりますが、万一、乱丁（ページの乱れ）や落丁（ページの抜け）がございましたら、小社販売促進部までお送りください。送料小社負担にてお取り替えいたします。

©2010　山本 陽平
ISBN 978-4-7741-4204-3 C3055
Printed in Japan

❖お問い合わせ
本書に関するご質問は記載内容についてのみとさせていただきます。本書の内容以外のご質問には一切応じられませんので、あらかじめご了承ください。
なお、お電話でのご質問は受け付けておりませんので、書面または小社Webサイトのお問い合わせフォームをご利用ください。

〒162-0846　東京都新宿区市谷左内町21-13　株式会社技術評論社
『Webを支える技術』係
URL. https://gihyo.jp

ご質問の際に記載いただいた個人情報は回答以外の目的に使用することはありません。使用後は速やかに個人情報を廃棄します。